冶金职业技能培训丛书

活性焦脱硫脱硝技术问答

主　编　赵海亮　霍旭丰
副主编　李胜怀　赵　雷　丁志伟
主　审　张天福

北　京
冶　金　工　业　出　版　社
2020

内 容 提 要

本书采用问答的形式，详细讲解了活性焦的生产、活性焦脱硫脱硝工艺操作、氨气制备、烟气制酸、污酸治理、设备防腐、安全等活性焦联合脱硫脱硝技术的基本知识和操作方法等。

本书可供冶金、电力、化工等领域的活性焦脱硫脱硝岗位操作人员及技术管理人员学习参考，也可供相关设计、科研、教学人员阅读参考。

图书在版编目(CIP)数据

活性焦脱硫脱硝技术问答/赵海亮，霍旭丰主编. —北京：冶金工业出版社，2020.7

(冶金职业技能培训丛书)

ISBN 978-7-5024-8523-8

Ⅰ.①活… Ⅱ.①赵… ②霍… Ⅲ.①活性炭—炼焦—脱硫—问题解答 ②活性炭—炼焦—脱硝—问题解答 Ⅳ.①TQ424.1-44

中国版本图书馆 CIP 数据核字(2020)第 086940 号

出 版 人 陈玉千
地　　址 北京市东城区嵩祝院北巷 39 号 邮编 100009 电话 (010)64027926
网　　址 www.cnmip.com.cn 电子信箱 yjcbs@cnmip.com.cn
责任编辑 刘小峰 雷晶晶 美术编辑 郑小利 版式设计 孙跃红
责任校对 李 娜 责任印制 李玉山
ISBN 978-7-5024-8523-8
冶金工业出版社出版发行；各地新华书店经销；三河市双峰印刷装订有限公司印刷
2020 年 7 月第 1 版，2020 年 7 月第 1 次印刷
169mm×239mm；16.25 印张；314 千字；237 页
69.00 元

冶金工业出版社 投稿电话 (010)64027932 投稿信箱 tougao@cnmip.com.cn
冶金工业出版社营销中心 电话 (010)64044283 传真 (010)64027893
冶金工业出版社天猫旗舰店 yjgycbs.tmall.com

主要编写人员

主　　编：赵海亮　霍旭丰

副 主 编：李胜怀　赵　雷　丁志伟

编写人员：刘中立　孙士涛　秦冬冬

王志远　韩小金　刘　静

温小林　梁彦朋

主　　审：张天福

丛书序言

新的世纪刚刚开始，中国冶金工业就在高速发展。2002 年中国已是钢铁生产的“超级”大国，其钢产总量不仅连续 7 年居世界之冠，而且比居第二位和第三位的美、日两国钢产量总和还高。这是国民经济高速发展对钢材需求旺盛的结果，也是冶金工业从 20 世纪 90 年代加速结构调整，特别是工艺、产品、技术、装备调整的结果。

在这良好发展势态下，我们深深地感觉到我们的人员素质还不能完全适应这一持续走强形势的要求。当前不仅需要运筹帷幄的管理决策人员，需要不断开发创新的科技人员，也需要适应这新变化的大量技术工人和技师。没有适应新流程、新装备、新产品生产的熟练技师和技工，我们即使有国际先进水平的装备，也不能规模地生产出国际先进水平的产品。为此，提高技工知识水平和操作水平需要开展系列的技能培训。

冶金工业出版社根据这一客观需要，为了配合职业技能培训，组织国内有实践经验的专家、技术人员和院校老师编写了《冶金职业技能培训丛书》，以支持各钢铁企业、中国金属学会各相关组织普及和培训工作的需要。这套丛书按照不同工种分类编辑成册，各册根据不同工种的特点，从基础知识、操作技能技巧到事故防范，采用一问一答形式分章讲解，语言简练，易读易懂易记，适合于技术工人阅读。冶金工业出版社的这一努力是希望为更好地发展冶金工业而做出的贡献。感谢编著者和出版社的辛勤劳动。

借此机会，向工作在冶金工业战线上的技术工人同志们致意，感谢你们为冶金行业发展做出的无私奉献，希望不断学习，以适应时代变化的要求。

原冶金工业部副部长
中国金属学会理事长

2003年6月18日

前　言

活性焦脱硫脱硝技术是一种相对比较成熟的工业烟气污染治理技术。这种技术能同时脱除烟气中的SO_2、NO_x、二噁英、呋喃、重金属及粉尘等多种污染物；排烟透明度好；不耗水；不存在二次污染；且可回收烟气中的硫制取98%的浓硫酸。可以说，活性焦脱硫脱硝技术是一种先进的烟气综合治理、硫资源回收新技术。随着我国政府对环境保护工作的加强，活性焦脱硫脱硝技术逐步在我国钢铁、火电、焦化等行业得到推广应用。

为满足企业职工学习活性焦脱硫脱硝生产技术知识、提高活性焦脱硫脱硝操作水平的愿望，山西晋南钢铁集团炼铁厂和冶金工业出版社共同组织编写了这本书。

本书共分六章，包括活性焦脱硫脱硝工艺操作、氨气制备、烟气制酸、污酸治理、设备防腐、安全等基本知识和操作方法等内容。本书内容以实用技术为主，采用问答的形式，以便广大读者更好地掌握生产操作技能要领。

本书在编写过程中，参考了诸多同行的实操经验和研究成果，得到中冶北方（大连）工程技术有限公司高级工程师丁志伟和中国科学院山西煤炭化学研究所硕士生导师韩小金、山西卡本科技有限公司总工温小林、江苏永钢脱硫脱硝主管刘静的鼎力支持和帮助，在此一并表示诚挚的谢意！

由于作者水平所限，书中难免有不足之处，恳请同行与读者不吝赐教，并提出宝贵的建议和意见！

编　者

目　　录

第一章　活性焦脱硫脱硝

第二章　氨气制备

第三章　烟气制酸

第四章　污 酸 治 理

第五章　防腐技术

第一章　活性焦脱硫脱硝

第一节　概　　述

1. 什么是活性焦?

活性焦是以煤炭为原料，经破碎、粉化、配比、捏合成型、炭化、活化等生产工序加工而成的孔隙发达、大比表面积、高强度，对二氧化硫（SO_2）、氮氧化合物（NO_x）具有吸附、催化性能的人造吸附剂。柱状活性焦通常用于烟气脱硫脱硝，见图 1-1。

图 1-1　圆柱状活性焦

2. 活性焦与活性炭有什么不同?

活性炭是利用木炭、竹炭、各种果壳和优质煤等作为原料进行破碎、过筛、催化活化、漂洗、烘干和筛选等工序加工而成的；活性焦是以煤炭为原料，经破碎粉化、配比、成型、炭化、活化等工序生产而成的多孔煤炭类物质。与活性炭相比，活性焦的比表面积小，综合强度（耐压、耐磨损、耐冲击）高。

3. 活性焦孔隙结构有何特点?

活性焦具有丰富的孔隙结构，形成了活性焦巨大的比表面积，使活性焦具有吸附气体分子的能力，因此，活性焦的孔隙结构对其吸附性能有非常重要的影响。

活性焦不同的孔径能够发挥出相应的机能。通常将活性焦的孔径分为三类：

孔隙直径大于50nm的为大孔；孔隙直径在2～50nm之间的为中孔；孔隙直径小于2nm的为微孔。

（1）大孔。大孔径是吸附发生的通道，其比表面积一般很小，约0.5～$2m^2/g$，本身并无吸附作用。

（2）中孔。中孔径在活性焦的应用过程中起着十分重要的作用。中孔发达的活性焦对有机大分子有很好的吸附作用，通常用于去除溶液中较大的有色杂质或呈胶状分布的颗粒；其次，中孔是吸附质进入微孔的通道，在吸附动力学中起着重要的作用。

中孔的比表面积一般为20～$70m^2/g$，也可以采用特殊的原料和工艺制得中孔发达的活性焦，以增强活性焦的脱色效果和气相吸附性能。

（3）微孔。微孔的比表面积一般可达200～$400m^2/g$，通常约占活性焦总比表面积的80%～90%，呈现出很强的吸附、催化作用。在吸附及填充过程中，其进程不仅依赖于孔隙形态，而且受吸附质性能以及吸附质—吸附剂间相互作用的影响。因此，微孔主要决定活性焦的吸附特性。

图1-2为活性焦放大5000倍的扫描电镜图。从图中可以看出，活性焦表面凸凹不平，呈现比较杂乱的状态，且具有明显的尖角和缺陷，其中还夹杂着一些狭缝。

图1-2　活性焦扫描电镜图（5000倍）

4. 活性焦的元素组成是什么？

活性焦的化学组成分为有机和无机两部分。这与原料的组成及工艺过程有直接关系。活性焦的元素组成主要指碳、氢、氧，还有少量的以杂环化合物存在的氮和硫及灰分。

活性焦所含的主要元素是碳，碳是活性焦的骨架，含量在75%～85%以上，也是活性焦作为疏水性吸附剂的原因。活性焦除了碳元素以外，还含有其他两类元素：

一类是以化学结合的元素，主要是氢和氧。其中，氧含量约为4%~5%，氢含量约为1%~2%。这类元素一般是由原料未完全炭化而残留在活性焦中，或者是活性焦在活化过程中与外来的非碳元素在表面化学结合留下的，如用水蒸气活化时活性焦表面会被氧气或水蒸气氧化。

另一类元素是掺和的灰分。它是活性焦的无机组成部分，主要来源于原料煤，也有少数是由生产过程带入。灰分的组成比较复杂，主要是硅、铁、钙、镁、铝、钾、钠的氧化物和盐类，活性焦的灰分一般要求小于20%。

5. 活性焦的有机官能团和表面氧化物有何作用?

活性焦中的氧和氢大部分以化学键和碳原子相结合，它们是活性焦组成的有机部分，以含氧官能团的形式存在于活性焦的表面。活性焦常见的有机官能团主要有：羧基、酚羟基、醌型羟基。此外，还有醚、过氧化物、酯、二羟羧酐、环氧过氧化物等。

存在于活性焦表面上的各种含氧官能团对活性焦的吸附性能和催化作用影响很大。它们能参与各种反应，并借助活性焦中存在的其他微量元素发挥催化机能。含氧官能团的不同，造成了活性焦表面状态的差异，这种差异形成了活性焦表面化学性质的多样性。

根据活性焦表面氧化物的酸碱性，可将含氧官能团分为酸性和碱性两种类型。其中，碱性氧化物最多只能覆盖活性焦表面的2%，能吸附酸性物质；而酸性氧化物在活性焦表面的覆盖率约为20%，能吸附碱金属氢氧化物。

6. 什么是活性焦吸附?

当烟气与活性焦（吸附剂）接触时，在活性焦表面及空隙上，烟气中的二氧化硫（SO_2）、氮氧化合物（NO_x）、二噁英等污染物分子会不同程度地变浓。这种活性焦表面对烟气中二氧化硫、氮氧化合物、二噁英等污染物吸着的现象称为活性焦吸附。

活性焦吸附分为物理吸附和化学吸附，其对比见表1-1。

表1-1 活性焦物理吸附与化学吸附对比

序号	特 点	物 理 吸 附	化 学 吸 附
1	吸附力	范德华力（分子间力），较小	化学键，较大
2	吸附热	<20kJ/mol	>300kJ/mol
3	活化能	一般不需要	需要
4	可逆性	可逆，易脱附	不可逆，不易脱附
5	吸附温度	较低，高于烟气露点温度即可	较高，一般为120~140℃

续表 1-1

序号	特 点	物 理 吸 附	化 学 吸 附
6	吸附速率	快	慢
7	作用范围	与表面覆盖程度无关，可多层吸附	随表面覆盖程度的增加而减弱，只能单层吸附

在活性焦吸附过程中，活性焦又被称为吸附剂；被吸附的二氧化硫、氮氧化合物、二噁英等污染物称为吸附质。

物理吸附：主要由吸附剂与吸附质之间的范德华力（分子间力）的作用引起的吸附。物理吸附的吸附力较弱，物理吸附的特征归纳为：

（1）固体表面与被吸附的分子之间不发生化学反应；

（2）对气体的吸附没有选择性，可吸附一切气体；

（3）既可以是单分子层吸附，又可以是多分子层吸附；

（4）吸附过程为放热过程，释放出的热量称为吸附热，因此低温有利于物理吸附。物理吸附放热量较低约为2.09～20.9kJ/mol。

化学吸附：又称为活性吸附，它是由吸附剂表面与吸附质分子之间产生的化学键引起的，涉及化学键的破坏和重新组合。化学吸附的特征归纳为：

（1）具有明显的选择性；

（2）单分子层吸附；

（3）被吸附的分子结构发生了变化；

（4）吸附热量大，吸附热一般与化学反应热相当，化学吸附热一般在20～400kJ/mol；

（5）吸附速率随温度的升高而增加，化学吸附宜在较高温度下进行；

（6）为不可逆吸附。

7. 活性焦是如何脱除烟气中二氧化硫（SO_2）的？

烟气中的二氧化硫（SO_2）和氧气（O_2）首先被活性焦表面活性位吸附，然后在活性焦的催化作用下二氧化硫被氧化成三氧化硫（SO_3），与水反应生成硫酸（H_2SO_4），最后生成的硫酸迁移至微孔储存，同时释放出活性吸附位并继续吸附二氧化硫。吸附饱和的活性焦通过解析释放出硫的储存位后继续循环使用。

（1）吸附反应机理：

$$SO_2 \longrightarrow SO_2^*$$

$$O_2 \longrightarrow O_2^*$$

$$SO_2^* + \frac{1}{2}O_2^* \longrightarrow SO_3^*$$

$$H_2O \longrightarrow H_2O^*$$

$$H_2O^* + SO_3^* \longrightarrow H_2SO_4^*$$

$$H_2SO_4^* \longrightarrow H_2SO_4$$（*表示吸附态）

总吸附反应过程归纳为：$SO_2 + \frac{1}{2}O_2 + H_2O = H_2SO_4$

（2）解析反应机理：

$$H_2SO_4 \longrightarrow SO_3 + H_2O$$

$$SO_3 + \frac{1}{2}C \longrightarrow SO_2 + \frac{1}{2}CO_2$$

解析反应过程归纳为：$2H_2SO_4 + C = 2SO_2\uparrow + CO_2\uparrow + 2H_2O$

8. 生产活性焦的原料有哪些？

（1）煤种：无烟煤（焦粉）、不黏煤和长焰煤。

单种煤生产的活性焦，其结构及吸附性能各有优点和缺陷，应用领域受到限制，若采用特殊生产工艺提高性能，又会增加生产成本。采用配煤生产技术，可以在不大幅增加生产成本的条件下，在一定范围内改善活性焦的结构和吸附性能，从而扩大了活性焦的应用领域。

我国生产活性焦最常用煤种是无烟煤、不黏煤和长焰煤。为减少焦油用量，提高活性焦强度，降低生产成本，也可适当配入部分肥煤和焦煤。

（2）黏结剂：焦油、沥青。

均匀加入适量的黏结剂能使原料煤粉在压力作用下易于成型，且煤焦油在炭化时形成的沥青焦能够很好地起到骨架作用，提高了活性焦的强度。

（3）添加剂。

大量试验结果表明：氧化铁（Fe_2O_3）、氧化钙（CaO）、氧化镁（MgO）、氧化钾（K_2O）、氧化钠（Na_2O）等金属氧化物在水蒸气活化过程中具有催化作用。因为煤中的金属氧化物含量不高，所以要生产高吸附性能的活性焦，就要采用催化活化法。

9. 生产活性焦对原料煤的性能有哪些要求？

（1）水分。煤中的水分对活性炭生产有一定影响，水分含量过高不仅对煤炭的破碎、筛分不利，而且增加能量消耗，提高生产成本。褐煤内在水分最高，其次是无烟煤，中等变质程度的烟煤内在水分含量最低。一般要求无烟煤水分不大于5%。

（2）灰分。煤灰分含量高会降低煤的发热量，影响炭化料及活性炭产品的机械强度，影响活性炭的孔隙结构，降低活性炭的吸附能力，使活性焦产品杂质增加，限制了煤基活性炭的应用领域。但是有些矿物质，如 CaO、MgO、Fe_2O_3、K_2O 及 Na_2O 等可以催化煤中碳与水蒸气的反应，加快反应速度，提高活化炉的产量。一般要求灰分不高于6%。

（3）挥发分和氧含量。无烟煤挥发分含量最低。挥发分含量过高，挥发出的物质容易结焦，堵塞产品道；过低，不能为活化提供足够的燃料；较高的氧含量有益于活性焦表面碱性位含量的提高。

（4）较高的碳含量。活性焦孔隙结构需要碳的大分子结构作为骨架，活化时还会消耗一部分碳，因此生产活性焦的原料煤的碳含量越高越好。

（5）反应活性要高。活性焦炭化料活化时需要有较高的反应性，因此要选用反应性较高的煤种，便于炭化料在活化过程中提高反应速度和效率。

10. 生产活性焦对黏结剂的性能有哪些要求？

（1）黏结性好，含碳量高。在活性焦生产过程中，黏结剂可使基质煤粉黏合成具有较高机械强度的颗粒；在炭化过程中黏结剂最终能够构成活性焦本身的一部分，起到骨架作用。

（2）浸润性好，造孔性能好。黏结剂要对基质煤粉具有良好的浸润性，使混合后的基质煤粉具有可塑性；黏结剂在炭化、活化过程中能形成活性焦颗粒内部的孔隙，起到造孔作用。

11. 生产柱状活性焦的典型工艺是什么？

活性焦的生产工艺流程：首先将原料煤粉碎到一定细度（200 目的煤粉占比重大于95%），加入一定数量的黏结剂（采用催化活化法时，要添加入一定量的添加剂），在一定温度下捏合一段时间；待加入的黏结剂与煤粉充分地浸润、渗透及均匀分散后，通过成型机在一定压力下用特定模具挤压成炭条；炭条经风干形成干炭条；干炭条经炭化、筛分形成合格的炭化料；合格的炭化料加入活化炉进行活化；活化好的活化料经过筛分、包装即为煤质柱状活性焦成品。柱状活性焦的工艺生产流程如图 1-3 所示。

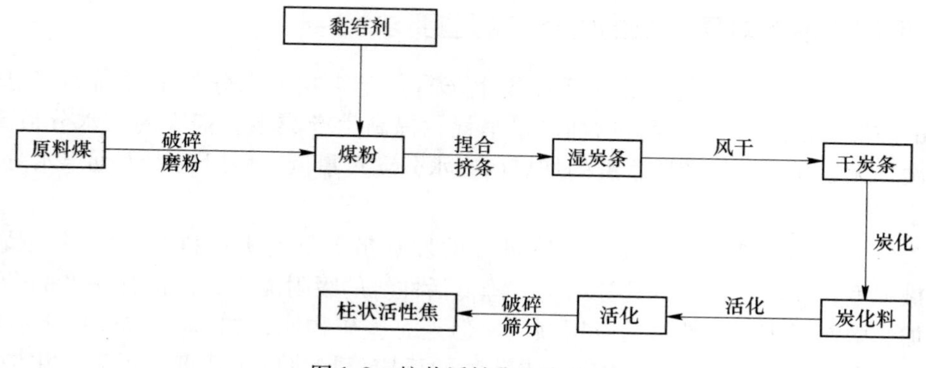

图 1-3 柱状活性焦生产流程

生产柱状活性焦的过程：

（1）配煤过程：备煤是指通过对原料煤进行处理，以使原料煤达到一定的粒度形态，满足后续生产的过程。一般生产柱状活性焦的原料煤经过破碎、磨粉后，制得的200目的煤粉占比重大于95%。

（2）成型过程：成型工序包括捏合、挤条和风干等步骤。首先，生产活性焦的煤粉加入黏结剂和水混合成煤膏；其次，混合好的煤膏送入挤压成型机，在高压作用下被挤压成直径约9mm的炭条（湿炭条）；最后，挤压出的炭条平铺在光洁的水泥地面上厚度约3～5cm，自然风干4～8h或进入网带式干燥机干燥。干燥后的干炭条不易碎裂、粉化。

（3）炭化过程：炭化过程是气体活化前的重要准备和基础。在该过程中，干炭条隔绝空气被加热到约600℃，在一系列物理和化学作用下，变成了炭化料。炭化的目的是使炭条形成容易活化的二次孔隙结构，并具有活化所需要的机械强度。合格的炭化料的挥发分为7%～18%，焦渣特性指数为1～3，水容量为15%～25%，球盘强度不低于90%。

（4）气体活化：气体活化是活性焦生产过程中最为关键的工序，它直接影响到活性焦的性能、成本和质量。一般水蒸气活化时活化温度控制在800～950℃；烟道气活化时活化温度控制在900～950℃。活化质量较好的活性焦挥发分一般在3%～5%之间。

活化的目的是打开炭化料闭塞的孔，扩大原有的孔隙，形成新的空隙。最终形成大孔、中孔、微孔相连的孔隙结构，具有发达的比表面积。

12. 活性焦生产工艺条件对活性焦的质量、性能有何影响？

（1）炭化温度。炭化温度是指炭化料在隔绝空气条件下加热的温度。炭化温度直接影响炭化料的孔隙结构和强度，即影响活性焦的性质。从表1-2中可以看出，炭化温度对活性焦的影响很大，温度过高，微孔容积明显下降，但强度增加。一般炭化温度控制在600℃左右。

表1-2 活性焦炭化温度对活性焦性质的影响

序号	炭化温度/℃	细孔容积/$mL \cdot g^{-1}$	比表面积/$m^2 \cdot g^{-1}$	显微硬度
1	450	0.145	100	65
2	500	0.150	150	85
3	600	0.170	220	94
4	700	0.154	155	96
5	800	0.127	140	98
6	900	0.125	100	99
7	1000	0.020	20	100

（2）活化温度、活化剂种类。活化温度是炭化料和活化剂直接接触反应的温度。根据不同煤种的反应性（反应速度）及活性焦的用途，使用不同的活化剂，制定不同的活化温度。虽然使用的活化剂不同，制定的活化温度也不同，但基本原理都是一致的。在整个活化过程中，随着温度的升高，烧失率增加，得炭率降低，比表面积增大，吸附能力提高；若活化温度控制过高，微孔就会减少，吸附能力就会明显下降。

（3）活化剂流速。提高活化剂流速，能提高活化剂与碳的反应速率，但也增加了烧失率，容易产生不均匀活化，导致微孔减少；降低活化剂流速，孔容积增加，也不利于活化。因此，控制活化剂适当的流速是保证活性焦质量的因素之一。

（4）炭化料灰分。炭化料灰分中的碱金属、铜、铁等氧化物和碳酸盐，对碳和水蒸气反应有催化作用，有利于孔隙由小变大。因此在炭化料中添加少量的铁、钴、钒、镍等氧化物，可加速碳与水蒸气的反应。但炭化料灰分中的其他组分（如二氧化硅 SiO_2）在活化过程中会附在颗粒外面，影响活化剂的作用，因此在可能的条件下，应尽量减少灰分。

（5）炭化料粒度。炭化料粒度小，活化速度快；粒度大，受活化剂在炭化料内部扩散速度的影响，容易出现部分未活化：炭化料外部已烧失而内部还未活化的现象；颗粒过小，活化气流阻力增大，也达不到均匀活化的目的。

13. 生产柱状活性焦的专用生产设备有哪些？

柱状活性焦的专用生产设备包括磨煤机、柱状焦成型设备、炭化设备和活化炉设备四类（图 1-4）。

（1）磨煤机。在活性焦生产过程中磨煤机应用最多的有雷蒙磨和中速辊式磨煤机等。

1）雷蒙磨。雷蒙磨又称摆式磨粉机，是目前煤粉加工的主要设备，在活性焦生产过程中应用比较广泛。由于它具有占地面积小、设备独立配套生产、煤种适应性强、生产能力大、产品细度能达到生产要求、煤的含水率稍高也能稳定运行、易操作、省电、噪声小、污染少等优点，雷蒙磨非常适合大规模生产。缺点是造价较高。

在雷蒙磨工作时，通过电磁振动给料机（或螺旋给料机）把粒度小于 20mm 的原料煤定量均匀地送入主机内进行研磨，研磨后的煤粉被鼓风机鼓出的风流吹出，通过设置在主机上方的分级机进行分级。细度合格的煤粉随风进入大旋风收集器，收集后的煤粉从大旋风机分离器的出粉管排出；风流由大旋风分离器上端回风管回流入鼓风机，整个系统负压下密封循环。由于被磨煤中的水分蒸发气化，以及整个系统各个接合处有空气漏入，导致循环风路中风量增加。增加的风

雷蒙磨

液压机

内热式回转炭化炉

斯列普活化炉

图 1-4 生产活性焦专用设备

量从鼓风机和主机中间的余风管导入小旋风收集器，随余风带入的若干细粉经小旋风收集器收集后，从小旋风分离器的出粉管排出。

2）中速辊式磨煤机。中速辊式磨煤机适用于烟煤等中等硬度煤料的研磨。中速辊式磨煤机的产量和细度易于调节，产品粒度均匀，同时还具有高效节能、研磨金属部件磨损低的优点，其生产能力一般较大，适合于大规模生产。

在中速辊式磨煤机工作过程中，原料煤由落煤管进入两个碾磨部件的表面之间，在压紧力的作用下受到挤压和碾磨而被粉碎成煤粉。由于碾磨部件的旋转，磨成的煤粉被抛至风环处。热风以一定速度通过风环进入干燥空间，对煤粉进行干燥，并将其带入碾磨区上部的煤粉分离器中。经过分离，不合格的粗粉返回碾磨区重磨。合格的煤粉由干燥剂带出磨外。

（2）柱状焦成型设备。柱状成型造粒设备的种类很多，目前，国内外用于活性焦生产的成型设备主要有液压机、螺杆挤条机和平模碾压造粒机等，其优缺点对比见表 1-3。

表 1-3 造粒机优缺点对比

序号	设备类型	优 点	缺 点
1	液压机	压条质量均匀、运行可靠、设备维修量小、压条直径范围宽	间隙式生产，单机生产产能偏小
2	螺杆挤压	结构简单、造价低、易制造、易维修	操作和维修工作量大，螺杆易磨损，物料挤出孔易堵，对捏合料的配比和捏合程度要求严格
3	平模碾压造粒机	成粒率高、无漏料；颗粒强度高、二次粉化率极低；单机生产能力大；运行稳定可靠、生产过程连续化和封闭化、环境清洁、节省人力；压条直径范围宽	造价偏高

1）液压机。液压机属于间隙生产设备，其工作过程主要是将捏合好的物料加入压缸内，压头进入压缸向下顶压物料，物料则通过挤条模具的模孔被挤压成圆柱状炭条排出。当压缸内物料全部被压出之后压头自下而上运动，完成一次压条过程，如此往复。液压机是目前国内柱状活性焦生产企业中使用最普遍的成型设备。

2）螺杆挤条机。螺杆挤条机的工作过程就是将捏合好的物料由加料斗连续加入，通过单根或两根反方向运动的螺杆不断向前挤动，一直推到挤出孔板处被强制连续挤出，成为一定规格的圆柱状炭条。

3）平模碾压造粒机。平模碾压造粒机的工作原理是将加入机内的物料经辊轮挤压，被强制从钢制开孔平模挤出，挤出的圆柱状颗粒在模板下面被刮刀切断，从而得到圆柱状颗粒。

平模碾压造粒机是目前最先进的柱状造粒技术，具有成粒率高、颗粒强度好、单机生产能力大、生产过程连续化和封闭化的优点。目前，国外大的活性焦生产企业挤条造粒使用的设备基本都是平模碾压造粒机，在国内的生产企业中该设备也正在普及。

(3) 炭化设备。转化炉是最主要的炭化生产设备，国内最常见的炉型是回转炭化炉，根据加热方式的不同可以分为外加热式和内加热式两种。外加热式回转炭化炉主要通过辐射加热物料，物料氧化损失小；内加热式回转炭化炉则是将物料直接与加热介质接触，因而物料氧化程度较高，热效率高，产品具有较高的得率和强度，目前国内的活性焦生产企业多采用内加热式回转炭化炉。

1）外加热式回转炭化炉。外加热式回转炭化炉主要由筒体、外加热器、支撑体和传热机构组成。炉体内物料不与烟气接触，通过加热炉的加热转筒筒壁加热物料，物料在转筒内被翻料板不断扬起加热。炉体一般选用轻质耐火保温砖或全纤维结构，转筒根据温度及物料性质选用不同的材质的钢材。外加热式回转炭化炉自动化程度高，维持及操作简单，温度控制稳定，活化反应速率稳定，尾气产生最少且易于回收处理，连续化生产运行稳定。

2）内加热式回转炭化炉。内加热式回转炭化炉是一个组合转化设备，主要由加热料仓、炉尾、炉体（回转筒体）、炉头（燃烧室）及传动装置组成（图1-5），其工作原理是加热介质和被炭化的物料在一定的温度范围内连续直接接触，相互逆向流动。物料由低温区向高温区移动，逆向而来的加热介质不断将热量供给物料，物料温度逐步提高，从而完成脱水、脱气、干燥、热分解、热缩聚等过程，最后从高温加热区的出料口排出；加热介质由高温区向低温区移动，由于不断将热量供给物料，自身温度不断降低并携带炭化过程中物料产生的大量挥发物，最后由炉尾的烟气出口排出。加热介质一般为热气流，可通过煤气、天然气、焦油、重油等在燃烧室中燃烧获得，目前国内也有一些小型企业通过燃烧煤炭获得。

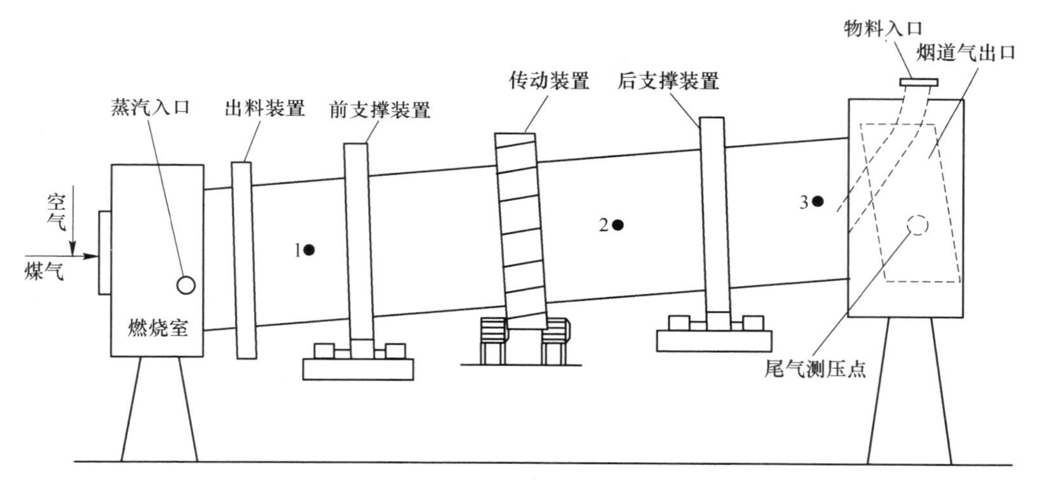

图1-5 内热式回转炭化炉示意图

1—出料口测温点；2—中部测温点；3—尾部测温点

在内加热式回转炭化炉中，主要通过燃烧室中的燃烧温度来控制物料的炭化终温，而物料入口（炉尾）温度和炉体的轴向温度梯度分布则主要依靠加料速度、炉体长度、转速及烟道抽力控制。加料速度、炉体长度和转速主要调整的是物料在炉体内的停留时间即炭化时间，烟道抽力则是调整加热介质的流动速度从而改变炉体内的温度梯度分布。

（4）活化炉设备。活化炉是活性焦生产过程中的核心设备，目前应用较多的有耙式炉（多膛炉）、斯列普炉和回转活化炉。

1）耙式炉。耙式炉是由多个圆桶形炉膛床层叠连在一起的工业炉，外壁为钢制结构，内壁为耐火材料砌成。炉中心垂直装有一根转动主轴，每层炉床上都

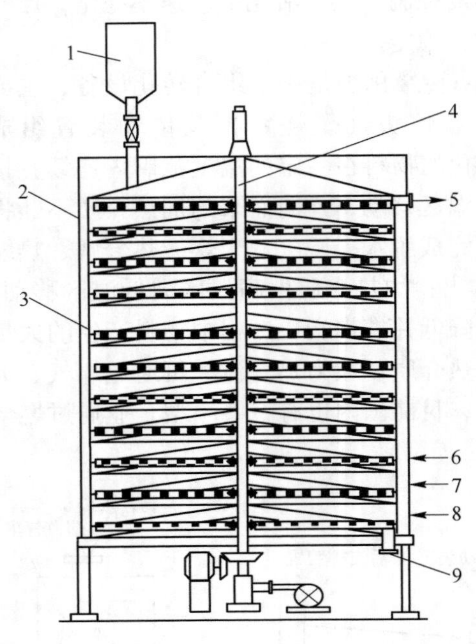

图1-6 耙式炉示意图

1—进料斗；2—钢板外壳；3—耙臂；4—主轴；5—活化尾气；6—水蒸气；7—燃料气；8—空气；9—出料口

有2个或4个带有耙齿的伞状耙臂安装于空心转轴上并随其转动。主轴及耙臂均为空心结构，不断鼓入空气进行冷却。各层炉壁上，根据需要安装有燃烧煤气或燃烧油的喷嘴、空气入口、水蒸气入口等（图1-6）。

耙式炉工作时，炭化料从炉顶进入，耙臂随主轴一起转动，上面的耙齿连续地推动和翻动物料，最后由炉床中部的落料孔落入下一层炉床；在下层炉床上，物料再被耙齿翻动、推动。由炉床外侧的落料孔落入三层炉床。如此重复，物料由下到上缓慢移动，并完成活化过程。各层的温度可以通过启动燃烧喷嘴的数量及其燃烧状态进行调节，燃烧产物烟道气和由炉壁通入的水蒸气与物料逆向接触进行活化反应，最终由炉顶的烟道气出口排出。

耙式炉的优点主要是：

① 机械化、自动化程度高，劳动强度低，生产环境好；

② 炉内的温度等工艺条件能够精确地控制，物料与活化气体的接触状态好，产品质量均匀稳定；

③ 物料在炉内停留时间短，产品得率高；

④ 更换原料及调整工艺过程快，开炉及停炉时间短等。

耙式炉的主要缺点是：

① 设备投资大，主轴等部件对材料的耐热性能要求高；

② 正常生产时需要外部供给部分热量。

2）斯列普炉。斯列普炉主要由活化炉本体、下连烟道、上连烟道、蓄热室4个部分组成。本体炉膛正中有一堵耐火砖墙将本体分成左、右两个半炉，这两个半炉通过下连烟道相互连通。物料进入炉体内后，受重力作用沿活化槽缓慢下行，先后经过预热段、补充炭化段、活化段、冷却段，最后由下部卸料器卸出。物料在预热段利用炉内热量预热除去水分；在补充炭化段，受高温活化气体间接加热，提高温度并进行补充炭化；在活化段，物料与水平方向流动的活化气体直接接触进行活化；在冷却段，产品热量通过炉壁散热进行自然冷却（图1-7）。

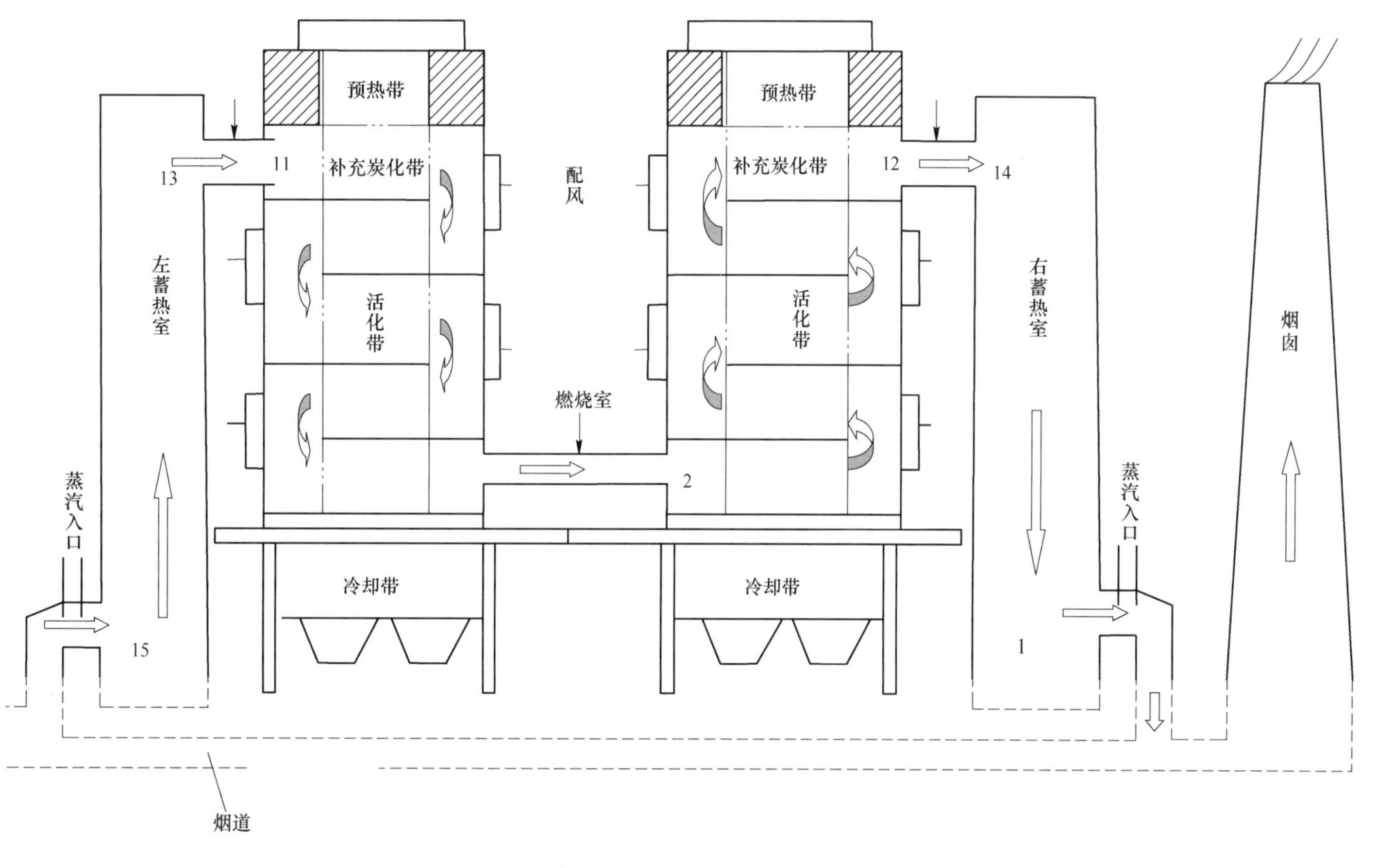

图 1-7　斯列普炉活化示意图

斯列普炉的主要优点是：

① 正常生产时不需要外加热源，活化产生的水煤气通过燃烧保持活化炉的自身热平衡；

② 能同时生产多个原料品种的活性焦；

③ 易于控制，控制稳定，日常维护工作量小；

④ 设备使用寿命长（生产活性焦一般使用6~10年）。

斯列普炉的主要缺点是：结构复杂，建设周期较长，开、停炉困难，更换原料及调整工艺过程慢，难于实现自动化生产，并且对原料粒度及堆密度有一定的要求。

3）回转活化炉。回转活化炉结构与内热式回转炭化炉类似。物料与活化气体逆流流动接触活化，是目前国内外中小企业使用较多的一种活化设备。它的主要优点是：投资小，建设周期短；更换原料及调整工艺过程快，开、停炉方便；其主要缺点是：正常生产时需要不断外加热源，单台设备生产能力小［单台最大为1000t/a，以生产碘值1000mg/g、CTC（四氯化碳吸附率）60%活性焦计］，工艺控制调节比较困难，产品质量易出现较大波动。

14. 活性焦硫分组成是什么？

用于烟气脱硫脱硝的活性焦的硫分主要以无机硫为主，企业为方便随时掌握活性焦的吸附性能，根据活性焦中硫的加热解析温度的不同，将活性焦中的全硫分为固定硫分和挥发硫分。

$$S_{全} = S_{固} + S_{挥} \tag{1-1}$$

式中 $S_{全}$——活性焦全硫分，%；

$S_{固}$——活性焦固定硫分，%；

$S_{挥}$——活性焦挥发硫分，%。

（1）固定硫。固定硫是指活性焦在隔绝空气条件下被加热至约450℃不能被分解的硫，主要包括各种硫酸盐如$Fe_2(SO_4)_3$、$CaSO_4$、$MgSO_4$等。固定硫是活性焦在制备吸附二氧化硫（SO_2）过程中产生的，受焦中各种硫化物（Fe_2S、CaS等）和金属氧化物（Fe_2O_3、CaO、MgO等）的影响最大。一般活性焦的灰分越高，固定硫也就越高，通常活性焦的固定硫在1.5%左右。

（2）挥发硫。挥发硫是指活性焦在隔绝空气的条件下，被加热至约450℃能被分解的硫，主要包括吸附在活性焦微孔中的二氧化硫（SO_2）、三氧化硫（SO_3）和化学反应生成的硫酸（H_2SO_4）、硫酸铵［$(NH_4)_2SO_4$］和硫酸氢铵［NH_4HSO_4］。挥发硫是活性焦在吸附过程中产生的，受吸附条件和活性焦吸附性能影响较大。生产中利用挥发硫[1]溶于水的特性，间接检测活性焦中的固定硫分（水洗、干燥后，用艾士卡法检测的硫分）。

检测固定硫分的意义：通过艾士卡法检测活性焦固定硫分和全硫分，可以随时掌握循环活性焦的吸附性能和解析效果，为企业提高脱硫脱硝效率、降本节支创造条件。

15. 烟气脱硫脱硝用柱状活性焦国家标准包括哪些指标？

表 1-4　柱状脱硫脱硝活性焦技术要求（GB/T 30202）

序号	项　　目		指标（A 型）			检测方法标准
			优级品	一级品	合格品	
1	水分/%		≤5.0			GB/T 7702.1—1997
2	堆积密度/g·L^{-1}		570～700			GB/T 30202.1—2013
3	粒度/%	>11.2mm	≤5.0			GB/T 30202.2—2013
		11.2～5.6mm	≥90			
		5.6～1.4mm	≤4.7			
		<1.4mm	≤0.3			
4	耐磨强度/%		≥97.0		≥94.0	GB/T 30202.3—2013
5	耐压强度/kgf		≥40	≥37	≥30	GB/T 30202.3—2013
6	着火点/℃		≥420			GB/T 7702.9—2008
7	脱硫值/mg·g^{-1}		≥20.0	≥18.0	≥15.0	GB/T 30202.4—2013
8	脱硝率/%		实测			GB/T 30202.5—2013
9	外观		黑色或灰色柱状体			

16. 企业购买的柱状活性焦通常要求哪些指标？

表 1-5　活性焦常规性能指标

序号	项　　目	技　术　指　标	检测方法标准
1	外观	（1）产品应是有规则的圆柱体形状，呈均匀暗黑色的颗粒炭素物质； （2）产品颗粒之间应当呈松散状，不得有成团、粘连现象； （3）产品颗粒表面无明显的裂纹等有损强度的缺陷	—

[1] 少量的可溶性硫酸盐质量可忽略不计。

续表 1-5

<table>
<tr><th>序号</th><th colspan="2">项　　目</th><th colspan="2">技 术 指 标</th><th>检测方法标准</th></tr>
<tr><td>2</td><td colspan="2">水分/%</td><td colspan="2">≤3</td><td>GB/T 7702. 1—1997</td></tr>
<tr><td>3</td><td colspan="2">灰分/%</td><td colspan="2">≤20</td><td>GB/T 7702. 15—2008</td></tr>
<tr><td>4</td><td colspan="2">挥发分/%</td><td colspan="2">≤5. 0</td><td>GB/T 212—2008</td></tr>
<tr><td>5</td><td colspan="2">碘值/mg · g^{-1}</td><td colspan="2">≥400</td><td>GB/T 7702. 7—2008</td></tr>
<tr><td>6</td><td colspan="2">脱硫值/mg · g^{-1}</td><td colspan="2">≥18</td><td>GB/T 30202. 4—2013</td></tr>
<tr><td>7</td><td colspan="2">脱硝率/%</td><td colspan="2">≥38</td><td>GB/T 30202. 5—2013</td></tr>
<tr><td>8</td><td colspan="2">堆密度/g · L^{-1}</td><td colspan="2">550 ~ 700</td><td>GB/T 30202. 1—2013</td></tr>
<tr><td>9</td><td colspan="2">耐压强度①/kgf</td><td>≥30</td><td>≥37</td><td>GB/T 30202. 3—2013</td></tr>
<tr><td>10</td><td colspan="2">耐磨强度/%</td><td colspan="2">≥97</td><td>GB/T 30202. 3—2013</td></tr>
<tr><td>11</td><td colspan="2">着火点/℃</td><td colspan="2">≥420</td><td>GB/T 7702. 9—2008</td></tr>
<tr><td rowspan="4">12</td><td rowspan="4">粒度分布/%</td><td>>11. 2mm</td><td colspan="2">≤5. 0</td><td rowspan="4">GB/T 30202. 2—2013</td></tr>
<tr><td>11. 2 ~ 5. 6mm</td><td colspan="2">≥90</td></tr>
<tr><td>5. 6 ~ 1. 4mm</td><td colspan="2">≤4. 7</td></tr>
<tr><td><1. 4mm</td><td colspan="2">≤0. 3</td></tr>
</table>

① 当产品规格为 8mm ± 0. 3mm 样品，耐压强度要求不低于 30kgf；产品规格为 9mm ± 0. 3mm 样品，耐压强度要求不低于 37kgf。活性焦法烟气净化工程中一般采用 9mm 柱状活性焦。

17. 活性焦工业分析包括哪些内容，对企业生产有何指导意义？

（1）水分。活性焦中的水分包括吸附水和热解水。活性焦在常压下被加热到 105 ~ 110℃时经过一定时间干燥后可全部蒸发的水分，称为吸附水。吸附水通常是活性焦暴露在空气或在烟气脱硫脱硝时产生的，受空气或烟气水分影响较大，出吸附塔的活性焦含水约 3%；热解水是活性焦高温解析过程中生成的水，受活性焦化学吸附生成的硫化物影响最大。

新鲜活性焦的水分与原料煤的水分无关，主要受空气条件影响。活性焦水分高，容易在活性焦表面形成水膜，降低了活性焦的吸附能力；新鲜活性焦水分高，还会增加运输成本。

（2）灰分。活性焦的灰分与原料煤和添加剂有关。原料煤中的无机成分（SiO_2、Al_2O_3 等）在炭化、活化过程中几乎全部留在了活性焦中，因此活性焦的灰分随着炭化得率的降低而增加。

活性焦中的大多数灰分会抑制活性焦的催化活化，这是因为附着在活性焦外表面的灰分（SiO_2、Al_2O_3、NaCl、KCl 等）在活化过程中会堵塞活性焦的孔道，且过高的灰分还会增加活性焦表面的纵、横裂纹，降低活性焦的机械强度。

研究发现，灰分中的碱性氧化物（Fe_2O_3、MgO、CaO、Na_2O、K_2O等）在活性焦活化过程中能起到催化活化的作用。利用这一特征，在生产高活性的活性焦时，往往会在原料中配入一定数量的催化添加剂，使得活性焦的灰分升高，又因过高的灰分会降低活性焦的机械强度，因此一般要求活性焦的灰分不高于20%。

（3）挥发分。活性焦的挥发分与炭化、活化温度及时间有关。炭化、活化温度低，时间短，生产出的活性焦挥发分高，孔隙率小，比表面积低；炭化温度、活化温度过高，生产出的活性焦挥发分低，气孔率高，但活性焦微孔、中孔少，比表面积也不大。因此生产活性焦时，应控制适宜的炭化、活化温度及其时间，质量较好的活性焦的挥发分一般在3%~5%左右。

（4）固定碳。活性焦的主要成分是固定碳，炭是活性焦的骨架，一般含量在75%以上（干基）。

18. 活性焦的密度指标包括哪些？

（1）堆积密度（包括活性焦间空隙和内部微孔）。活性焦是多孔性的颗粒，具有较大的比表面积。活性焦外观体积由内部的微孔所占体积、颗粒之间的间隙和颗粒本身所具有的骨架体积组成。

活性焦堆积密度是指单位外观体积活性焦的质量。活性焦的堆积密度一般为570~700kg/m^3。一般用“量筒法”测定活性焦的堆积密度。

$$\rho_{堆} = \frac{m}{V_{堆}} \tag{1-2}$$

式中 $\rho_{堆}$——活性焦堆积密度，g/cm^3；

m——活性焦试样质量，g；

$V_{堆}$——活性焦试样体积，mL。

通过检测活性焦堆积密度，可以随时了解析附塔活性焦的装填量、循环周期和解析塔的解析时间。

（2）颗粒密度。颗粒密度是指单个活性焦颗粒（包括内部微孔所占的体积）的密度。

（3）真密度。活性焦真密度是活性焦的实体密度（不包括颗粒间空隙和内部微孔的体积）。

19. 什么是活性焦的粒度分布，活性焦粒度对企业生产有何指导意义？

活性焦粒度分布是指活性焦不同粒径颗粒占颗粒总质量的百分数。掌握活性焦的粒度分布，不仅对生产活性焦质量控制有一定的指导意义，对企业使用活性焦也有一定的指导意义，如提高中颗粒的活性焦比例，有利于吸附塔透气性改善、降低活性焦损耗。

活性焦的平衡吸附量与其粒度分布分形维数之间存在较好的线性关系，随着粒度分布分形维数值的增大，活性焦的平衡吸附量逐渐增大。因此，在粒级范围相同的情况下，粒度分布分形维数值可定量表征活性焦的平衡吸附量。所以活性焦粒度的测定对活性焦吸附具有重要的意义。

（1）大颗粒的活性焦（ >11.2mm）质量比不大于5.0%。活性焦粒度过大，炭化、活化时不易“熟透”，降低了活性焦的吸附性能；且“熟不透”的大颗粒活性焦在使用过程中，更容易受挤压、剪切破碎，增加了活性焦的损耗。

（2）中颗粒的活性焦（11.2～5.6mm）质量比不小于90%。活性焦粒度适中，炭化、活化时“成熟”均匀，有利于提高活性焦的整体吸附性能和机械强度；且中颗粒的活性焦透气性好，吸附效率高，因此中颗粒的越多越好。

（3）小颗粒的活性焦（5.6～1.4mm）质量比不大于4.7%。活性焦粒度小，炭化、活化时容易“过火”；且小颗粒的活性焦在使用时容易造成吸附塔床层压降增大，严重时企业被迫减产，因此小颗粒的活性焦越少越好。

（4）焦粉（ <1.4mm）质量比不大于0.3%。焦粉会裹挟在炭化料外表面，不利于活化气流向炭化料内部扩散，使活性焦内部难以被活化，降低了活性焦的吸附性能；焦粉在使用过程中还会造成吸附塔焦床压降增大，且焦粉的着火点为165℃，是引起吸附塔出现“飞温”的重要因素。因此活性焦中焦粉含量越低越好。

20. 什么是活性焦的机械强度，活性焦的机械强度对企业生产有何指导意义？

活性焦的机械强度包括耐磨强度和耐压强度。

（1）耐磨强度。耐磨强度是指在一定条件下，将活性焦试料置于振筛机内经受一定的机械磨损，取出试料进行筛分，筛上部分试料质量占总试料质量的百分数。

活性焦在输送过程中不断受摩擦、剪切、摔落、挤压等外力的作用，若活性焦的耐磨强度较低，会加剧活性焦粉化，增加活性焦的消耗。为降低活性焦的损耗，一般要求新活性焦的耐磨强度不低于97%。

（2）耐压强度。耐压强度是将活性焦置于耐压强度测定仪上施力，记录活性焦被压碎瞬间的受力值，计算出规定数量活性焦的平均受力值。活性焦直径越大，耐压强度数值也就越大。

活性焦吸附装置高度一般都不低于50m，装置内装满了活性焦，底部活性焦在重力作用下受到巨大的压力。若活性焦耐压强度低，装置底部的活性焦就很容易被压碎，造成床层压降升高、损耗增大；甚至会使吸附塔底部被“压实架桥”，排不出活性焦，造成严重的生产事故；且活性焦在转运过程中，还会受到一定的挤压作用，因此活性焦必须要有一定的抗压能力。

21. 什么是活性焦的着火点，活性焦着火点对企业生产有何指导意义？

活性焦着火点是指能引起活性焦着火的最低温度。活性焦的着火点越高，说明活性焦的抗氧化能力也就越强。

一般活性焦脱硫脱硝烟气温度控制范围为120～135℃。烟气中含有6%～15%的氧气和8%～16%的水蒸气，烟气中的氧气、水蒸气和二氧化硫（SO_2）在活性焦吸附过程中会发生化学反应，释放出大量的反应热，使活性焦床层温度升高，如果活性焦抗氧化性能较差，则容易使其粉化并着火，若处理不及时，容易引起恶性事故。因此，新鲜活性焦在确保满足吸附性能、机械强度要求的情况下，活性焦的着火点越高越好，一般要求活性焦的着火点不低于420℃。

22. 反映活性焦吸附 SO_2 性能的常用指标有哪些？

活性焦的吸附性能指标，一般是根据活性焦吸附装置的实际使用需求来确定的，列举如下。

（1）活性焦的硫容、饱和硫容、工作硫容。

1）活性焦硫容：在特定条件下，每100kg活性焦所能吸附的二氧化硫（SO_2）的千克数。它是衡量活性焦吸附能力的一个重要指标。

2）吸附硫容：一定质量的活性焦试样，在特定条件下通入浓度为1%的二氧化硫气体，吸附饱和后，于400℃通入氮气进行解析2h，解析出来的二氧化硫的量即为活性焦的吸附硫容，以 $mgSO_2/gAC$ 表示。

3）工作硫容：单位质量的活性焦在确保工艺净化指标时所能吸收的二氧化硫（SO_2）的容量。

活性焦硫容检测方法：在一定的实验条件下，使含有二氧化硫（SO_2）的气体（浓度1%恒定）通过称量管中的活性焦试样，直至活性焦试样质量不再增加为止（被饱和），此时活性焦试样增加的质量与活性焦试样质量的百分比即为活性焦饱和硫容。未特别说明时，活性焦硫容一般是指活性焦的饱和硫容，一般不低于10%。

活性焦硫容的检测仅适用于新焦检测（控制新焦质量），这是因为活性焦硫容检测需要用专用设备，且较为繁琐、时间长，不利于企业生产过程检测（检测较为频繁），因此活性焦脱硫脱硝过程中企业可通过检测活性焦全硫和固定硫来检测循环焦的硫容。因二氧化硫的分子量是硫原子量的2倍，结合式（1-1）整理得：

$$S_{SO_2} \approx 2 \times (S_{全} - S_{固}) \tag{1-3}$$

式中 S_{SO_2}——循环活性焦吸附的二氧化硫（SO_2），mg/g；

$S_{全}$——活性焦全硫，mg/g；

$S_{固}$——活性焦固定硫，mg/g。

（2）活性焦的比表面积。活性焦的比表面积是指单位质量的活性焦所具有的表面积。比表面积越大，物理吸附能力就越强，但强度差，因此脱硫脱硝活性焦不是比表面积越大越好。

（3）活性焦的碘值。评价活性焦吸附性能力最直接、常用的方法就是测定活性焦对碘的吸附值。大量的实验测定表明活性焦的碘值与比表面积基本呈直线关系，即1mg/g的碘值大致相当于$1m^2/g$，活性焦的碘值越大，比表面积就越大，吸附能力相应也就越强。活性焦的吸附碘值通常为400～500mg/m^3。

23. 什么是活性焦脱硫值？

活性焦脱硫值是指在一定的条件下，单位质量的活性焦吸附二氧化硫后，再经高温解析出二氧化硫的质量，单位：mg/g。这是综合评价活性焦吸附、脱附性能的重要指标。

（1）测定原理：经预处理的试样，在一定条件下吸附二氧化硫、水蒸气、氧气和氮气的混合气体，当二氧化硫饱和吸附后，通入氮气解析，根据二氧化硫解析的量，计算活性焦的脱硫值。

（2）测定条件。

吸附条件：

1）混合气体（二氧化硫、氧气、水蒸气和氮气）总流量：26.0L/min（标况）；

2）二氧化硫体积分数：1020×10^{-6}（干）；

3）氧气体积分数：6.4%（干）；

4）水蒸气体积分数：9.8%；

5）吸附温度：120±5℃；

6）吸附时间：5h。

解析条件：

1）氮气流量：5L/min（标况）；

2）解析温度：400±5℃；

3）解析时间：3h。

（3）计算公式：

$$S_c=\frac{c(V-V_0)\times32\times100}{m} \tag{1-4}$$

式中 S_c——活性焦脱硫值，mg/g；

c——氢氧化钠标准溶液浓度的数值，mol/L；
V——滴定吸收液消耗氢氧化钠标准溶液体积的数值，mL；
V_0——空白试验消耗氢氧化钠标准溶液体积的数值，mL；
32——1mmol 氢氧化钠相当于二氧化硫的质量的值，mg；
m——试料质量的数值，g。

24. 什么是活性焦脱硝率？

将含有氮氧化合物、氨气、氧气、氮气和水蒸气的混合气体通过活性焦床层，气体中的氮氧化合物被氨气选择性催化还原（SCR）为氮气排放。当 SCR 反应达到定态时，转化的氮氧化合物的体积分数与通入气体中的氮氧化合物体积分数的比值即为活性焦的脱硝率。

$$4NO + 4NH_3 + O_2 \longrightarrow 4N_2 + 6H_2O$$

$$2NO_2 + 4NH_3 + O_2 \longrightarrow 3N_2 + 6H_2O$$

（1）测定条件：

1）混合气体由一氧化碳、氧气、水蒸气、氮气和氨气组成，总流量为 52.0L/min（标况）；

2）一氧化碳体积分数为 200×10^{-6}（干）；

3）氧气体积分数为 200×10^{-6}（干）；

4）水蒸气体积分数为 8%；

5）氮气体积分数为 200×10^{-6}（干）；

6）温度 120 ± 5℃；

7）每 120min 测量一次尾气中的氮氧化合物体积分数，当连续 4 次体积分数不大于 5×10^{-6}时停止。

（2）计算公式：

$$x = \frac{\varphi - \varphi_1}{\varphi} \times 100\% \quad (1\text{-}5)$$

式中 x——脱硝率，%；
φ——混合气中氮氧化合物（干）体积分数的数值；
φ_1——试验终止前尾气中氮氧化合物（干）体积分数的数值；

25. 活性焦有哪些用途？

随着国民经济的发展，国家对环保管控力度的加强，活性焦被广泛用于烟气、废气和污水净化，同时也被用作催化剂的载体。

（1）空气污染防治。活性焦干法脱硫脱硝在烧结、焦化、有色金属冶炼、火电等行业烟气脱硫脱硝中取得的显著效果越来越被行业认同，且在化工挥发性有机气体（VOCs）净化中也取得了显著效果。

（2）污水净化。活性焦对去除污水色度、臭味、油污、苯酚、汞及其他重金属有明显的效果，因此很早就被广泛应用于石油化工、制药、印染、电镀、焦化等污水的净化处理。

（3）催化剂的载体。化工行业利用活性焦多孔性结构特点，将活性焦作为催化剂载体也取得了很好的效果。

26. 空气污染指数是什么？

空气污染指数（API）是根据我国环境空气质量标准和对人体健康危害程度而划定的，API 指标基本上可较为客观地反映我国城市空气污染状况，并与公众的主观感受基本一致。

27.《环境保护税法》规定的大气污染物（二氧化硫、氮氧化合物和烟尘）当量值是多少？月应缴纳税额如何进行计算？

大气污染物当量值：二氧化硫为 0.95t，氮氧化合物为 0.95t，烟尘为 2.18t。

月应缴纳税额计算公式：

（1）月应纳税额 = 月应税污染物当量数 × 适用税额标准❶。

（2）月应税污染物当量数 = 月污染物排放量/污染物当量值。

28. 氮氧化合物（NO_x）是指什么？

氮氧化合物（NO_x）是指只有氮、氧两种元素组成的化合物。烧结烟气中的氮氧化合物包括：一氧化二氮（N_2O）、一氧化氮（NO）、二氧化氮（NO_2）、三氧化二氮（N_2O_3）、四氧化二氮（N_2O_4）和五氧化二氮（N_2O_5）等，其中以一氧化氮（NO）和二氧化氮（NO_2）为主，NO 约占 97% 以上，NO_2 约占 3%。

29. 为何烟气中的 NO_x 排放以 NO_2 为基准统计？

因为烟气中的一氧化二氮（N_2O）、一氧化氮（NO）、三氧化二氮（N_2O_3）、四氧化二氮（N_2O_4）和五氧化二氮（N_2O_5）化学性质均不稳定，遇光、湿或热容易变成 NO_2 和 NO，而 NO 又容易被氧化变为 NO_2。归根结底，烟气中对大气造成危害的氮氧化合物是 NO_2，因此氮氧化合物的排放水平以 NO_2 的质量浓度（mg/m^3）为基准统计。

---

❶《环境保护税法》规定了两档减税优惠，企业少排污少缴税。纳税人排污浓度值低于规定标准 30% 的，减按 75% 征税；排污浓度值低于规定标准 50% 的，按减 50% 征税。

30. 为什么脱除烟气中的氮氧化合物叫脱硝？

因为 NO_x 可以和水反应生成硝酸，从而污染大气环境。为了减少硝酸的生成，就要减少烟气中 NO_x 的排放量，因此脱除烟气中的氮氧化合物就叫脱硝，脱除烟气中的氮氧化合物的技术叫脱硝技术，脱除烟气中的氮氧化合物的反应叫脱硝反应。

31. 什么是活性焦脱硫脱硝技术？

活性焦脱硫脱硝技术是以活性焦为吸附剂，以氨气为还原剂，脱除烟气中的二氧化硫和氮氧化合物的技术。该技术包括烟气系统、吸附、解析、活性焦输送、温度监控、氨气制备等系统。

32. 活性焦脱硫脱硝技术有何特点？

（1）可实现二氧化硫（SO_2）、氮氧化合物（NO_x）、三氧化硫（SO_3）、氟化氢（HF）、氯化氢（HCl）等酸性污染气体，二噁英、呋喃等挥发性有机气体（VOCs），以及汞（Hg）、铅（Pb）等重金属污染物的协同处理，适应性强。

（2）工艺简单，流程短，布局紧凑。

（3）干式处理，不耗水。

（4）当采用补空气降低烟气温度方式时烟囱排出的烟气透明度好，下游烟道无需防腐。

（5）脱出的二氧化硫气体用于生产浓硫酸、单质硫或硫酸铵等副产品，硫资源回收无二次污染。

（6）烟气脱硝前无需加热，脱硝效率高。

33. 活性焦脱硝与常规 SCR 脱硝比较，有哪些优点？

活性焦脱硝与常规 SCR 脱硝相比较主要有以下四点优势：

（1）常规 SCR 脱硝烟气温度不低于 280℃，当原烟气温度较低时，烟气需要复热，消耗大量的能量；活性焦脱硝烟气温度为 100～140℃，无需复热。

（2）常规 SCR 脱硝仅能脱除烟气中的氮氧化物，当烟气中污染物种类较多时，容易引起催化剂中毒；而活性焦具备同时脱硫、脱硝、除尘、除重金属以及挥发性有机物多种污染物的功能，不存在中毒的危险，适应性强。

（3）常规 SCR 脱硝采用固定床，当催化剂催化效率降低时就需要及时更换，产生“危废”；而活性焦脱硝采用移动床，仅产生少量的活性焦粉，产生的焦粉可作为燃料回收使用。

（4）常规 SCR 脱硝由于采用固定床，脱硝效率受催化剂质量、中毒、老化、堵塞等因素影响较大；而活性焦脱硝采用移动床，活性焦不断地得到更新，因此脱硝效率较为稳定。

34. 生态环境部《关于推进环境污染第三方治理的实施意见》中第三方治理责任界定是什么？

《关于推进环境污染第三方治理的实施意见》中第三方治理责任界定是：排污单位承担污染治理的主体责任，可依法委托第三方开展治理服务，依据与第三方治理单位签订的环境服务合同履行相应责任和义务。第三方治理单位应按有关法律法规和标准及合同要求，承担相应的法律责任和合同约定的责任。第三方治理单位在有关环境服务活动中弄虚作假，对造成的环境污染和生态破坏负有责任的，除依照有关法律法规规定予以处罚外，还应当与造成环境污染和生态破坏的其他责任者承担连带责任。

在环境污染治理公共设施和工业园区污染治理领域，政府作为第三方委托治理时，因排污单位违反相关法律和合同规定导致环境污染，政府可依据相关法律或合同规定向排污单位追责。

35. 什么是 CEMS 系统？

CEMS 是英文 Continuous Emission Monnitorring System 的缩写，又称烟气自动监控系统或烟气在线检测系统，是指对大气污染源排放的气态污染物和颗粒物进行浓度和排放总量连续检测并将信息实时传输到主管部门的装置。

烟气脱硫脱硝净化效果与烟气流量及污染物浓度直接相关，为了实现生产精确控制，需要在烟气系统进出口设置自动连续监测系统（CEMS），对烟气温度、流量、颗粒物浓度、二氧化硫浓度、氮氧化物浓度进行在线监测。同时为适应排放标准对烟气基准含氧量的要求、氨逃逸要求，在烟气出口增加了湿度、含氧量、氨逃逸在线监测。

36. 烧结大气污染物超低排放标准是什么？

2019 年 4 月，生态环境部等五部委发布《关于推进实施钢铁行业超低排放的意见》的函。函中明确烧结机头烟气有组织排放控制指标为：

（1）烧结机头烟气在基准氧含量 16% 条件下：颗粒物、二氧化硫、氮氧化物排放浓度小时均值排放浓度分别不高于 10mg/m^3、35mg/m^3、50mg/m^3；

（2）钢铁企业每月至少 95% 以上时段小时均值排放浓度满足上述要求。

37. 如何将检测到的标干排放浓度折算成基准氧含量 16% 的标干排放浓度？

通过以下计算公式，可将烧结 CEMS 烟气监测系统监测到的排放浓度折算成基准氧含量16%的排放浓度。

$$C = c \times \frac{21 - 16}{21 - \varphi(O_2)} = c \times \frac{5}{21 - \varphi(O_2)} \tag{1-6}$$

式中 C——大气污染物基准氧含量16%排放浓度，mg/m^3；

c——CEMS系统在线大气污染物排放浓度，mg/m^3；

$\varphi(O_2)$——CEMS系统在线氧含量,%。

中国某企业CEMS在线监测的颗粒物、二氧化硫、氮氧化物排放浓度分别为：11mg/m^3、8mg/m^3、65mg/m^3，氧含量为15.3%。分别计算基准氧含量16%的排放浓度：

$$C_{dust} = c_{dust} \times \frac{21 - 16}{21 - \varphi(O_2)} = 11 \times \frac{5}{21 - 15.3} \approx 9.6mg/m^3$$

$$C_{SO_2} = c_{SO_2} \times \frac{21 - 16}{21 - \varphi(O_2)} = 8 \times \frac{5}{21 - 15.3} \approx 7.0mg/m^3$$

$$C_{NO_x} = c_{NO_x} \times \frac{21 - 16}{21 - \varphi(O_2)} = 65 \times \frac{5}{21 - 15.3} \approx 57mg/m^3$$

38. 活性焦脱硫脱硝技术监督内容包括哪些?

活性焦脱硫脱硝技术监督是依据国家法律、法规，按照国家和行业标准，利用可靠的技术手段及管理方法，在烟气脱硫脱硝全过程质量管理中，对装置的重要参数、性能指标进行监督、检查、评价，保证其安全、稳定、经济运行，并对运行过程中的污染物排放进行监督和检查，确保达标排放。主要内容如下：

(1) 安全运行技术参数：烟气温度、床层温度、入口粉尘浓度、解析塔中部压力、运载氮气量、解析温度、排焦温度等；

(2) 经济运行指标：活性焦损耗率、吨酸消耗活性焦、活性焦循环量、电耗、煤气消耗、氮气消耗、蒸汽消耗等；

(3) 质量控制指标：脱硫率、脱硝率、氨逃逸、出口粉尘浓度、出口SO_2浓度、出口NO_x浓度、新活性焦质量指标、富硫焦全硫分析、贫硫焦全硫分析、活性焦粒度分析等。

39. 为什么要建立活性焦脱硫脱硝装置技术监督一级管控预警制度?

为确保活性焦脱硫脱硝装置安全稳定运行，企业应建立和完善活性焦脱硫脱硝装置技术监督一级管控预警制度，具体原因如下：

(1) 避免因预判不到位，造成吸附塔“飞温”引发的恶性着火事故、解析塔腐蚀串漏引发的停机事故以及吸附塔阻力增大引发的制约烧结机生产事故；

(2) 避免因制酸、氨区操作不当，引发的活性焦脱硫脱硝停机事故或烟气超标排放事故；

（3）避免因设备点巡检、维护保养不到位引发的活性焦脱硫脱硝停机事故或烟气超标排放事故。

（4）避免因技术监督、监管不到位，引发的烟气超标排放事故。

40. 活性焦脱硫脱硝技术监督制度应包括哪些?

企业应建立和完善活性焦脱硫脱硝装置技术监督制度，应包括但不限于以下制度:

（1）活性焦脱硫脱硝装置技术监督制度;

（2）活性焦脱硫脱硝装置技术监督一级管控预警制度;

（3）活性焦脱硫脱硝装置考核和管理制度;

（4）活性焦脱硫脱硝装置档案管理制度;

（5）危险化学品从业人员定期岗位资格培训制度（制酸、氨区）;

（6）活性焦脱硫脱硝装置 CEMS 设备管理制度;

（7）活性焦脱硫脱硝装置监测质量保证制度、实验室精密仪器使用维护保养及检验制度等。

41. 活性焦脱硫脱硝装置技术监督资料应包括哪些内容?

活性焦脱硫脱硝装置技术监督资料，应包括但不限于以下内容:

（1）项目建设期的可行性研究报告、环境影响评价文件及批复、环境保护竣工验收资料;

（2）项目建设期的设计、调试、试验等资料;

（3）活性焦脱硫脱硝装置设备台账;

（4）活性焦脱硫脱硝装置运行、检修操作规程;

（5）活性焦脱硫脱硝装置运行、维护和检修记录;

（6）活性焦脱硫脱硝装置 CEMS 设备台账、校验记录、设备巡检记录;

（7）活性焦脱硫脱硝装置事故应急预案、演练计划、演练记录;

（8）活性焦脱硫脱硝装置相关实验室操作规程;

（9）活性焦脱硫脱硝装置相关实验室仪器使用记录和各类原始记录，仪器计量定期计划、检定记录;

（10）新鲜活性焦、循环活性焦原始检验检测记录、技术资料等。

第二节 活性焦脱硫

42. 烟气中二氧化硫（SO_2）的危害有哪些?

（1）生成酸雨。二氧化硫是形成酸雨的主要污染物。酸雨会破坏森林、农业、水生生物等生态系统；酸雨还会加速材料的腐蚀，使室外建筑物腐蚀加剧。

（2）腐蚀生产设备。工矿生产中，二氧化硫是造成设备腐蚀的重要因素。这是因为工况温度低于露点温度时，二氧化硫容易与水蒸气冷凝成腐蚀酸，对设备造成严重的腐蚀。

（3）毒害人体。大气中的二氧化硫，会导致人体产生咽炎、支气管炎、肺气肿、眼结膜炎症等，同时还会导致青少年免疫力、抗病能力降低。

（4）危害植物。研究表明，高浓度的二氧化硫（SO_2）会对植物产生急性危害，使叶片表面产生坏死斑或直接使植物叶片枯萎脱落；低浓度的二氧化硫会影响植物的生长机能，造成产量下降、品质变坏。

43. 烧结烟气中二氧化硫是如何产生的？

烧结烟气中的二氧化硫（SO_2）是原料中的硫铁矿（FeS、Fe_2S_3）和燃料中的硫（COS、H_2S 等）在空气中燃烧生成的，且部分生成的二氧化硫还会在烧结过程中与原料中的生石灰（CaO）、氧化镁（MgO）继续反应生成硫酸盐。

有资料表明，烧结原料中的生石灰有强烈的吸硫作用，当烧结原料温度在800～850℃时，烟气中的大部分二氧化硫会生成硫酸钙（$CaSO_4$）；当烧结温度超过1000℃、生石灰加入量与二氧化硫（SO_2）摩尔数比为1～4时，原料中的氧化钙（CaO）吸硫率可以从40%左右上升到近80%；当烧结温度大于1200℃时，已生成的硫酸钙又会分解成二氧化硫和氧化钙。

在烧结过程中，一般认为转移到烟气中的硫占原料总硫的比例达到85%～95%。

44. 目前控制烧结烟气中二氧化硫（SO_2）的措施有哪些？

（1）使用低硫原料。使用低硫原料（主要是含铁料）可以有效控制烧结烟气中的二氧化硫（SO_2）浓度，但是低硫原料因受企业自身采购实力、地理位置以及成本等诸多条件的限制，实际难以推广应用。

（2）添加固硫剂。在原料中添加固硫剂，在烧结过程中固硫剂与产生的二氧化硫（SO_2）反应生成高温下不宜分解的复合物或化合物，并阻止其他含硫物质的分解，达到固硫、减少二氧化硫排放的目的。但这种方法增大了高炉硫负荷，增加了高炉炉渣量，会造成高炉生产成本升高；此外，由于原料中添加了固硫剂而会带入杂质，影响了烧结矿的品位，因此添加固硫剂的措施也受到限制。

（3）烟气脱硫。目前烟气脱硫（FGD）是控制烧结烟气中二氧化硫的重要手段。常用的烟气脱硫技术有10余种，按工艺特点可分为湿法、半干法和干法3类。

湿法脱硫技术包括：石灰-石膏法、氨-硫酸铵法、镁法等。

半干法脱硫技术包括：旋转喷雾干燥法（SDA）、循环流化床法等。

干法脱硫技术包括：活性焦脱硫法、干法循环流化床脱硫等。

45. 烧结烟气有何特点?

（1）烟气量大、流量变化大。1t 烧结矿产生烟气约为 4000 ~ 6000m^3（工况），变化幅度达40%以上。

（2）烟气中二氧化硫（SO_2）浓度高，波动大，一般为600 ~2000mg/m^3。

（3）烟气温度波动大，一般为100 ~170℃。

（4）水分含量高，一般为8% ~11%(体积分数)。

（5）氧含量高，一般为13% ~16%。

（6）粉尘浓度高，一般为50 ~80mg/m^3。

（7）含有多种污染成分：二氧化硫、粉尘、各种重金属、二噁英、氮氧化合物（NO_x）等（表1-6）。

表1-6 某企业烧结烟气组成

序号	污染物项	单位	含量	备注
1	N_2	%	78	标况干气
2	O_2	%	14.5	
3	CO_2	%	6	
4	CO	%	0.5	
5	颗粒物	mg/m^3	40	
6	SO_2	mg/m^3	850	
7	SO_3	mg/m^3	10	
8	NO_x	mg/m^3	300	
9	烟气含水率	%	10.0	体积比

46. 活性焦脱硫原理是什么?

当烟气穿过床层时，烟气中的二氧化硫（SO_2）在活性焦物理、化学吸附作用下，转化生成硫酸（H_2SO_4），使烟气得到净化；吸附生成的硫酸（H_2SO_4）迁移至活性焦微孔中储存，活性焦吸附位得到释放，活性焦继续吸附烟气中的二氧化硫；在脱硝时，烟气中未被吸附的部分二氧化硫（SO_2）会与喷入的氨气

(NH_3)生成硫酸铵[$(NH_4)_2SO_4$]或硫酸氢铵(NH_4HSO_4)结晶,堵塞活性焦微孔,降低活性焦的脱硫能力。

活性焦脱硫机理如下:

(1)物理吸附:

$$SO_2 \longrightarrow SO_2^*$$

$$O_2 \longrightarrow O_2^*$$

$$H_2O \longrightarrow H_2O^*$$

(2)化学吸附:

$$SO_2^* + \frac{1}{2}O_2^* \longrightarrow SO_3^*$$

$$H_2O^* + SO_3^* \longrightarrow H_2SO_4^*$$

$$H_2SO_4^* \longrightarrow H_2SO_4$$

化学吸附总反应归纳为:

$$SO_2^* + \frac{1}{2}O_2^* + nH_2O^* \longrightarrow H_2SO_4^* + (n-1)H_2O^*$$ (*表示吸附态)

(3)副反应:

$$2NH_3 + SO_2 + \frac{1}{2}O_2 + H_2O = (NH_4)_2SO_4$$

$$NH_3 + SO_2 + \frac{1}{2}O_2 + H_2O = NH_4HSO_4$$

47. 什么是活性焦吸附塔?

活性焦吸附烟气中二氧化硫(SO_2)的反应装置,称为活性焦吸附塔。活性焦吸附塔有固定床和移动床两种型式,其中移动床吸附塔根据烟气和活性焦的流向接触方式,又分为错流式吸附塔和逆流式吸附塔。

48. 移动床吸附塔分为哪几种?

移动床吸附塔根据烟气与活性焦的流向接触方式可分为错流式和逆流式两种。其中,错流式又可分为分层和不分层两种。

(1)错流分层吸附塔。错流分层吸附塔由进气室、移动床层、出气室和烟道组成(图1-8)。进气室由中间隔板分成上、下部,两侧有布气格栅;移动床层被多孔板分隔成前、中、后三层,各层下部分别设有圆辊式卸料器,通过调节圆辊卸料器的旋转速度可分别控制床层各层的下料速度。

烟气从进气室进入,水平依次穿过床层的前层、中层和后层,最后从出气室烟道排出。烟气中的二氧化硫(SO_2)、尘、二噁英和部分氮氧化合物(NO_x)被脱除,由于后层活性焦移动速度慢,因此二次扬尘小。使用单级错流分层吸

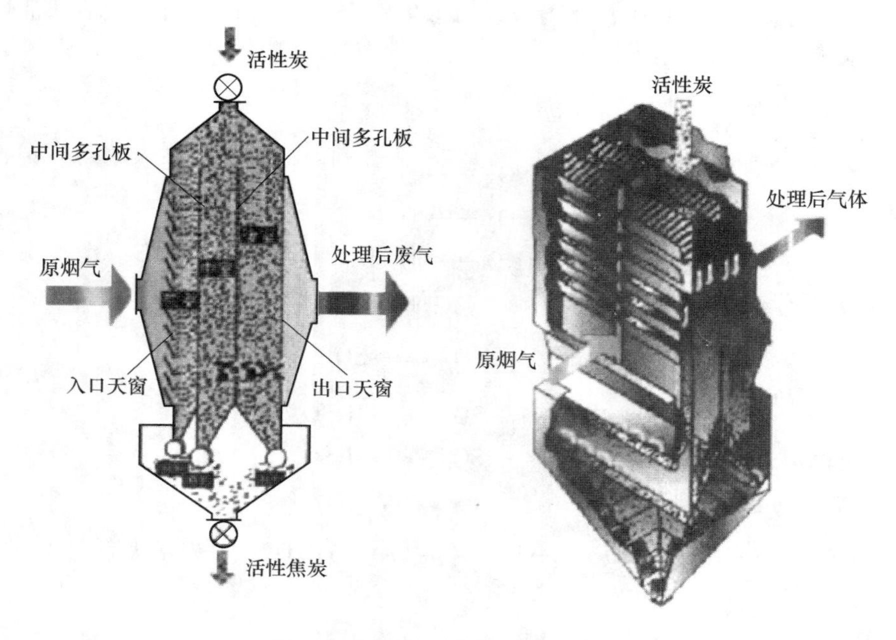

图 1-8 单级错流式吸附塔示意图

附塔时，氮氧化合物脱除率一般仅为40% ~60%，难以满足现行环保超低排放要求。

目前设计通常利用活性焦选择性吸附二氧化硫（SO_2）和氮氧化合物（NO_x）的特点，根据烟气总量和污染物的浓度，灵活采用“$M+N$”❶ 串联模式：即在一级错流分层吸附塔后串联二级吸附塔。目的：一级吸附塔主要用于选择性脱硫、除尘；二级吸附塔主要用于脱硝，同时兼顾深度脱硫。

错流分层吸附塔采用全钢结构，吸附床层厚度为1.6m或2m，进气室分上下两部，设布气格栅，可确保烟气均匀穿过床层。

（2）错流不分层吸附塔。错流不分层吸附塔由进气室、上下级吸附床层、过渡气室和出气室组成（图 1-9）。下级床层主要脱除二氧化硫（SO_2）、粉尘、二噁英、重金属等污染物；上级床层主要脱除氮氧化合物兼顾深度脱硫，脱硝时在过渡气室内喷入氨气。

错流不分层吸附塔采用全钢结构，床层厚度 2.0m，上、下床层高度分别为13.5m，两侧分别设有格栅，以便限定活性焦垂直向下流动，并确保烟气均匀通过床层。在出气格栅一侧，通常还设有挡料多孔板，防止活性焦颗粒被吹出。

吸附塔进料采用双阀芯星型密封卸料器，实现内外隔离；吸附塔出料采用辊

❶ 一级并联 M 座塔用于脱硫、二级并联 N 座塔用于脱硝。

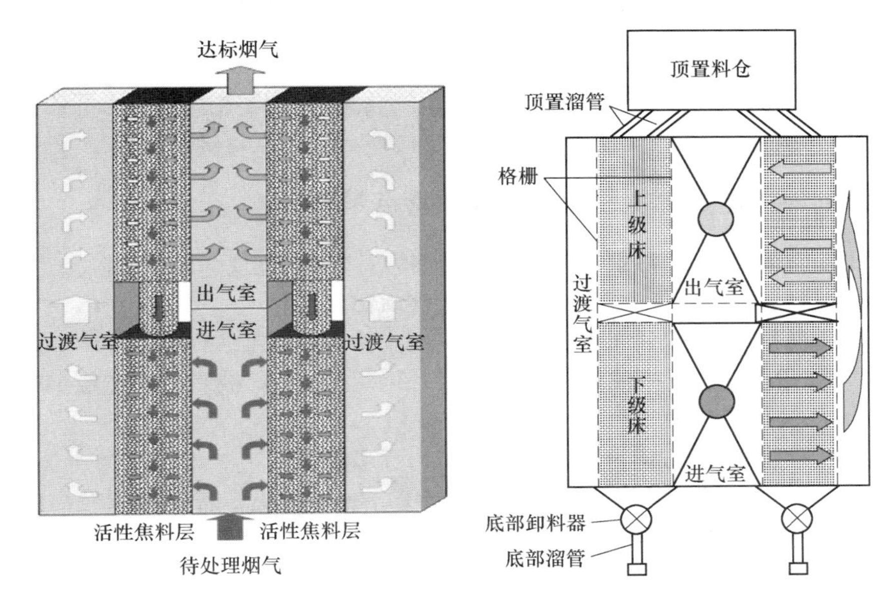

图 1-9 上下级床错流式吸附塔结构示意图

式卸料器或单阀芯旋转卸料器。

（3）逆流吸附塔。逆流吸附塔从上到下由密封阀、活性焦料仓、料仓支管密封阀、活性焦吸附模块料斗、吸附模块、活性焦耙式卸料器或圆辊卸料器、活性焦下料仓、活性焦下部旋转密封阀等组成（图 1-10）。

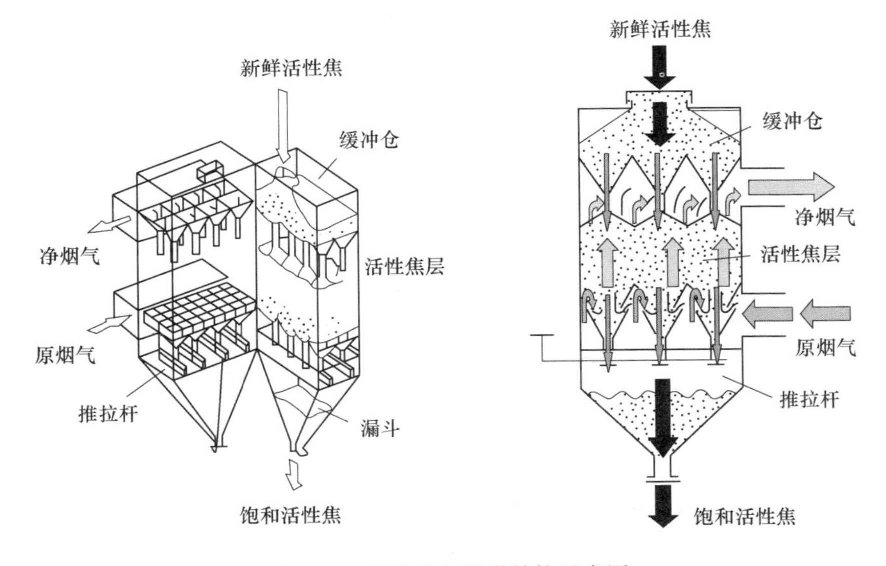

图 1-10 逆流式吸附塔结构示意图

每两个模块上下叠加布置，形成一个“单元”。下模块床层高 2.0m，主要用于除尘、脱硫、脱除二噁英、重金属等污染物；上模块床层高 3.0m，主要用于脱除烟气中的氮氧化合物（NO_x）。根据烟气总量和污染物的浓度，可选用不同数量的单元组合。

49. 活性焦吸附烟气中污染物的规律特点是什么？

活性焦吸附烟气中污染物的规律可归纳为：“单向进气、层层吸附”。

（1）烟气从床层的一侧进入，从另一侧流出。

（2）烟气中的污染物被“层层截留、吸附”在床层的不同层次中，几乎全部的粉尘被截留在进气一侧；大部分的二氧化硫（SO_2）被吸附在床层前部，因此床层前部放热量最大。

（3）活性焦流动方向自上而下吸附能力逐步降低。

（4）活性焦脱除二氧化硫是脱除氮氧化合物的前提，若要达到较高的脱硝效率，就必须要先彻底脱硫。

（5）加快床层移动速度，有利于降低污染物浓度，但会增加活性焦与活性焦、活性焦与格栅之间的摩擦，容易在床层出气侧引起“二次扬尘”，不利于排烟粉尘颗粒物的控制。

50. 活性焦是如何脱除烟气中的二噁英的？

烟气穿过床层时，烟气中尘态的二噁英被活性床层过滤、捕集，气态的二噁英被活性焦吸附，烟气得到净化。

捕集、吸附了二噁英的活性焦被送往解析塔，解析塔内活性焦被加热到400℃以上，少量的二噁英在高温作用下气化；大部分的二噁英在高温作用下被分解为无害气体。气化后的二噁英和二噁英分解生成的可燃气体随 SRG 烟气被抽送至制酸工序。

51. 活性焦除尘原理及二次扬尘原理是什么？

移动的活性床层相当于一个高效的颗粒层过滤器。当烟气穿过活性床层时，烟气中的粉尘在惯性碰撞和活性焦拦截效应作用下被捕集、截留在床层进气侧，烟气中的粉尘被脱除。

床层在移动过程中，活性焦与活性焦、活性焦与布气格栅之间相互摩擦，会产生少量的活性焦粉尘。床层出气侧产生的部分粉尘，在烟气“吹拂”和床层“扰动”的共同作用下，产生“二次扬尘”随烟气排出。

52. 活性焦脱硫脱硝烟气流程有哪几种，特点如何？

（1）单级错流分层烟气吸附流程（图 1-11）。

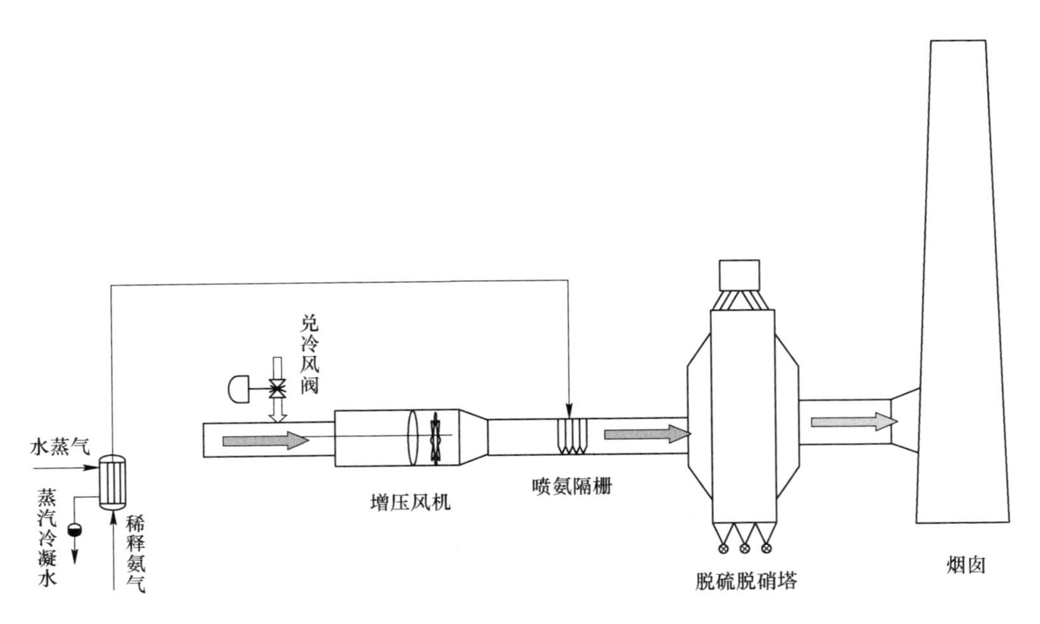

图 1-11 单级错流分层吸附塔烟气流程

从主抽风机出来的约 150℃的烟气与冷空气混合后温度降至 120～135℃；降温后的烟气被增压风机加压后与从喷氨隔栅来的约 120℃的稀释氨气均匀混合进入吸附塔，烟气中的二氧化硫（SO_2）、氨气（NH_3）和氮氧化合物（NO_x）被活性焦吸附，同时氨气（NH_3）和氮氧化合物（NO_x）在活性焦的催化作用下生成氮气（N_2）和水（H_2O），最后净化后的烟气从烟囱排出。

（2）双级错流分层烟气吸附流程（图 1-12）。

从主抽风机过来的约 150℃的烟气与冷空气混合后温度降至 120～135℃；降温后的烟气经增压风机加压后进入脱硫塔（一级吸附塔）内，烟气中的二氧化硫（SO_2）被吸附降至 50mg/m^3 以内；从脱硫塔出来的烟气在脱硝塔（二级吸附塔）进气烟道内与 120℃的稀释氨气混合后进入脱硝塔（二级吸附塔）。在脱硝塔内氨气和氮氧化合物（NO_x）被活性焦吸附，在活性焦的催化作用下生成了氮气（N_2）和水（H_2O），同时烟气中的 SO_2 被深度吸附。

（3）错流不分层烟气吸附流程（图 1-13）。

从主抽风机出来的约 150℃左右的烟气经增压风机增压后进入烟气换热装置，烟气被降温至 120～135℃；降温后的烟气进入吸附塔下级脱硫床层，烟气中的二氧化硫被活性焦吸附至 50mg/m^3 以下；在过渡气室内烟气与 120℃的稀释氨气均匀混合；混合后的烟气进入吸附塔的上级脱硝床层中，在活性焦催化作用下混合烟气中的氨气（NH_3）和氮氧化合物（NO_x）生成氮气（N_2）和水蒸气

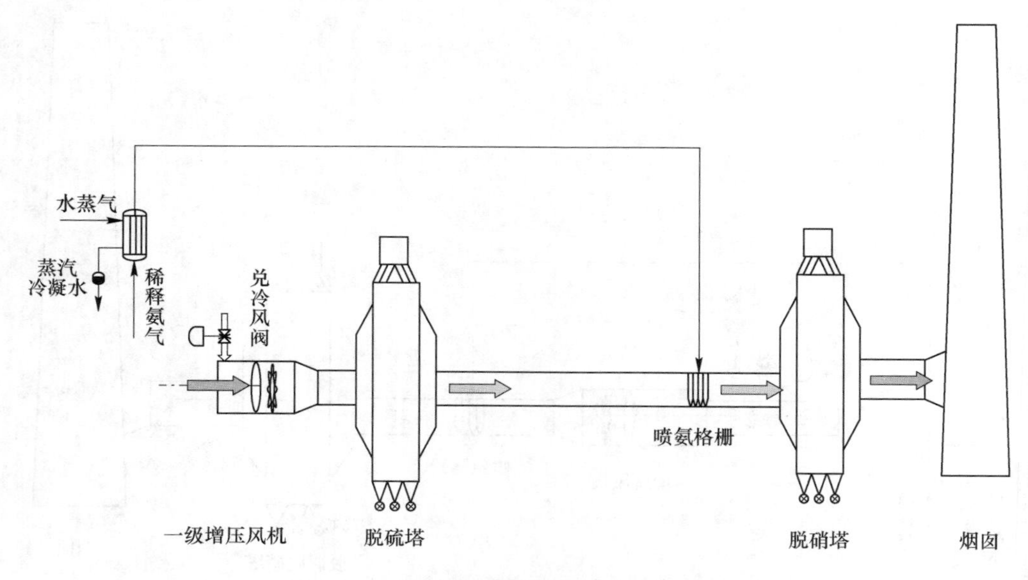

图 1-12 错流分层吸附塔双级串联烟气流程

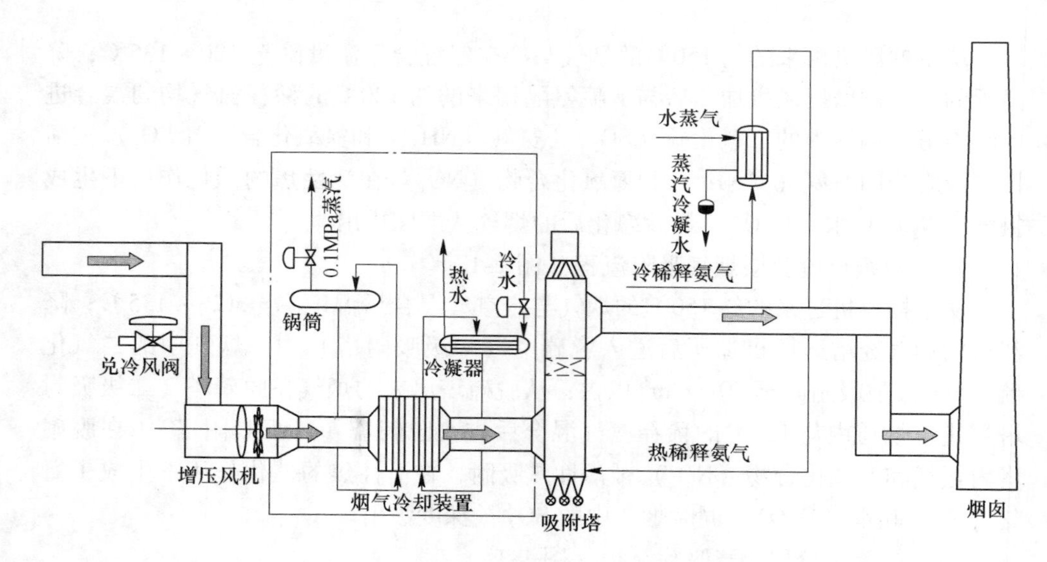

图 1-13 上下级错流式吸附塔烟气流程

(H_2O)，净化后的烟气由烟囱排出。

(4) 逆流烟气吸附流程（图 1-14)。

从主抽风机过来的约 150℃ 的烟气，经与冷空气混合后温度降至 120 ~ 135℃，降温后的烟气被增压风机（轴流风机）增压后进入脱硫单元脱硝模块；

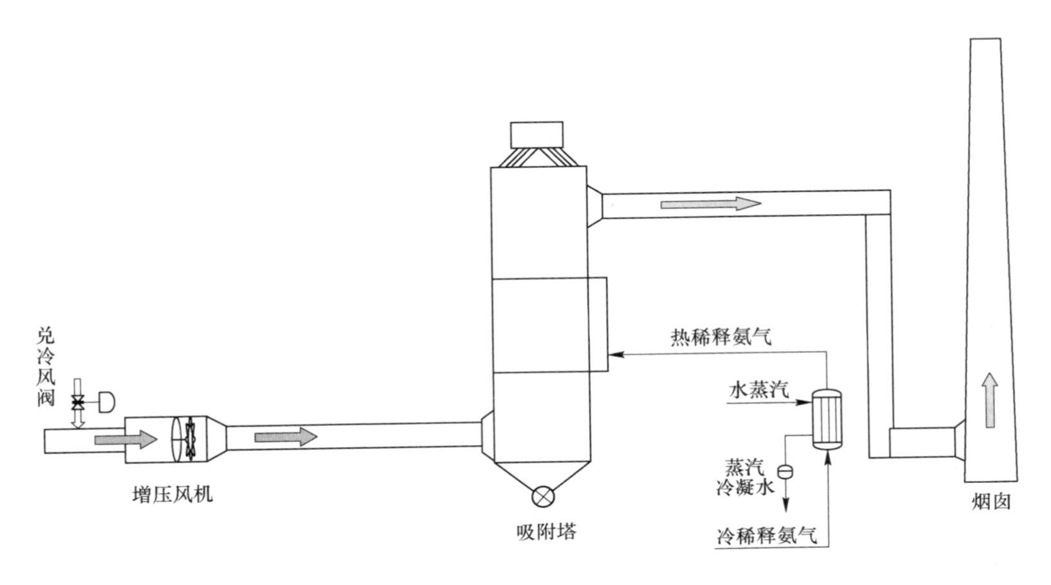

图 1-14 双级逆流式吸附塔烟气流程

在模块内烟气与活性焦逆流接触，烟气中的二氧化硫（SO_2）被模块下层床层吸附降至 50mg/m³ 以内；脱除了二氧化硫的烟气进入中间气室与 120℃的稀释氨气均匀混合，混合后的烟气逆流穿过模块上层床层，在活性焦的催化作用下混合烟气中的氨气（NH_3）和氮氧化合物（NO_x）生成氮气（N_2）和水蒸气（H_2O），净化后的烟气由烟囱排出。

四种烟气流程特点对比见表 1-7。

表 1-7 活性焦脱硫脱硝烟气流程对比（同等规模烟气量）

序号	烟气流程	脱硫效率/%	脱硝效率/%	活性焦损耗/kg · AC · t^{-1} · H_2SO_4
1	单级错流分层	>95	40～60	300～350
2	错流分层双级串联	>99	≥85	250～280
3	上下级错流不分层	>99	≥80	280～320
4	上下级逆流	>99	≥85	300～350

53. 增压风机出口烟气温度及压力控制的依据是什么?

（1）烟气温度。增压风机出口烟气温度一般要求控制在 120～135℃，严禁长时间超过 135℃。这是因为烧结烟气的酸露点温度一般低于 80℃，为防止烟气在吸附塔内结露腐蚀，必须控制入塔烟气温度大于酸露点温度，且活性焦在此温度段内化学吸附效率也最高；活性焦粉的着火点为 165℃，为防止吸附塔内活性焦产生“飞温”，要求床层温度低于145℃，因此，也必须控制烟气温度低于135℃。

（2）烟气压力。增压风机出口压力受烟气流程（吸附塔形式）影响较大，但也需控制在一定范围之内。这是因为增压风机出口压力高，不仅会增加风机电耗而且还会导致增压风机入口负压减小、补风阀漏烟气、增压风机出口烟气温度升高等一系列问题，若处理不及时将会造成严重后果。为确保设备安全运行，减少制约烧结机生产的因素，一般控制增压风机出口压力低于3.0kPa为宜。

54. 吸附塔前烟气温度的控制方式及优缺点是什么？

从烧结主抽风机出来的烟气温度约在140～160℃，高于活性焦吸附塔要求的烟气温度，因此从烧结机出来的烟气在进入吸附塔前必须先进行冷却降温。目前烟气冷却降温的方式有补空气降温和烟气换热降温，二者对比见表1-8。采用烟气换热方式，生产出的低压蒸汽和热水冬季可用作取暖的热源、夏季可用作制冷机的热源，能有效降低工序能耗。

无论采取哪种烟气降温方式，都应满足吸附塔床层温度小于145℃。

表1-8 烟气降温方式对比

降温方式＼项目	温度	烟气透视性	净化效果	节能降耗	其他
补空气降温	调节滞后，温度趋势不稳定。因烟气中的二氧化硫被空气稀释，因此烟气操作温度较高，为130±5℃	因空气湿度远低于烟气湿度，因此冬季烟气透视性好	补入的空气增加了吸附塔的烟气处理负荷，要达到相同净化效果就需要增加相应的活性焦装填量，提高了装置的投资费用和操作费用	补入的空气增加了风机电耗，操作简单	操作简单
烟气换热	温度变化趋势平滑，起到“削峰填谷”的作用，烟气操作温度：125±5℃	气温较低时，烟气有“白色烟羽”	有利于提高装置净化效果，降低装置投资费用	有利于降低风机电耗、回收部分烟气余热	容易被粉尘堵塞，严重时会制约烧结机生产

55. 烟气换热装置的作用是什么，分类如何？

烟气换热装置的作用：控制入吸附塔的烟气温度在120～130℃；控制蒸发器管壁温度不低于80℃，防止蒸发器管壁结露腐蚀、堵塞换热管翅片。根据工作介质的推动力，烟气换热装置分为自然循环式和强制循环式。

（1）自然循环烟气换热装置。自然循环烟气换热装置由翅片管蒸发器和光管冷凝器组成，蒸发器和冷凝器通过降液管和升汽管相连接，构成工作介质闭路循环系统。自然循环烟气换热装置冷却烟气过程如下（图1-15）：

1）烟气通过蒸发器时，蒸发器吸热使液相工质蒸发，同时烟气得到冷却；

2）气态工质沿升汽管进入冷凝器与冷却水换热，使工质由气态冷凝成液态；

3）液态工质在重力作用下沿降液管从冷凝器返回蒸发器，继续与烟气换热。

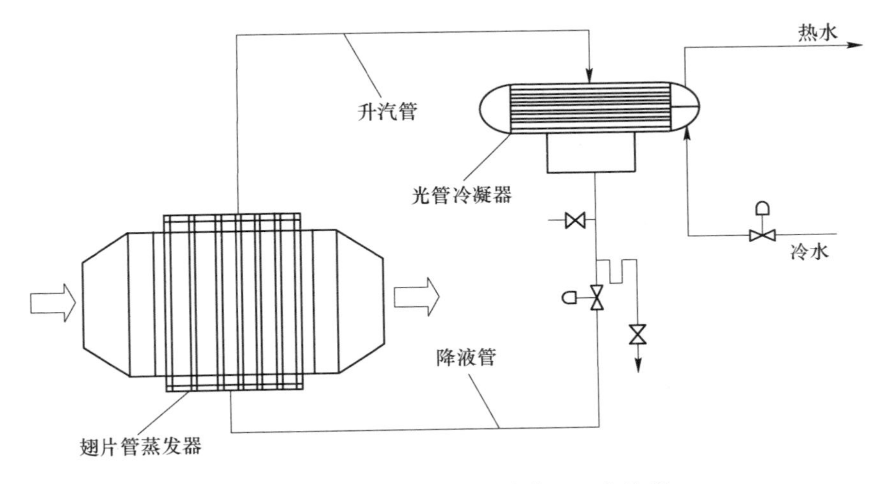

图1-15　自然循环烟气换热装置工艺流程

（2）强制循环烟气换热装置。强制循环烟气换热装置由烟气冷却器、工质循环泵、膨胀水箱、工质冷却器等组成。强制循环烟气换热装置冷却烟气过程如下（图1-16）：

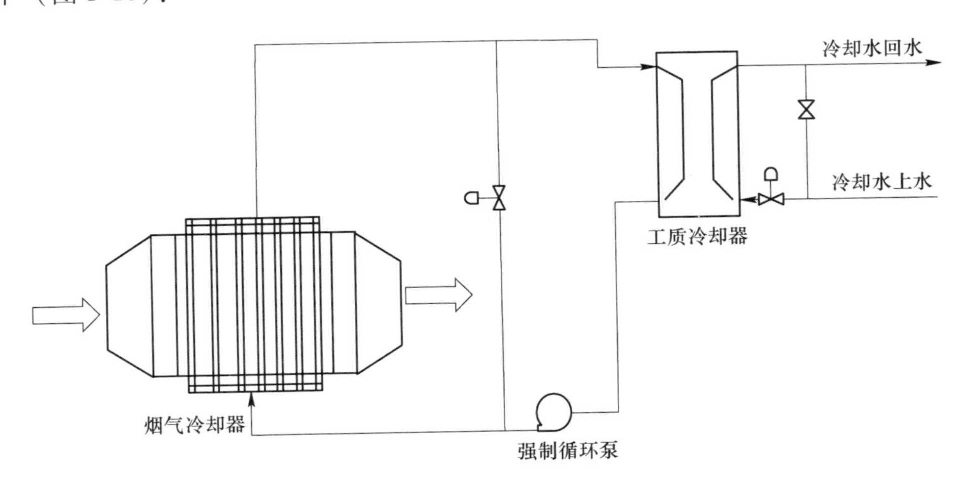

图1-16　强制循环烟气换热装置工艺流程

1）烟气通过烟气冷却器时，冷却器吸热使低温工质升温，同时烟气得到冷却；

2）高温工质进入工质冷却器，使工质降温；

3）降温后的工质在循环泵的作用下送入烟气冷却器循环使用，烟气连续被冷却。

56. 影响活性焦吸附二氧化硫（SO_2）的操作因素有哪些？

影响活性焦吸附烟气中二氧化硫（SO_2）的因素主要有：活性焦的性质和装填量、吸附反应温度、活性焦循环量和贫硫焦硫含量、脱硝副反应等因素。

（1）活性焦的性质和装填量。吸附塔内活性焦装填量相同时，新鲜活性焦的比表面积越大，硫容越高，吸附塔整体吸附二氧化硫（SO_2）效率就越高，因此一般要求新鲜活性焦的脱硫值不低于18mg/g（一级品以上）。

因受活性焦吸附二氧化硫（SO_2）能力、速度的限制，为确保活性焦脱硫效率在98%以上，吸附塔脱硫床内的活性焦装填量应满足：空间速度不大于350h^{-1}（标况）。研究表明，当吸附塔空塔气速不大于0.2m/s，吸附时间大于10s时，活性焦的脱硫效率可达到98%以上。

空间速度是指单位时间内、单位体积的活性焦处理的烟气量，单位为：$m^3/(m^3 \cdot h)$也即h^{-1}。空间速度小，说明单位体积的活性焦处理的烟气量小；空塔气速是指烟气垂直穿过吸附塔床层的线性速度。空塔气速越快，烟气在塔内的停留时间就越短，床层压降也就越大。

（2）脱硫反应温度。脱硫塔（脱硫段）内烟气与活性焦接触的温度称为脱硫反应温度。在吸附塔散热一定的情况下，脱硫反应温度受烟气温度和脱硫反应放热（烟气硫浓）影响较大：烟气温度越高、脱硫放热越明显，脱硫反应温度也就越高，即脱硫床层温度也就越高。

根据生产实践：吸附塔床层温度对二氧化硫（SO_2）的脱除率有很大的影响。如图1-17所示：当脱硫床层温度低于80℃时，脱硫效率不足80%。这是因为当脱硫床层温度低于烟气露点温度时，活性焦表面上容易生成一层水膜，阻止了活性焦对二氧化硫的吸附；当床层温度大于80℃后，水膜对活性焦吸附二氧化硫的影响会迅速降低，脱硫效率明显提高；当床层温度升至100℃时，活性焦脱硫效率增速逐渐减慢；当床层温度升高到120℃时，脱硫效率已达98.0%以上，当脱硫床层温度继续升高时，脱硫效率变化趋于平缓。

生产中，一般将脱硫床层温度控制在120～135℃之间。这是因为烧结烟气中含有大量的水蒸气。当脱硫床层温度$<$100℃时，容易在活性焦表面形成一层水膜，既不利于脱硫吸附又不利于设备防腐；而当脱硫床层温度超过145℃时，又容易导致“飞温”事故发生。

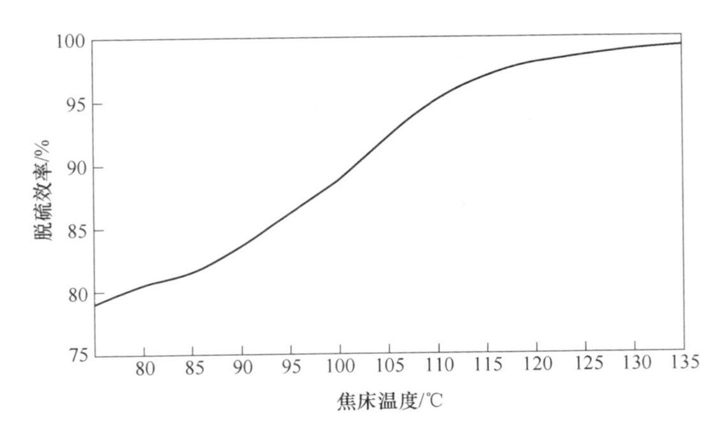

图 1-17　吸附塔床层温度对脱硫效率的影响

（3）活性焦循环量和贫硫焦硫含量。增大活性焦循环量有助于提高吸附效率，这是因为适当增大循环量，增加了活性焦的解析速度。但增大活性焦循环能量会增加活性焦的损耗，增加企业生产成本；降低贫硫焦的全硫量（提高解析效率），有助于提高吸附推动力，因此也会提高活性焦的吸附效率。生产中当烟气中二氧化硫（SO_2）浓度低于1000mg/m^{3}时，每处理100m^{3}的烟气活性焦的循环量约为不得低于2.0kg；同时应控制贫硫焦全硫不高于2.1%。

（4）脱硝副反应。脱硝副反应是抑制活性焦脱硫的重要因素，这是因为脱硝时需要往烟气中喷入大量的氨气，喷入的氨气很容易与烟气中的二氧化硫（SO_2）或贫硫焦中未解析出的硫在脱硝塔（脱硝段）内反应，生成硫酸铵（$(NH_4)_2SO_4$）结晶。当脱硝塔（脱硝段）内的活性焦进入脱硫塔（脱硫段）后，由于部分活性焦孔道已被硫酸铵结晶堵塞，因而阻止了烟气中二氧化硫（SO_2）向活性焦内部的扩散，降低了脱硫效率。

57. 如何评价活性焦的脱硫效率?

脱硫效率是指烟气经过吸附塔后，被脱出的二氧化硫与原烟气中二氧化硫的百分比，是考评脱硫系统运行的重要指标之一。

$$\alpha = \frac{a_1 - a_3}{a_1} \times 100\% = \left(1 - \frac{a_3}{a_1}\right) \times 100\% \qquad (1\text{-}7)$$

式中　α——活性焦脱硫效率，%；

a_1——主抽出来的烟气SO_2浓度，mg/m^3；

a_3——烟囱出口SO_2浓度，mg/m^3。

活性焦脱硫效率评价实例如下：

出主抽风机的烟气中SO_2浓度（a_1）800mg/m^3；出吸附塔后烟气中SO_2浓

度（a_3）8mg/m³；

则该企业烧结烟气脱硫效率：

$$\alpha = \left(1 - \frac{8}{800}\right) \times 100\% = 99\%$$

58. 什么是富硫焦、贫硫焦？

（1）富硫焦：从吸附塔排出来的、吸附了烟气中二氧化硫（SO_2）的活性焦称为富硫焦，全硫量一般在3%~4.5%。

（2）贫硫焦：从解析塔排出来的、解析出二氧化硫（SO_2）的活性焦称为贫硫焦，全硫量一般不高于2.1%。

59. 活性焦循环量如何确定？

在活性焦脱硫脱硝过程中活性焦的循环量由脱硫效果而定，且应满足烟气通过脱硫床层后二氧化硫浓度不高于50mg/m³（错流床）[1]。这是因为脱硝前烟气中的二氧化硫（SO_2）是影响脱硝效率的重要因素，脱硝前烟气中二氧化硫（SO_2）浓度高，不仅会增加氨气的消耗，还会降低脱硝效率。

活性焦理论循环量：

$$G = V_{烟} \times \frac{a_1 - a_2}{2 \times (c_1 - c_2)} \times \frac{1}{1000 \times 1000 \times 1000} \tag{1-8}$$

式中 G——活性焦循环量，t/h；

$V_{烟}$——主抽出来的原烟气量，m³/h；

a_1——吸附塔前烟气 SO_2 浓度，mg/m³；

a_2——脱硫塔（脱硫段）后烟气中 SO_2 浓度，mg/m³；

c_1——从吸附塔出来的富硫焦硫含量，%（全硫）；

c_2——从解析塔出来的贫硫焦硫含量，%（全硫）；

2——SO_2 的摩尔质量是S原子量的2倍。

活性焦理论循环量实例如下：

以中国某企业烧结厂活性焦脱硫脱硝生产数据为例，计算该企业活性焦理论循环量（带烟气换热器）。

脱硫塔前原烟气中 SO_2 浓度（a_1）800mg/m³；出脱硫塔后的烟气中 SO_2 浓度（a_2）要求低于50mg/m³。

富硫焦硫含量（c_1）4.0%（全硫）；贫硫焦硫含量（c_2）2.0%（全硫）；烧结机烟气量（$V_{烟}$）100×10^4 m³/h。

---

[1] 逆流床不高于25mg/m³。

则该企业活性焦脱硫脱硝理论活性焦循环量为：

$$G=100\times10^4\times\frac{800-50}{2\times(4.0\%-2.0\%)}\times\frac{1}{1000\times1000\times1000}=18.75\text{t/h}$$

60. 如何标定活性焦实际循环量，标定循环量有何指导意义？

在确保活性焦脱硫脱硝达标的情况下增大活性焦的循环量，不仅会增加活性焦的损耗，增加污酸产量，导致企业生产成本升高，还会增加设备磨损，不利于长久稳定运行。因此企业应根据烟气脱硫脱硝效果，定期标定活性焦的循环量。

（1）循环量实际标定。在解析塔长轴频率不变的情况下，从物料循环系统中（振动筛后输送设备，以斗提机为例）连续取出5个斗内的活性焦，用电子秤称出活性焦总质量（g_5），则实际活性焦循环量为：

$$G_{实}=N\times\frac{g_5}{5}\times\frac{1}{1000} \tag{1-9}$$

式中 $G_{实}$——活性焦循环量，t/h；

g_5——连续5个斗内的活性焦总质量[1]，kg；

N——1h内斗提机提升的斗个数。

以中国某企业烧结厂活性焦脱硫脱硝生产数据为例，计算该企业的活性焦实际循环量。

解析塔底部两侧长轴辊式卸料器运行频率17.5Hz；连续5个斗内的活性焦总质量（g_5）23.62kg；每小时内斗提机提升的斗个数（N）3960（设备工频运转，秒表计数）。

则该企业活性焦脱硫脱硝实际活性焦循环量为：

$$G_{实}=3960\times\frac{23.62}{5}\times\frac{1}{1000}=18.71\text{t/h}$$

经计算可知，该企业活性焦实际循环量为18.71t/h，约等于理论循环量，由此可见，该企业循环量可暂不做调整。

（2）活性焦理论标定。根据解析塔辊式卸料器的结构特点，可计算出活性焦的循环量，计算式为：

$$G_{实}=60\pi LhnD\rho\eta \tag{1-10}$$

式中 $G_{实}$——活性焦循环量，t/h；

L——辊式卸料器排料长度，m；

h——辊式卸料器调节挡板间隙，m；

n——辊式卸料器转速，r/min；

---

[1] 循环量标定时，取的样斗数量越多，准确性也就越高。

D——辊式卸料器圆辊直径，m；

ρ——活性焦的堆密度，t/m^3；

η——辊式卸料器排料效率，%。

61. 生产中导致活性焦吸附能力降低的因素有哪些？

（1）烟气中的粉尘。烧结烟气经过电除尘后应尽可能控制烟气中的粉尘浓度不高于50mg/m^3。这是因为烟气中的细粉尘中含有氯化钠（NaCl）、氯化钾（KCl）、硫酸钙（$CaSO_4$）、氟化物以及砷化物等物质，会堵塞活性焦微孔，在活性焦表面凹陷区沉积，影响活性焦吸附性能；严重时，砷化物还会使活性焦“中毒”受污染。其次，烟气中粉尘过高，当烟气穿过床层时容易造成吸附塔进气格栅堵塞，进而造成吸附压降增大。

（2）脱硫塔（脱硫段）后烟气中的硫。当脱硝前烟气未经脱硫或脱硫不彻底时，烟气中的SO_2会与喷入的氨气（NH_3）生成硫酸铵[$(NH_4)_2SO_4$]结晶，堵塞活性焦吸附孔道，降低活性焦吸附能力。化学方程式为：

$$4NH_3 + O_2 + 2H_2O + 2SO_2 = 2(NH_4)_2SO_4$$

（3）贫硫焦硫含量。当解析塔解析效率降低时，贫硫焦的硫含量将会升高。进入脱硝段的贫硫焦在脱硝时容易与喷入的氨气（NH_3）反应，生成硫酸铵[$(NH_4)_2SO_4$]结晶，堵塞活性焦孔道，降低活性焦吸附能力。化学方程式为：

$$2NH_3 + H_2SO_4 = (NH_4)_2SO_4$$

（4）活性焦吸附性能衰减。活性焦随着解析次数的增加，活性焦的吸附性能逐渐由高逐渐降低。这是因为活性焦解析时具有“二次活化”的效果，起到打开和扩大活性焦微孔的作用，有利于活性焦吸附性能的提高；但随着活性焦解析次数的增加，活性焦的灰分会逐渐增大，固定碳会逐渐减少，因此活性焦的吸附性能又呈现衰减趋势。

62. 什么是活性焦吸附放热反应？

活性焦吸附二氧化硫（SO_2）后会释放出化学吸附热，释放出的吸附热主要用于加热塔内的烟气和活性焦，称为活性焦的吸附放热反应❶。烟气中的二氧化硫浓度越高，则活性焦的吸附放热反应就越明显，床层升温也就越明显（表1-9）。若二氧化硫浓度太高，入塔烟气未及时降温，很容易引发“飞温”事故。

---

❶ 每摩尔的SO_2转化为硫酸放热275.35kJ/mol，按活性焦比热容0.84kJ/(kg·K)、活性焦硫容10%计算，当完全转化为硫酸时单位质量的活性焦升温约330℃。

表 1-9 二氧化硫浓度与床层温升对照表❶

序号	SO_2 浓度/mg·Nm^{-3}	床层升温/℃	序号	SO_2 浓度/mg·Nm^{-3}	床层升温/℃
1	400	3.28	8	1800	10.78
2	600	4.92	9	2000	11.42
3	800	6.57	10	2200	13.06
4	1000	7.21	11	2400	13.71
5	1200	7.85	12	2600	14.35
6	1400	8.49	13	2800	16.00
7	1600	9.14	14	3000	16.63

63. 吸附塔在通烟气前为什么要先对初装的新鲜活性焦进行“活化”?

(1) 活性焦在生产、包装过程中可能会混入类似树叶、塑料制品等易燃物质，在运输和储存过程中会长时间暴露在大气中也可能会吸附空气中大量的水分和其他气体。为确保初装新鲜活性焦的吸附功能，需要先对其进行活化。

(2) 因受活性焦市场供求关系的影响，市场上销售的活性焦质量良莠不齐：挥发分高、着火点低、抗氧化性普遍不稳定。若未经活化的活性焦直接与烟气接触，容易引发“飞温”事故。

(3) 根据生产实践、试验证明：活性焦的吸附性能、脱硝性能与活性焦的解析循环周期密切相关（图 1-18）。即：通过对活性焦解析，可以极大地改善活性焦的吸附性能，尤其是脱硝性能。并且随着活性焦解析遍数的增加，活性焦的

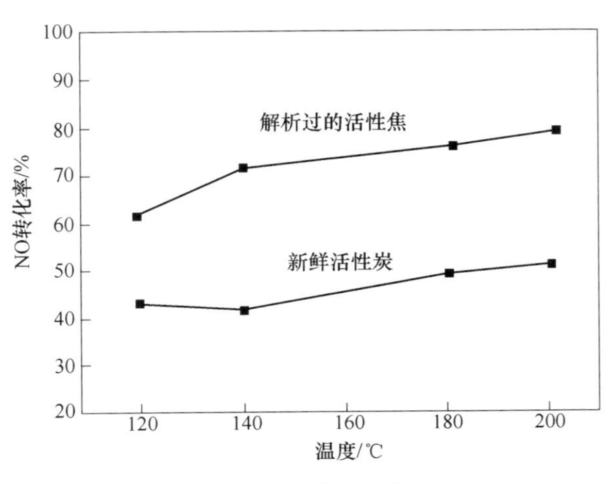

图 1-18 解析对脱硝效率的影响

❶ SO_2 浓度分析仪在补空气阀前。

吸附性能不断得到提高。生产中，为了尽快提升新鲜活性焦的脱硝性能，一般在初通烟气前就要对活性焦进行“活化”，否则烟气通入吸附塔后短期内难以达到超低排放要求。通常情况下活性焦解析，3～5 个循环周期后再喷氨，NO_x 浓度很容易达到超低排放要求（图 1-19）。

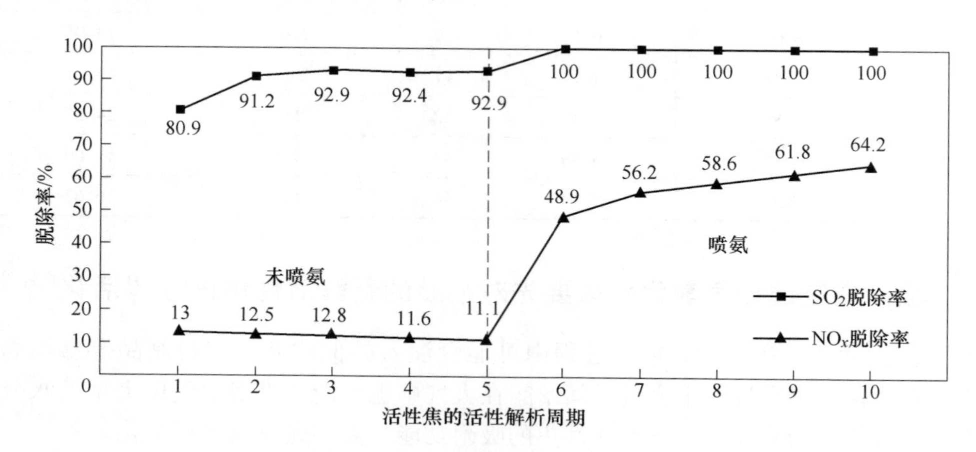

图 1-19 活性焦循环解析周期对脱硫、脱硝效率的影响

64. 为什么装填满新鲜活性焦的吸附塔初通烟气时容易产生“飞温”？

吸附塔装填满新鲜的活性焦后，在初通烟气过程中容易出现“飞温”事故，这是因为新鲜活性焦挥发分较高且含有大量的硫化物和金属氧化物。因此在通烟气之初，床层内不仅会释放出大量的化学吸附热，还会释放出大量的生成硫酸盐生成热和挥发分氧化热。这些热量若集中释放，就有可能造成床层局部热量聚集，引发“飞温”事故。

（1）化学吸附热：

$$2SO_2 + O_2 + 2H_2O = 2H_2SO_4 + Q$$

（2）生成硫酸盐反应热（以氧化钙、硫化钙为例）：

$$2CaO + 2SO_2 + O_2 = 2CaSO_4 + Q$$

$$CaS + 2O_2 = CaSO_4 + Q$$

新鲜活性焦生成硫酸盐的反应热一般会持续一个循环周期。一个循环周期后，焦床放热主要是化学吸附热，热量释放平稳、缓慢，容易被烟气带走。

65. 吸附塔装填满新鲜活性焦后初通烟气如何操作？

以错流式双级吸附塔烟气流程为例，进行说明。

吸附塔通烟气条件：

（1）吸附、解析塔温度、压力等检测仪表调试合格，CEMS 系统调试合格；

（2）增压风机、烟气阀门、烟气换热系统❶调试合格；

（3）水、压缩空气、氮气、蒸汽等介质具备使用条件；

（4）活性焦解析活化已达1～2个循环周期，且循环量标定不低于设计值的0.8倍；

（5）活性焦储料仓内料位不低于1/2满仓；

（6）进出吸附塔的烟气阀门全开。

（7）检查吸附塔气室、烟道无“积料”现象❷。

初通烟气操作步骤：

（1）全开增压风机前补空气阀，按照《操作规程》启动增压风机，并调至风量最大，用空气“扫塔”❸；

（2）“扫塔”结束后，通知烧结，启动主抽风机；

（3）与烧结主控室协调，第一天控制入塔烟气温度不高于100℃。

（4）按照吸附塔初通烟气床层温度操作曲线（图1-20），及时调节烟气温度：控制床层温度波动不超过±5℃；

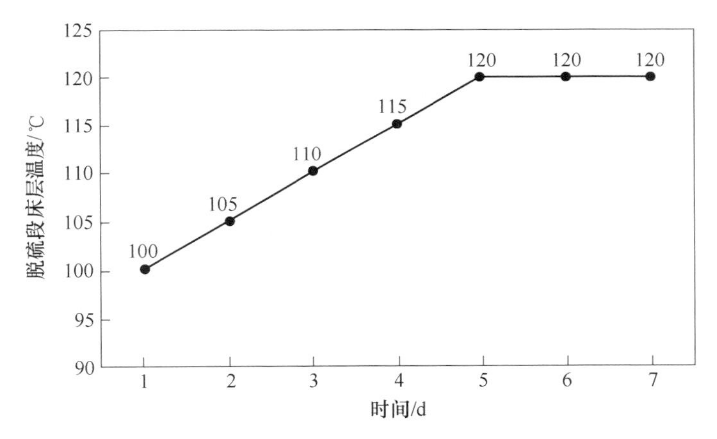

图1-20 吸附塔初通烟气床层温度操作曲线

（原烟气 SO_2 浓度不高于1500mg/m^3）

（5）严禁床层温度出现“突越”，一旦床层温度出现“突越”，应及时降低烟气温度；

（6）及时调节烟气换热装置的工质温度不低于80℃，防止烟气结露腐蚀换热器翅片管；

---

❶ 烟气换热装置调试合格后，换热器内应充满洁净的工质（除盐水或软化水）。

❷ 若吸附塔存在“积料”就贸然通入烟气，会造成严重的“飞温”事故。

❸ 新鲜活性焦装填完成后吸附塔床层、气室、烟道内会产生大量的细粉，增压风机启机后这些细粉从烟囱排出。

（7）当烟气温度接近120℃后，为确保安全，初通烟气一个月内床层温度不宜长时间超过120℃。

66. 烟气换热装置的开工操作步骤是什么？

烟气冷却器开工时，必须要控制换热器的管壁温度大于烟气的露点温度，防止出现管壁结露腐蚀。由于设备通烟气前温度较低，所以在烟气通入换热器前，先用空气稀释烟气以降低烟气露点温度。具体操作步骤如下。

自然循环烟气换热装置开工：

（1）通烟气前，冷凝器内的冷却水提前排空；

（2）向蒸发器内加工作介质（除盐水或软化水），当工质从溢流口“满流”时，停止补液；

（3）关闭工质回液管阀门，打开不凝气排气阀（或溢流口阀门不关闭）；

（4）按照操作规程启动增压风机，全开机前冷风阀，准备接受烧结烟气；

（5）当不凝气排气阀有水蒸气排出时，关闭排气阀，开启工质回液阀；

（6）当出口烟气温度达到或超过100℃时，逐步向冷凝器内通入冷却水，控制工质回液温度不低于80℃；

（7）通过调节冷凝器的水量或循环工质量控制入塔烟气温度为125±5℃。

强制循环烟气换热装置开工：

（1）通过补水阀或膨胀箱向循环工质系统补水，直至顶端排气阀有水排出；

（2）按照操作规程启动增压风机，全开机前冷风阀，准备接受烧结烟气；

（3）全开烟气冷却器工质旁路阀，启动工质循环泵；当出口烟气温度达到或超过100℃时，逐步关闭换热器旁路阀；

（4）全开工质冷却器冷却水阀，要求冷却水回水温度不高于42℃；

（5）通过调节冷却水量控制工质温度不低于80℃；通过调节工质循环量（改变泵电机频率或开旁路阀）调节烟气温度为125±5℃。

67. 吸附塔通烟气的操作步骤是什么？

（1）确认活性焦输送系统运行正常；

（2）全开吸附塔进、出口烟气阀门；

（3）开启补冷风阀，启动增压风机；

（4）与烧结主控室联系：启动主抽风机，并调节入塔烟气温度至120℃；

（5）吸附塔内床层温度、压力变化趋势平稳后，逐步调节烟气温度到120～130℃之间，转入正常操作。

68. 吸附塔停烟气的操作步骤是什么？

（1）接到通知后，停止氨气制备；

（2）全开补空气阀，增压风机频率调至50Hz；

（3）当二级塔（或脱硝段）床层温度高点不高于100℃时，停增压风机；

（4）当解析塔冷却段活性焦入口温度低于150℃时，停活性焦输送系统。

69. 吸附塔紧急停烟气的操作步骤是什么?

吸附塔紧急停烟气条件：

（1）吸附塔顶缓冲料仓温度高于120℃或有红焦进入；

（2）吸附塔床层温度出现“飞温”或吸附塔床层温度高于160℃；

（3）气室任意一点温度或烟道温度比床层温度高5℃；

（4）吸附塔出料旋转阀有红焦排出。

吸附塔紧急停烟气操作：

（1）立即关闭事故吸附塔烟气进、出口阀门；

（2）迅速开启“事故”吸附塔底部和进气烟道安保氮气阀门，控制吸附塔内压力为1000～2000Pa；

（3）立即与烧结机主控室（风机工）联系：降低主抽转速；

（4）立即上报：根据实际情况，决定是否要“排焦”。

70. 影响吸附塔床层透气性的因素有哪些?

（1）粉尘覆盖。当烟气通过床层时，烟气中大部分粉尘会被进气侧格栅间隙中的活性焦截留、过滤。若烟气中的粉尘浓度较高，格栅间隙中的活性焦将会被滞留的粉尘填充、覆盖，造成床层透气性变差，吸附塔压降增大（图1-21）。一般要求进吸附塔的烟气粉尘浓度不高于50mg/m³❶。

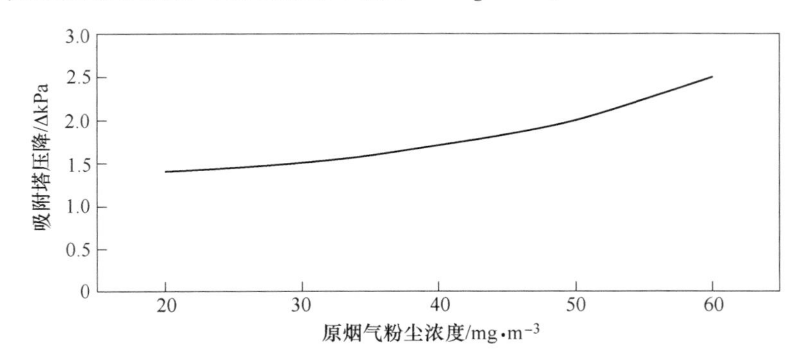

图1-21　原烟气粉尘浓度与吸附塔压降趋势变化

❶ 逆流床、不分层错流床吸附塔入口烟气粉尘浓度应严格控制在30mg/Nm³以内，否则，短时间内容易造成吸附塔阻力明显增大，严重制约烧结机生产。

（2）产生铵盐结晶。

1）当（脱硫后）烟气中二氧化硫（SO_2）浓度较高时，烟气中的二氧化硫会与氨气（NH_3）发生反应，生成硫酸铵[$(NH_4)_2SO_4$]结晶。大量生成的硫酸铵结晶不仅会堵塞活性焦微孔，还会堵塞在活性焦的间隙中，造成床层透气性变差。正常生产时，应定期检测脱硫塔（脱硫段）后的二氧化硫（SO_2）浓度不高于50mg/m^3，一旦发现二氧化硫（SO_2）浓度升高应及时查找原因。

2）当稀释氨气（氨/空混合气）预热温度较低时，氨气在气室内生成铵盐，并附着在塔壁和格栅上，造成吸附塔阻力明显增加。

（3）活性焦平均粒度小。活性焦经过若干个循环周期后，由于受摩擦、挤压、剪切等外力的作用，平均粒度会逐渐变小，若筛分不及时将会导致活性焦的透气性变差；新鲜活性焦质量不达标，容易破碎，也会使床层通气性变差。因此，应定期检测循环活性焦的粒度分配，不达标时应及时分析、查找原因。

（4）设备腐蚀、堵塞。生产过程中氮气、（氨/空）混合气未预热，均会使烟气局部温度降低产生低温冷凝液，腐蚀、堵塞格栅（图1-22），严重时还会使活性焦板结，增加床层阻力。

(a) 格栅内活性焦被粉尘覆盖

(b) 格栅表面铵盐结晶

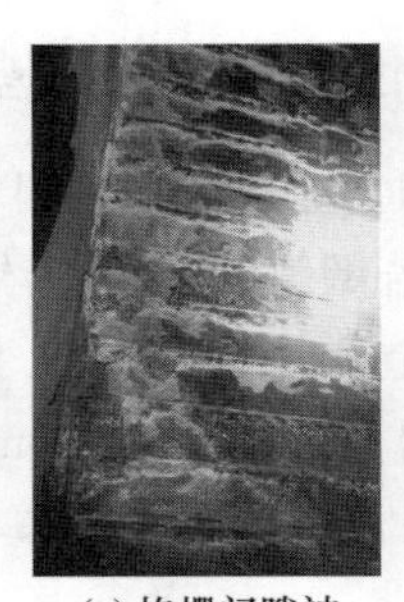
(c) 格栅间隙被腐蚀堵塞

(d) 格栅被腐蚀串漏

彩图

图1-22 格栅堵塞照片

71. 防范吸附塔透气性变差的措施有哪些？

（1）控制吸附塔前烟气粉尘浓度不高于50mg/m^3[1]，定期检查清理进气室格栅粉尘。正常生产时电除尘二次电压应不低于70kV，振打、排灰正常。建议烧结机头烟气进入吸附塔前配置四电场电除尘器或配置电袋除尘器，可有效控制烟

[1] 逆流床、不分层错流床吸附塔入口烟气粉尘浓度应严格控制在30mg/Nm^{3}以内，否则，短时间内容易造成吸附塔阻力明显增大，严重制约烧结机生产。

气中的粉尘浓度低于20mg/m³。生产中一旦发现塔前粉尘浓度在线检测数值异常升高，或吸附塔排出的活性焦表面有明显的“白色粉尘”，应及时分析、查找原因；充分利用烧结机检修时间，定期组织人员对气室内的“积灰”进行清扫。

（2）控制床层移动速度。床层长期不向下流动或流动速度较慢时，格栅间隙中的活性焦就得不到更新，容易被粉尘覆盖。要确保进气侧格栅不被堵塞，既要控制烟气粉尘浓度不超标，又要确保床层连续移动。一般情况下床层平均速度大于150mm/h时，格栅间隙就不容易被粉尘覆盖堵塞。

（3）避免过量硫酸铵结晶生成。喷氨前应检查确认：吸附塔前的氨气预热温度不低于120℃、贫硫焦全硫不高于2.1%、脱硝前烟气二氧化硫（SO_2）浓度不高于50mg/m³（逆流床：二氧化硫浓度不高于25mg/m³），可以有效避免过量硫酸铵的生成。

（4）加强循环焦粒度检测。定期用1.4mm、5.6mm、11.2mm的筛子对循环活性焦进行粒度分布检测，若发现平均粒度偏小或焦粉比例升高，应积极分析、查找原因。

（5）避免设备腐蚀。吸附塔腐蚀是造成格栅堵塞的重要原因，因此应采取措施，防止塔内“结露”：

1）在确保吸附塔床层温度不飞温的情况下，提高入塔烟气温度或增加补冷空气量，降低烟气的露点温度均是防止烟气结露的重要措施；

2）由于烧结开机时塔内温度较低，容易导致烟气冷凝，因此吸附塔引烟气时应采用补冷风方式控制烟气温度；

3）正常生产时，应控制吸附塔气封氮气温度不低于100℃，并确保密封点氮气压力大于吸附塔内烟气压力，稀释空气预热温度不低于120℃。

72. 造成错流式吸附塔“气室积料”的因素有哪些？

“气室积料”是指吸附塔气室底部有活性焦、活性焦颗粒或粉尘堆积的现象，造成“气室积料”的因素有：

（1）吸附塔床层内“缺料”。当吸附塔排焦量大于补焦量时会导致床层顶部“缺料”，致使烟气短路、阻力减小、流速加快。此时吸附塔进料时，“悬浮”在气流中的活性焦在烟气裹挟下，很容易被吹到气室内。情况严重时烟道、烟囱底部均会落下大量的活性焦。具体情况如下：

1）出解析塔的贫硫焦温度低、布料溜管保温不到位或溜管长时间不下料，会导致塔内上窜的烟气在布料溜管内冷凝，产生的冷凝液与焦粉混合形成“结块”，使溜管下料不畅，造成床层顶部“缺料”；

2）料位开关或料位计选型不能满足使用要求。如：使用“电容式料位开关”时容易出现误报，导致上级床层顶部“缺料”。而使用“射频料位开关”或

“雷达料位计”就很少出现误报。

（2）格栅、微孔板腐蚀、脱落。当吸附塔内格栅、微孔板因腐蚀穿孔或松动脱落时，容易造成床层内的活性焦“滑落”至气室内（格栅、微孔板局部起不到活性焦限流作用），引起“气室积料”。

（3）烟气在吸附塔内的流速分配极度不均匀。当吸附塔流场设计有缺陷或粉尘浓度过高时，均会造成烟气流速在吸附塔床层内不均匀分布。当局部烟气流速超过一定数值时，会造成部分小颗粒、甚至大颗粒的活性焦被烟气“裹挟”吹到气室内，造成“气室积料”。

73. 错流式吸附塔“气室积料”若不及时清理可能会产生哪些后果？

（1）严重时会引起吸附塔床层“飞温”事故。当吸附塔气室底部的“积料”越积越多时，会造成床层局部透气性变差，进而导致活性焦吸附热不能被烟气及时带走，产生局部热量“蓄积”，温度持续升高，产生“飞温”事故。

（2）会增加吸附塔阻力，降低吸附塔的脱硫、脱硝能力。当吸附塔气室底部有“积料”时，会降低烟气与床层的接触面积，进而降低床层的利用率，使脱硫、脱硝效率受到影响。若气室内“积料”过多，还会“埋没”喷氨管道，使氨气分布不均匀，降低脱硝效率；严重时局部喷氨过量、氨逃逸增大，致使烟囱产生“白色烟羽”。

（3）产生“二次扬尘”。大量的活性焦“散落”在气室、烟道底部，会增加烟气流动阻力；同时，散落的活性焦粉尘在增压风机启停机过程中会随烟气排入大气，不利于烟囱粉尘颗粒物浓度的控制。

74. 防范错流式吸附塔“气室积料”的措施有哪些？

（1）防范吸附塔床层缺料：

1）吸附塔顶置缓冲料仓料位检测使用雷达料位计，降低料位误报率；

2）优化设计，防范因顶置溜下料不畅引起的床层缺料，如：顶置溜管直径不得低于300mm，倾角大于60°；

3）优化操作，防范因顶置溜内活性焦“棚料、架桥”引起的床层缺料，如：顶置料仓内通氮气，防烟气“上串”措施；提高解析塔排焦温度，防止烟气冷凝措施；增加保温厚度，防止烟气冷凝措施；定期巡检布料溜管，发现有结露或“架桥”时及时处理等措施。

（2）优化设计确保烟气流场在吸附塔内均匀分布，床层出气侧增设阻拦微孔板。

（3）制定检查清理制度，如：规定定期检查清理或利用烧结机检修时间进行逐一检查清理等。

75. 吸附塔气室内的“积料”如何清理？

当确定某座吸附塔气室内有“积料”时，就必须将气室内的“积料”及时清理到塔外，防止因“积料”引起“飞温”事故。具体措施如下：

（1）办理《有限空间作业许可证》。

（2）关闭吸附塔烟气进出口阀门、氮气阀门，并在氮气阀门后插盲板。

（3）现场烟气阀门、卸料器操作箱的电源按钮打到“零位”，并挂“断电牌”。

（4）当吸附塔内温度降至80℃后，打开吸附塔上下人孔，自然通风。

（5）使用测氧仪检测塔上、中、下部三点氧气浓度不低于19.5%。

（6）吸附塔设有排料管的先安排专人打开气室底部排料管，后组织人员清理；吸附塔设有负压吸尘管的先安排专人接好吸尘软管，再组织吸灰。

（7）作业过程中，吸附塔外必须设专人监护、且塔内照明电压不高于36V。

（8）气室内的“积料”清理干净后。立即组织人员将人孔、排料管等开孔重新封堵好。

76. 如何判定吸附塔内出现了“飞温”？

（1）从吸附塔卸料器、链斗机或斗提机内观察到有炙热的或红色的活性焦；

（2）现场巡检发现吸附塔局部温度较高或塔体保温层变成白色或烫手；

（3）吸附塔内任意一点温度超过了160℃；

（4）吸附塔内任意一点温度超过了150℃，且升温速率大于0.2℃/min；

（5）吸附塔（脱硫段）后烟气温度大于床层温度，且升温速率不小于0.2℃/min。

满足以上任一条即可判定吸附塔出现了“飞温”。

77. 引起吸附塔“飞温”的因素有哪些？

根据着火三要素可知，引起吸附塔出现“飞温”的根本原因就是床层局部温度超过了活性焦粉尘的着火点[1]。

具体因素分析如下：

（1）新装填的吸附塔初通烟气时温度控制较高。新鲜活性焦中含有大量的金属氧化物和硫化物等碱性物质，这些物质能与烟气中的二氧化硫发生剧烈反应，同时释放出大量的热量。在吸附塔通烟气初期，若烟气温度控制过高，很容易导致床层剧烈放热，局部温度出现“突越”，直至产生“飞温”。

---

[1] 虽然活性焦的着火点一般均大于400℃，但活性焦粉的着火点仅为160～170℃。

（2）吸附塔内有“积料”或进气格栅局部被堵塞。当吸附塔内有“积料”或布气格栅局部被堵塞时，往往会造成床层透气性变差。当床层透气性变差后，局部化学吸附热不能被烟气及时带走，造成“热量蓄积”，最终酿成床层“飞温”事故。

（3）烟气温度、二氧化硫（SO_2）浓度波动大。当吸附塔入口烟气温度超过140℃时，极容易引起床层“飞温”；当吸附塔入口烟气二氧化硫（SO_2）浓度达到或超过2500mg/m^3 时，由于反应剧烈，热量释放多，也会造成床层蓄热，最终导致“飞温”产生。

（4）新鲜活性焦质量差。因受活性焦市场供求关系的影响，市场上销售的活性焦质量良莠不齐：着火点、抗氧化性不达标。若企业未能采购到合格的活性焦或未能及时根据活性焦的抗氧化性能及时调整工艺技术参数，也很容易产生“飞温”事故。

（5）吸附塔停烟气操作不当。当吸附塔停烟气后，床层中已被吸附了的二氧化硫（SO_2）还会继续被氧化，生成硫酸（H_2SO_4），释放出吸附热。若吸附塔未先降温就停增压风机，床层温度会继续上涨10～20℃，很容易产生“飞温”。

（6）增压风机故障停机。通常在停增压风机前，先将床层温度被冷却至100℃（高点温度）以内；若增压风机故障停机，应及时关闭吸附塔烟气进出口阀门并通入保护氮气，抑制床层反应。

（7）活性焦输送系统故障停机。当活性焦输送系统长时间故障停机或吸附塔长时间堵料时，容易导致床层局部透气性变差。若吸附塔未提前降温或通氮气隔绝保护，就容易产生“聚热升温”，最终导致“飞温”。

（8）解析塔排焦温度高或有红焦排出。解析塔冷却管泄漏或操作不当，均会造成解析塔局部排焦温度升高或有红焦排出，造成吸附塔顶部产生“飞温”。

（9）烟气粉尘浓度高，造成进气格栅局部堵塞，导致床层局部透气性变差。吸附反应生成的热量不能及时被烟气带走，产生“聚热升温”，最终导致床层局部“飞温”。

（10）烧结机故障停机后，吸附塔未及时降温。当烧结机重新启动后，由于原烟气温度高，导致增压风机出口温度高，造成床层“飞温”。

78. 防止吸附塔出现“飞温”事故的措施有哪些?

防止吸附塔出现“飞温”的根本措施，就是禁止床层温度出现160℃。具体措施如下：

（1）严格控制烟气温度在120～135℃[1]，严禁长时间超过135℃，确保床层

[1] 烟气二氧化硫（SO_2）浓度不高于2000mg/m^3。

温度低于活性焦粉着火点[1]；

（2）严格控制烟气二氧化硫（SO_2）浓度低于2000mg/m^3，严禁长时间超过2500mg/m^3；

（3）加强吸附塔进出料巡检，防止床层因缺料造成气室“积料”，进而造成床层局部“热量蓄积”；

（4）新装置开工时，床层必须按照《开工方案》先进行“初通烟气操作”；装置停工时，必须按照《操作规程》提前降温至规定要求；

（5）解析塔排焦温度严禁大于120℃或排“红焦”；

（6）吸附塔检修时，必须严格按照《检修方案》施工，禁止无证动火后或防范措施不到位就动火；

（7）充分利用烧结机检修时间，及时组织人员清理气室底部“积料”和布气格栅“积灰”。

79. 发现吸附塔床层出现“飞温”该如何处理？

（1）立即关闭飞温吸附塔的烟气进、出口阀门。

（2）迅速打开飞温吸附塔的氮气阀门，用氮气控制吸附塔压力在500～1000Pa，抑制床层温度“蔓延”：

1）迅速开启吸附塔底部保护氮气阀门；

2）迅速开启吸附塔进气室氮气阀门；

3）迅速开启吸附塔过渡气室氮气阀门。

（3）当吸附塔床层温度不高于250℃时，应及时调大“飞温”吸附塔的下料速度，其他塔适当降低下料速度，同时密切注意吸附塔内床层温度变化趋势[2]；

（4）当吸附塔床层温度超过250℃或有红焦排出时应立即停加热炉，并将“事故焦”导入事故焦仓，同时开启事故焦仓保护氮气。根据事故焦仓的温度变化，决定是否开启顶部消防喷淋水。

80. 生产中导致脱硫塔（脱硫段）后二氧化硫浓度升高的因素有哪些？

生产中应严格控制脱硫塔（脱硫段）后烟气中的二氧化硫（SO_2）浓度不高于50mg/m^3（逆流床不高于25mg/m^3），这是因为脱硫后的烟气中二氧化硫（SO_2）对脱硝效率有重要的影响。

生产中导致脱硫塔（脱硫段）后二氧化硫浓度升高的因素有：

---

[1] 严格控制床层温度低于145℃。

[2] 热风炉不熄火，解析塔正常解析。

（1）活性焦循环量。适当提高活性焦的循环量，可以明显降低烟气中的二氧化硫（SO_2）浓度。但循环量提高后，活性焦的损耗也将会成倍增加，使得运行成本升高（活性焦的损耗量约占循环量的2.0%）。此外增加循环量还会增加电耗、煤气消耗，且容易造成输送设备发生“堵料”事故。因此活性焦循环量应控制在合理范围之内。

（2）原烟气中二氧化硫（SO_2）浓度。原烟气中二氧化硫（SO_2）浓度越高，出吸附塔的富硫焦就越容易被饱和，脱硫塔（脱硫段）后的烟气二氧化硫浓度就会升高。为确保烟气达标排放，就必须增大活性焦的循环量，一般应控制原烟气中二氧化硫（SO_2）的浓度不超过设计值的10%。

（3）活性焦的脱硫值。新鲜活性焦脱硫值越大，活性焦的吸附效果就越好，所需要的循环量也就越低。活性焦经过几个循环周期后，吸附性能会不同程度地下降，需要通过不断补充新鲜活性焦改善循环活性焦的吸附能力。

同时贫硫焦全硫越高，吸附能力也就越低。因此提高富硫焦解析效率，降低贫硫焦的全硫量，是提高活性焦脱硫效率的重要举措。一般情况下，应控制贫硫焦中的全硫不高于2.1%为宜。

（4）烟气量及气流分布。烟气量大，流速快，吸附时间就短，不利于活性焦对二氧化硫（SO_2）和氮氧化合物（NO_x）的吸附。烟气量小，流速慢，活性焦对二氧化硫和氮氧化合物的吸附率就高。因此，当处理的烟气量不变时，适当降低冷空气量有助于提高净化效果。一般烟气空塔气速在0.2m/s左右时，活性焦对二氧化硫的吸附率可高达98%以上。

烟气进入错流式吸附塔后，气流自下而上逐渐增大。若气流分布越均匀，则床层内的活性焦利用率也就越高。

81. 吸附塔日常监控参数有哪些？

（1）主抽出口烟气浓度：$O_2 \leqslant 15.0\%$，$SO_2 \leqslant 2000mg/m^3$，$NO_x \leqslant 350mg/m^3$，粉尘$\leqslant 50mg/Nm^3$；

（2）进吸附塔的烟气温度：120～135℃；

（3）吸附塔床层温度：≤145℃；

（4）吸附塔（脱硫段）出口烟气温度：不高于入口温度5℃；

（5）吸附塔安保氮气温度：≥100℃；

（6）吸附塔阻力：<3000Pa；

（7）吸附塔脱硫效率：≥98%；

（8）控制循环硫在1.5%～2.5%之间[1]；

---

[1] 富硫焦全硫减贫硫焦全硫之差。

（9）烟气污染物排放浓度折算值：$NO_x < 50mg/m^3$，$SO_2 < 10mg/m^3$，固体颗粒物 $< 10mg/m^3$（折算后）。

82. 吸附塔定期巡查内容有哪些?

（1）定期检测：

1）活性焦循环量，确保循环量不小于 2.0kg/100m^3；

2）脱硫塔（脱硫段）后烟气中二氧化硫（SO_2）浓度，要求低于 50mg/m^3，防止影响脱硝；

3）富硫焦硫含量，要求硫含量不高于 4.5%（全硫），防止增加活性焦损耗；

（2）定期组织人员检查、清理：

1）缓冲料仓：防止底部“板结”❶，造成“空管”；

2）布气格栅：防止“落灰”❷“铵盐结晶”❸ 堵塞格栅；

3）出气室（上下级错流床）底部“积料”：防止“积料”引发床层“飞温”；

4）出气烟道底部“积灰”，防止开停工时烟囱粉尘颗粒物超标。

83. 活性焦脱硫异常现象、原因分析及处理方法有哪些?

表 1-10　活性焦脱硫异常现象及处理方法

序号	异常现象	原　因　分　析	处　理　方　法
1	吸附塔压降大（阻力大）	（1）烟气中粉尘浓度高，气格栅侧被堵塞；（2）脱硫后的烟气中 SO_2 浓度高，喷氨后在脱硝床层进气侧有硫酸铵结晶；（3）活性焦筛分效果差，小粒多	（1）检查电除尘，发现问题及时处理或对电除尘进行升级改造或电除尘后增设布袋除尘器；（2）降低入口烟气 SO_2 浓度；检测脱硫床层后 SO_2 浓度（不高于 50mg/m^3 后喷氨），若超标，加快超标的吸附塔的进出料速度，适当提高活性焦循环量，对降低塔阻有积极意义；（3）清理筛面网眼，提高除尘效果

❶ 当烟气压力较大时，烟气容易顺着顶部布料管上窜至缓冲料仓内，遇冷容易与焦粉生成“结块”；

❷ 当入口烟气中粉尘浓度高时，格栅间隙中的活性焦容易被“落灰”覆盖；

❸ 当进脱硝塔（脱硝段）的烟气中 SO_2 浓度较高时，喷入氨后会生成硫酸铵等铵盐结晶物，堵塞格栅。

续表 1-10

序号	异常现象	原 因 分 析	处 理 方 法
2	吸附塔顶置溜管不下料	(1) 顶置料仓低报故障，造成顶置料仓缺料； (2) 吸附塔内烟气窜入溜管内产生凝结水，造成溜管堵塞； (3) 吸附塔停止下料时间长，造成溜管堵塞	(1) 加强巡检，定期检查料位开关是否正常，若有问题及时通知仪表工处理或更换料位计（射频料位计、旋转阻尼料位计或雷达料位计）； (2) 顶置溜管增设保温或适当提高解析塔排焦温度，发现有堵塞现象立即停止吸附塔下料、进气； (3) 吸附塔物料循环停机时间较长，重新启动后立即安排专人逐一检查顶置溜管下料情况。若有问题，立即停止下料并处理，或定期组织检测定置料仓底部结块
3	吸附塔气室“集料”	(1) 吸附塔脱硝床层顶面缺料，造成气流“短路”、局部流速快，活性焦被吹出； (2) 气流分布不均，造成部分活性焦被高速气流吹出； (3) 烟气量不稳定，流速快时将活性焦吹出	(1) 加强巡检，杜绝顶部溜管不下料或出现空管； (2) 出气侧格栅增设多孔板，阻挡被烟气流吹出的活性焦颗粒； (3) 稳定入塔烟气流量、压力，开机时，应逐步、缓慢提升烟气量
4	吸附塔床层“飞温”	(1) 吸附塔初通烟气温度高，造成新鲜活性焦反应剧烈，产生“飞温”； (2) 吸附塔内有“积料”； (3) 塔内布气不均匀，造成床层局部“飞温”； (4) 烟气温度、二氧化硫(SO_2)浓度波动大，烟气温度不低于140℃或二氧化硫(SO_2)浓度不低于2500mg/m^3； (5) 新鲜活性焦着火点低、抗氧化性能差； (6) 吸附塔停烟气操作不当	(1) 新开工的吸附塔初通烟气温度应严格控制在120℃以内； (2) 定期清理吸附塔内“集料”或定期检查卸料设备防止堵塞； (3) 确保床层连续“流动”，入塔烟气压力不得低于规定的最小压力； (4) 严格控制烟气温度、SO_2 浓度在技术要求范围之内； (5) 应尽可能采购合格的活性焦； (6) 停增压风机前床层温度降至100℃以下或停机后及时通入安保氮气(床层温度高)
5	吸附塔底部卸料器不下料	(1) 吸附塔内有烟气窜出，窜出的烟气冷凝结露，堵塞锥斗、卸料器进料方管或底部溜管； (2) 卸料器“阀芯”被异物卡住； (3) 圆辊反转； (4) 卸料器故障	(1) 设备保温或通入保护热氮气；加强巡检每班定时组织清理溜管； (2) 停电，人工清理出异物； (3) 通知电工处理； (4) 通知维修工或电工处理
6	吸附塔、烟道局部产生腐蚀	(1) 吸附塔通烟气后通入冷氮气或氮气泄漏； (2) 稀释空气未加热； (3) 吸附塔进料温度低； (4) 局部保温不到位	(1) 关闭氮气阀门； (2) 氨/空混合气温度不低于120℃； (3) 提高解析塔排料温度； (4) 加强腐蚀部位的保温

续表 1-10

序号	异常现象	原因分析	处理方法
7	吸附塔后 SO_2 浓度升高	（1）入口烟气 SO_2 浓度高； （2）有硫酸铵结晶，造成活性焦吸附能力下降； （3）吸附塔进料不均匀，造成床层吸附不均匀，进料少的，脱硫床层活性焦已接近饱和； （4）床层透气性不均匀； （5）贫硫焦全硫高，吸附性能低； （6）活性焦循环量偏小	（1）降低入口烟气中的 SO_2 浓度； （2）停喷氨，提高活性焦解析效果； （3）设定各台吸附塔进料时间相同，并对各台排料速度进行标定； （4）检查吸附塔下料情况，确保吸附塔底部下料均匀； （5）提高活性焦解析效率； （6）适当提高活性焦的循环量
8	烟气换热器出口烟气温度高	（1）翅片管积灰严重； （2）翅片管壁结垢严重； （3）工质温度太高； （4）换热器负荷较大	（1）增加人工清灰次数； （2）检查给水质量； （3）控制工质温度 80～100℃； （4）开启补冷风阀，降低入口烟气温度
9	烟气换热器漏水	换热翅片管束腐蚀泄漏	关闭损坏的翅片管组，或采取措施堵漏、更换
10	烟气换热器阻力增大	（1）原烟气粉尘浓度高； （2）清灰不及时； （3）工质温度低，造成粉尘受潮，附着在翅片上	（1）降低原烟气粉尘浓度； （2）定期清灰； （3）控制工质温度不低于 80℃
11	主烟囱 SO_2 浓度升高	（1）烧结机停机后吸附塔内温度低，有 SO_2 气体析出； （2）长时间未解析或解析效果差，活性焦吸附“饱和”； （3）吸附塔内有“热点”	（1）增压风机启机后，烟囱 SO_2 浓度会迅速降低； （2）尽快正常解析或提高解析效果； （3）立即关闭出现“热点”的吸附塔，并加快排料

第三节 活性焦脱硝

84. 氮氧化合物（NO_x）有哪些危害？

氮氧化合物（NO_x）是指只有氮、氧两种元素组成的化合物。烟气中的氮氧化合物主要包括一氧化氮（NO）和二氧化氮（NO_2），其中一氧化氮约占 95% 以上。氮氧化合物的危害主要有：

（1）一氧化氮（NO）能使人体中枢神经麻痹并导致死亡；二氧化氮（NO_2）会造成哮喘和肺气肿，破坏人的心、肺、肝、肾及造血功能，其毒性比一氧化氮更强。无论是一氧化氮、二氧化氮或氧化氮（N_2O），在空气中的最高允许浓度为 5mg/m^3（以 NO_2 计）。

（2）氮氧化合物（NO_x）与二氧化硫（SO_2）一样，在大气中会通过干沉降和湿沉降两种方式降落到地面，最终生成硝酸盐或硝酸。硝酸型酸雨的危害程度比硫酸型酸雨更强，因为它对水体的酸化，对土壤的淋溶贫化，对农作物和森林的灼伤毁坏，对建筑物和文物的腐蚀损伤等方面丝毫不不逊于硫酸型酸雨。所不同的是，它给土壤带来一定的有益氮组分，但这种“利”远小于“弊”，因为它可导致地表水富营养化并使水生和陆地的生态系统造成破坏。

（3）大气中的氮氧化合物（NO_x）进入平流层会对臭氧层造成破坏，使臭氧层减薄甚至形成空洞，对人类的生活带来不利的影响；同时氮氧化合物中的氧化氮（N_2O）也是引起全球气候变暖的因素之一，虽然其数量极少，但其温室效应的能力是二氧化碳（CO_2）的 200～300 倍。

85. 影响烧结烟气氮氧化合物生成的主要因素有哪些？

烧结烟气中的氮氧化合物（NO_x）主要来自燃料中的氮，从总体上看燃料氮含量越高，则氮氧化合物的排放量也就越大。此外还有其他多种因素会影响到烧结烟气中氮氧化合物的含量，如燃料种类、运行条件（温度）、烧结机负荷等。

（1）燃料特性。烧结燃料主要是无烟煤和焦粉，其中燃料挥发分中的各种元素比会影响燃烧过程中的氮氧化合物生成量，燃料中氧（O）/氮（N）比值越大，氮氧化合物排放量就越高；此外，燃料中的硫（S）/氮（N）比值也会影响到二氧化硫（SO_2）和氮氧化合物（NO_x）的排放水平。因为硫和氮氧化时会相互竞争，所以在烧结燃烧过程中，随着二氧化硫排放量的升高，氮氧化合物排放量会相应地降低。

（2）燃烧空气过剩系数。即使燃料在相同的氧/氮比值条件下，氮氧化合物转化率还与空气过剩系数有关，空气过剩系数越大，氮氧化合物的转化率也就越高，使烟气中氮氧化合物排放量增加。

当烧结机生产时，降低空气过剩系数，在一定程度上会限制反应区内氧浓度，因而对氮氧化合物（NO_x）的生成有明显的控制作用，可使氮氧化合物的生成量降低 15%～20%。但一氧化碳（CO）浓度会随之增加，燃烧效率下降后还会降低烧结矿质量。

（3）燃烧温度。燃烧温度对氮氧化合物的生成影响较大，随着燃烧温度的提高，氮氧化合物（NO_x）排放量会上升。

（4）烧结负荷影响。通常情况下，增大烧结机负荷，会增加燃料用量，导致烟气温度升高，最终造成燃料中转化成氮氧化合物的氮也随之增加。

86. 活性焦脱硝反应是什么？

活性焦脱硝反应包括活性焦催化还原反应（Non-SCR）和活性焦选择性催化

还原反应（SCR）。

（1）活性焦催化还原反应（Non-SCR）。在活性焦脱硝过程中，烟气中约5%~15%[1]的氮氧化合物（NO_x）在活性焦表面还原物质（碱性物质）的作用下，会直接被还原成氮气（N_2），同时烟气中少量的氧（O_2）也被还原。反应如下：

$$NO + —C \cdot\cdot Red = —C \cdot\cdot O + \frac{1}{2}N_2$$

$$\frac{1}{2}O_2 + —C \cdot\cdot Red = —C \cdot\cdot O$$

式中 —C ·· Red——活性焦表面还原性物质；

—C ·· O——活性焦表面氧化性物质。

（2）活性焦选择性催化还原反应（SCR）。在活性焦脱硝过程中，吸附塔内喷入的氨气（NH_3）与烟气均匀混合后进入脱硝床，烟气中的氨和氮氧化合物被活性焦吸附。在活性焦表面极性氧化物的催化作用下，吸附态的氨和氮氧化合物发生反应生成氮气和水。在此过程中，氨气不直接与氧反应。反应如下：

$$4NO^* + O_2^* + 4NH_3^* = 4N_2 + 6H_2O \text{（* 表示吸附态）}$$

87. 活性焦脱硝反应是如何进行的？

活性焦在脱硝过程中，除了发生催化还原反应（Non-SCR）和选择性催化还原反应（SCR）外，还伴随着大量的副反应。具体过程如下：

（1）活性焦 SCR 脱硝反应过程。活性焦 SCR 脱硝反应是以活性焦为催化剂、氨（NH_3）为还原剂，选择性将烟气中的氮氧化合物（NO、NO_2）还原为氮气（N_2）和水（H_2O）的反应，整个反应过程分为三个阶段：

1）物理吸附过程。活性焦具有较大的比表面积和丰富的微孔结构。当烟气穿过床层时，烟气中的一氧化氮（NO）、氧气（O_2）和氨气（NH_3）会连续向活性焦外表面和微孔内扩散，直至吸附饱和。

$$O_2 \longrightarrow O_2^*$$

$$NO \longrightarrow NO^*$$

$$NH_3 \longrightarrow NH_3^*$$

2）化学吸附过程。在活性焦内外表面上，被吸附了的一氧化氮（NO）、氧气（O_2）和氨气（NH_3）在活性焦表面极性氧化物的催化作用下，发生氧化还原反应，生成氮气和水。

$$2NO^* + O_2^* \longrightarrow 2NO_2^*$$

$$6NO_2^* + 8NH_3^* \longrightarrow 7N_2 + 12H_2O$$

---

[1] 一般活性焦催化还原反应（Non-SCR）能力与脱硝装填量成正比。

化学反应总归纳为：

$$4NO^{*} + O_2^{*} + 4NH_3^{*} \longrightarrow 4N_2 + 6H_2O(\text{* 表示吸附态})$$

3）扩散过程。活性焦催化脱硝反应生成的氮气和水在分子运动作用下通过活性焦微孔向外界烟气扩散，使活性焦又重新获得了吸附能力。

（2）活性焦 Non-SCR 反应过程。烟气中被吸附的氮氧化合物，在活性焦表面还原物质的作用下，直接被还原成氮气和水。

$$NO + —C \cdot\cdot Red \longrightarrow N_2$$

式中 —C · · Red——活性焦表面还原性物质。

（3）活性焦脱硝副反应过程：

1）当烟气中有二氧化硫（SO_2）和氨气（NH_3）时，二氧化硫和氨气会被活性焦吸附并在活性焦表面发生反应，生成硫酸铵[$(NH_4)_2SO_4$]结晶。生成的硫酸铵结晶会堵塞活性焦孔道，进而会阻止氮氧化合物（NO_x）、氧气（O_2）和氨气（NH_3）向活性焦内部扩散。

$$4NH_3 + O_2 + 2H_2O + 2SO_2 \longrightarrow 2(NH_4)_2SO_4$$

2）当富硫焦解析不彻底时，被吸附的氨（NH_3）将会与活性焦内部的硫酸（H_2SO_4）发生反应，生成（NH_4）$_2SO_4$ 结晶。生成的（NH_4）$_2SO_4$ 结晶不仅会占据活性官能团的位置，还会堵塞活性焦的微孔。

$$2NH_3 + H_2SO_4 \longrightarrow (NH_4)_2SO_4$$

3）过量的氨气在活性焦的催化作用下会被氧化，生成氮气（N_2）和一氧化氮（NO），将会使脱硝效率下降。

$$4NH_3 + 3O_2 \longrightarrow 2N_2 + 6H_2O$$

$$4NH_3 + 5O_2 \longrightarrow 4NO + 6H_2O$$

88. 影响活性焦脱硝的因素有哪些？

影响活性焦脱硝的因素主要有：活性焦的性质及装填量、氨氮（NH_3/NO）摩尔比、反应温度、脱硝副反应等。

（1）活性焦的性质及装填量。根据活性焦 Non-SCR 脱硝反应原理可知：活性焦表面的碱性物质（还原性物质）越多，活性焦的脱硝效果就越好。在活性焦性质不变的条件下，增加活性焦装填量可以有效提高活性焦对 NO_x 和 NH_3 的吸附速度。因此要提高脱硝效率就必须要确保吸附塔有一定的装填量。

通常使用空间速度来评价吸附塔活性焦装填量是否合理，空间气速越小，相对装填量也就越大。若要确保活性焦脱硝效率在 85% 以上时，脱硝床的空间速度一般不宜大于 $300h^{-1}$。

（2）氨氮（NH_3/NO）摩尔比和混合均匀性。氨氮（NH_3/NO）摩尔比是影响活性焦脱硝的重要因素。根据活性焦 SCR 脱硝反应原理（$4NO^{*} + O_2^{*} +$

$4NH_3^* = 4N_2 + 6H_2O$)可知：每脱除1mol的一氧化氮（NO）需要消耗1mol的氨气（NH_3）。当氨氮摩尔比（NH_3/NO）小于0.8时，氨气量不足，脱硝速度和效率将会明显降低；氨氮摩尔比大于1.0时，过量的氨还会造成氨逃逸率升高。因此适宜的氨氮摩尔比既能保证活性焦脱硝效率高，又能降低氨逃逸。

氨氮（NH_3/NO）摩尔比适宜的情况下，还应尽可能提高氨气与烟气的混合程度：氨气与烟气混合越均匀，喷入的氨气利用率也就越高，越有利于脱硝效率提高。反之，不仅会降低脱硝效率，还会增加氨气逃逸，严重时烟囱还会产生“白色烟羽”。

（3）脱硝反应温度。脱硝塔（脱硫段）内烟气与活性焦接触的温度称为脱硝反应温度。在吸附塔散热一定的情况下，脱硝反应温度受烟气温度、脱硝反应放热影响最大：烟气温度越高，脱硝放热越明显，脱硝反应温度也就越高，即脱硝床层温度也就越高。

根据生产实践，活性焦脱硝反应温度对氮氧化合物（NO_x）的脱除有很大的影响。如图1-23所示，脱硝床层在80℃前，活性焦脱硝率不足40%；当脱硝床层温度达到80℃后，脱硝效率随床层温度的升高，脱硝效率开始升高；当床层温度达到100℃后，脱硝催化反应更加明显，脱硝率急剧上升；当床层温度达到120℃时，脱硝效率已达80%以上，此后随着床层温度继续升高，脱硝效率增速逐渐减慢，反应逐渐趋于平衡。

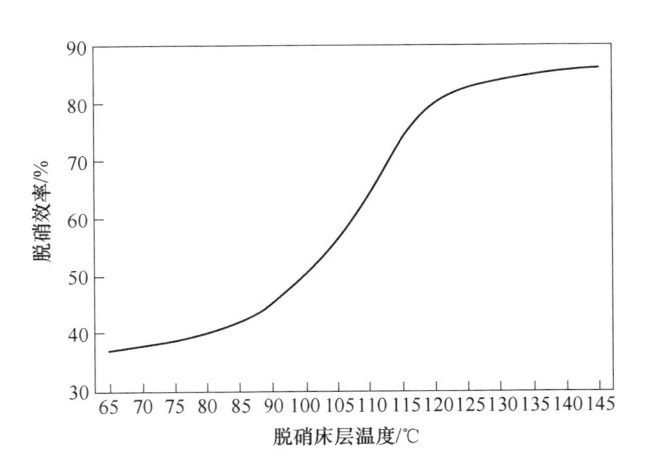

图1-23 脱硝反应温度对脱硝效率的影响

由此可见，适宜的脱硝床层温度有助于提高活性焦脱硝反应速度。生产中为提高脱硝率、防止出现“飞温”事故，活性焦脱硝温度一般控制在120～140℃之间。

（4）脱硝副反应。脱硝副反应是抑制活性焦脱硝反应的重要因素，这是因为：

1）当烟气中有二氧化硫（SO_2）和氨气（NH_3）时，二氧化硫和氨气会被活性焦吸附并在活性焦表面发生反应，生成硫酸铵（$(NH_4)_2SO_4$）结晶。生成的硫酸铵结晶会堵塞活性焦孔道，进而会阻止氮氧化合物（NO_x）、氧气（O_2）和氨气（NH_3）向活性焦内部扩散，降低了脱硝效率（图 1-24）。并且由于生成的硫酸铵结晶黏度大、附着力强，严重时还会造成吸附塔透气性变差。因此为避免烟气中过多的二氧化硫参与脱硝副反应，要求脱硫塔（脱硫段）后的烟气 SO_2 浓度不高于 50mg/m^3。

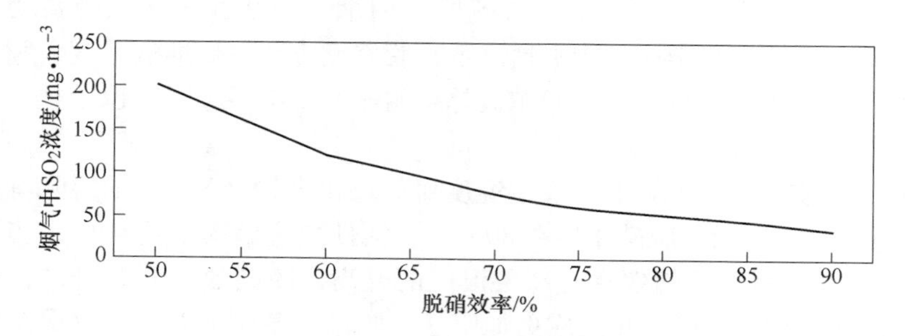

图 1-24 烟气中 SO_2 对脱硝效率的影响（喷氨量不变）

2）当富硫焦解析不彻底时，被吸附的氨将会与活性焦内部未解析的硫酸（H_2SO_4）发生反应，生成硫酸铵结晶。生成硫氨结晶不仅会占据活性官能团的位置，还会堵塞活性焦的微孔，阻止活性焦对氮氧化合物、氧气和氨气的吸附，降低脱硝效率。提高活性焦解析效果，不仅有助于降低贫硫焦全硫（不高于2.0%），避免过多地生成硫酸铵，而且还有助于活性焦表面还原性物质的生成，提高活性焦的 Non-SCR 脱硝反应性能。

总之脱硝副反应不仅会消耗大量的氨气，还会降低活性焦对氮氧化合物、氧气和氨气的吸附，降低脱硝效率，严重时还会使吸附塔透气性变差，因此在正常生产时应严格控制硫酸铵的生成量。

（5）活性焦循环量。烟气中的污染物的去除率由活性焦的吸附效率和吸附量决定，提高活性焦的循环量可以提高系统对二氧化硫（SO_2）和氮氧化合物（NO_x）的脱除能力，但活性焦循环量增大后，也会显著提高活性焦损耗率。一般情况下应根据脱硫床后烟气中的二氧化硫（SO_2）浓度或富硫焦的全硫量及时调整活性焦循环量。

89. 如何评价活性焦脱硝效率？

活性焦脱硝效率是指烟气经过脱硝反应后，被脱除的氮氧化合物（NO_x）与原烟气中氮氧化合物的百分比。活性焦脱硝效率是评价活性焦脱硝系统运行的重要技术指标。活性焦脱硝反应包括 SCR 反应和 Non-SCR 反应。

$$\beta = \frac{b_1 - b_2}{b_1} \times 100\% = \left(1 - \frac{b_1}{b_2}\right) \times 100\% \qquad (1\text{-}11)$$

式中　β——活性焦脱硝效率，%；

b_1——出主抽烟气氮氧化合物（NO_x）浓度，mg/m^3；

b_2——出吸附塔烟气氮氧化合物（NO_x）浓度，mg/m^3。

脱硝效率评价实例如下：

根据中国某企业烧结厂活性焦脱硫脱硝生产原始数据，计算该企业的活性焦脱硫效率。

出主抽烟气中 NO_x 浓度（b_1）$350mg/m^3$；出吸附塔后烟气中 NO_x 浓度（b_2）$40mg/m^3$。

则该企业烧结烟气脱硝效率：

$$\beta = \left(1 - \frac{40}{350}\right) \times 100\% = 88.57\%$$

90. 影响活性焦脱硝氨消耗的因素有哪些？

影响活性焦脱硝氨气消耗的因素主要有：活性焦性质、氮氧化合物总量、脱硝效率、脱硝副反应、氨逃逸率等。

（1）活性焦的性质。由活性焦 Non-SCR 脱硝反应原理$\left(NO + —C\cdot\cdot Red = —C\cdot\cdot O + \frac{1}{2}N_2\right)$可知，活性焦表面碱性还原性物质（—C ·· Red）越多，活性焦 Non-SCR 脱硝反应也就越明显，在活性焦脱硝总效率不变的条件下，活性焦脱硝反应消耗的氨气量也就越少。一般活性焦 Non-SCR 脱硝效率约为 5%～15%。

（2）氮氧化合物总量。根据活性焦 SCR 脱硝反应原理($4NO^* + O_2^* + 4NH_3^* = 4N_2 + 6H_2O$)可知：氨气的消耗量与烟气中的氮氧化合物总量成正比。因氮氧化合物总量受烟气量和氮氧化合物（NO_x）浓度影响：烟气量越大、氮氧化合物（NO_x）浓度越高，烟气中氮氧化合物总量也就越多，在脱硝效率一定的条件下，则消耗的氨气总量也就越大。反之，消耗的氨气量就越少。

生产中当烟气中的氮氧化合物总量不超过设计值的 10%，或氮氧化合物浓度不高于 $350mg/m^3$ 时，只要喷入适当的氨气量，脱硝效率一般不会低于 85%。

（3）脱硝效率。要提高脱硝效率必然要增加喷氨量。但受活性焦吸附性能、吸附塔装填量的影响，脱硝效率不可能达到 100%，因此当脱硝效率达到一定时，即使再增加氨气量耗也不会提高活性焦的脱硝效率。若脱硝效率要求不高时，则可适当降低氨气的消耗量。

（4）脱硝副反应。氨气属碱性气体，喷入的氨气极易与烟气中的二氧化硫（SO_2）和贫硫焦中未解析出的硫酸（H_2SO_4），生成硫酸铵[（NH_4）$_2SO_4$]结晶，消耗了大量的氨气；此外，在活性焦的催化作用下，部分氨气也被直接氧化成氮气（N_2）和一氧化氮（NO）。

生产中为了控制脱硝副反应，一般控制入脱硝段的烟气二氧化硫浓度不高于 $50mg/m^3$（错流床），解析后的贫硫焦全硫不高于 2.1%。

氨消耗量与烟气中 SO_2 浓度的变化趋势见图 1-25。

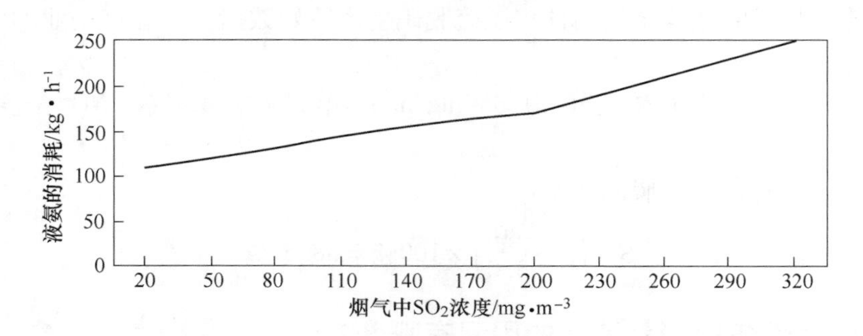

图 1-25　氨消耗量与烟气中 SO_2 浓度的变化趋势（脱硝效率不变）

（5）氨逃逸。氨气逃逸率越大，氨气消耗量也就越多。一般在烟气出口安装氨气检测装置，控制氨逃逸在 3ppm 以内。若氨逃逸量高，逃逸的氨会在烟囱出口与烟气中的酸性气体生成铵盐，严重时能使烟囱拖尾，形成“白色烟羽”，甚至会造成烟囱出口粉尘颗粒物超标。

91. 活性焦脱硝氨消耗量如何确定？

在活性焦脱硝过程中，要确保塔后烟气达标排放，必须要喷入一定的氨气量。喷入的氨气量过小或过大，均不利于脱硝效率的提高，因此在脱硝前，必须根据烟气流量和烟气中的氮氧化合物（NO_x）及所要达到的脱硝效率预估喷入的氨气量。

氨气消耗量经验公式如下：

根据生成实际，结合影响氨气消耗的主要因素：入口氮氧化合物总量、生成硫酸铵副反应和脱硝效率，可推导出活性焦脱硝消耗氨气的经验公式为：

$$G_{氨} = \frac{V_{烟} \times 10^4}{10^3 \times 10^3} \times \left(\frac{17 \times b_1}{46} \times \beta + \frac{2 \times 17 \times a_2}{64} \right) \times l \qquad (1\text{-}12)$$

式中　$G_{氨}$——氨气消耗量，kg/h；

$V_{烟}$——主抽出来的原烟气量，m^3/h；

β——脱硝效率，%；

b_1——出主抽烟气中的氮氧化合物（NO_x）浓度，mg/Nm^3；

a_2——出脱硫塔（脱硫段）后的烟气中二氧化硫（SO_2）浓度，mg/Nm^3；

46——二氧化氮（NO_2）的摩尔质量（仪表读数，将 NO_x 折算成了 NO_2），kg/kmol；

17——氨气（NH_3）的摩尔质量，kg/kmol；

64——二氧化硫（SO_2）的摩尔质量，kg/kmol；

l——喷氨系数（喷氨系数宜控制在0.8～1.0之间）。

活性焦氨消耗实例如下：

以中国某企业烧结厂活性焦脱硫脱硝生产数据为例，估算该企业氨水的消耗量：该厂使用20%的浓氨水制备氨气；主抽出来的原烟气量（$V_{烟}$）$70\times10^4 m^3/h$；测得中间气室的二氧化硫（SO_2）浓度 $50mg/Nm^3$；出主抽烟气中 NO_x 浓度（b_1）$250mg/Nm^3$；脱硝效率要达到85%以上；预控喷氨系数为1。

则该企业烧结厂每小时消耗的浓氨水量为：

$$G_{氨水}=\frac{70\times10^4}{10^3\times10^3}\times\left(\frac{17\times250}{46}\times85\%+\frac{2\times17\times50}{64}\right)\times1/20\%=367.8kg/h$$

92. 引起活性焦喷氨脱硝氨逃逸高的因素有哪些?

（1）脱硝塔（脱硝段）内活性焦装填量小。受活性焦吸附容量和催化性能的限制，脱硝塔内（脱硝段）的活性焦装填量不能大于 $300h^{-1}$。为满足环保超低排放要求，当脱硝塔内（脱硝段）的活性焦装填量大于 $300h^{-1}$ 时，就必须提高活性焦对氨气的吸附容量，氨气吸附容量越高，越容易造成氨逃逸。

（2）错流吸附塔未采用分段喷氨技术。当错流吸附塔未采用分段喷氨技术时，可知进入吸附塔的烟气 NO_x、NH_3 浓度均匀一致；但是错流吸附塔吸附床层垂直高度通常达10～30m。通过对错流吸附塔内的烟气流场分析：烟气流速沿床层高度向下逐步降低；又因脱硝塔从上到下床层内吸附的氨气容量逐步增大。因此，从活性焦SCR脱硝原理可知，沿床层向下，氨逃逸会逐步增加。

当错流吸附塔采用分段喷氨技术后，可根据实际需要及时调整上下部烟气中的 NH_3 浓度，从而有效改善床层各高处吸附的氨气容量，降低氨逃逸。

（3）喷氨量过大。当喷氨量长时间过量时，床层内吸附的氨气容量会越积越多，当出气侧氨气容量超过一定数值时，氨逃逸就会增大。

（4）氨气分配不均匀。当氨气流量计读数不准、喷氨管道堵塞或腐蚀时，均会造成个别吸附单元喷氨过量，最终导致排烟氨逃逸增加。

93. 吸附塔内的白色结晶物是如何形成的，有何危害?

烟气中除含有 SO_2、NO_x 外，还含有大量的氯化氢和氟化氢，这些物质均会被活性焦吸附捕获。由于硫酸酸性强于氯化氢和氟化氢，因此，在脱硫塔（脱硫段）内吸附了二氧化硫后的活性焦会将吸附了的氯化氢和氟化氢释放出来，使氯化氢和氟化氢随烟气进入脱硝塔（脱硝段）内。

当脱硝喷入氨气时，则会在脱硝塔（脱硝段）内形成氯化铵（NH_4Cl）、氟化铵（NH_4F）结晶（图1-26）。大量的氯化铵结晶会导致脱硝塔（脱硝段）进气格栅堵塞，引起床层局部透气性变差，进而会引起局部“聚热升温”，发生“飞温”恶性事故。

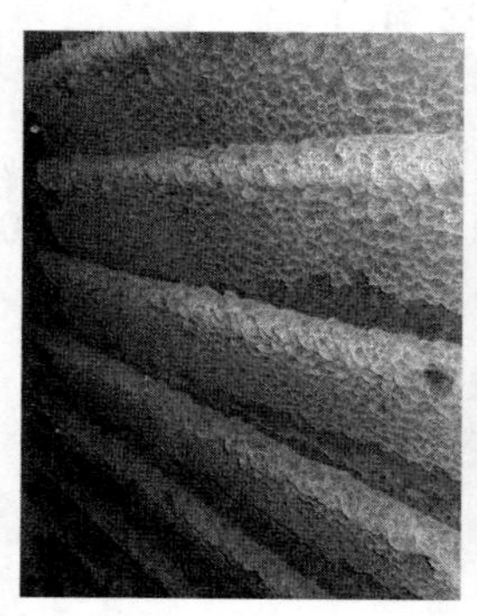

图1-26 格栅堵塞照片

94. 活性焦喷氨脱硝开工初期，活性焦脱硝反应为什么会表现得滞后?

由活性焦SCR脱硝反应机理可知，只有活性焦吸附了足够数量的氨（NH_3）后，活性焦的SCR脱硝反应才会明显起作用。

在活性焦喷氨脱硝初期，虽然活性焦已吸附了大量的氮氧化合物（NO_x）和氧（O_2），但吸附的氨（NH_3）的数量相对较少，因此在喷氨初期脱硝反应相对滞后，脱硝效率相对较低。但随着喷氨时间的加长，当床层内吸附了足够数量的氨后，脱硝效率会不断地得到提高，直至脱硝反应达到平衡（氨逃逸率不大于10ppm）❶。同理，当停止喷氨后，脱硝床内SCR脱硝反应也会持续2～3天才会基本停止。

为避免开工初期烟气氮氧化合物（NO_x）排放超标，一般在增压风机起机后就开启喷氨系统，进行“预喷氨”。

95. 如何保证活性焦的脱硝效率?

根据活性焦脱硝影响因素分析可知，要确保活性焦的脱硝效率，必须做到:

（1）控制原烟气NO_x浓度不高于350mg/m^3，原烟气温度低于160℃❷;

---

❶ 适当提高初始喷氨量，有助于缩短喷氨脱硝滞后时间。

❷ 原烟气温度越高，降温兑入的空气量也就越多，会缩短活性焦脱硝反应时间。

（2）控制喷氨量，使氨/氮（NH_3/NO）摩尔比不小于0.8（不得小于实际需求量），并确保各吸附单元喷氨均匀；

（3）严格控制解析塔解析温度在430℃左右、解析时间不小于2.0h，使得贫硫焦硫全硫不高于2.1%，并通过控制，减少或杜绝未经解析的富硫焦或解析不合格的贫硫焦直接进入脱硝塔；

（4）定期标定活性焦循环量不小于2.0kg/100m^3，确保脱硝前烟气中二氧化硫（SO_2）浓度不高于50mg/m^3；

（5）一旦发现氨逃逸升高，应及时查明原因，尽快处理。

96. 活性焦喷氨脱硝的前提条件是什么？

活性焦喷氨脱硝若不具备条件就盲目喷氨，不仅会降低脱硝效率，增加氨气消耗，还会使床层压降增大，严重时会使生产停顿。因此活性焦喷氨脱硝前应具备以下条件：

（1）脱硝塔（脱硝段）前烟气中二氧化硫（SO_2）浓度不高于50mg/m^3；

（2）脱硝塔（脱硝段）内的活性焦全部是解析过的贫硫焦；

（3）系统内的活性焦解析不得低于3个循环周期；

（4）稀释空气温度不低于120℃。

97. 活性焦喷氨脱硝的开机步骤是什么？

（1）按照《操作规程》启动稀释风机；

（2）空气加热器通蒸汽，控制加热器出口温度不低于120℃；

（3）逐个打开进吸附单元的氨气阀门，并调节流量一致；

（4）开启制氨系统，开始制备氨气；

（5）打开氨气混合器前氨气阀门，并调节氨气流量满足脱硝要求❶；

（6）设备运行稳定后投入联锁，远程自控；

（7）观察脱硝效率，根据吸附塔出口氨逃逸率、氮氧化合物（NO_x）浓度及时调整喷氨量。

98. 活性焦脱硝的正常停机步骤是什么？

（1）在工控机操作画面上解除系统连锁，并由远传“自控模式”切换成“手动模式”；

（2）关闭制氨系统，并用氮气吹扫氨气；

---

❶ 为缩短脱硝滞后时间，脱硝初期可按理论喷氨量的1.5倍调节喷氨量，但必须确保喷入的浓度≤5%（氨/空体积比）。

（3）关闭混合器前氨气阀门；

（4）关闭各吸附单元前氨气阀门；

（5）按照《操作规程》停稀释风机；

（6）关闭加热器蒸汽，并排尽器内冷凝水。

99. 活性焦脱硝日常监控技术参数有哪些？

（1）混合气中的氨气浓度不高于5%；

（2）稀释风机出口压力不低于3kPa；

（3）混合氨气温度不低于120℃；

（4）烟囱出口 NO_x 浓度低于50mg/m^3（基准氧含量16%）；

（5）烟囱出口氨逃逸不得大于3ppm；

（6）床层任意一点温度不高于145℃；

（7）脱硝前烟气中 SO_2 浓度不大于50mg/m^3；

（8）吸附塔脱硝效率大于85%；

（9）烟气污染物排放浓度：NO_x 小于50mg/m^3、SO_2 小于10mg/m^3、固体颗粒物小于10mg/m^3（折算后）。

100. 活性焦脱硝定期检查的内容有哪些，有何目的？

（1）定期检测中间气室二氧化硫（SO_2）浓度，要求不高于50mg/m^3，定期检测贫硫焦硫全硫，要求不高于2.1%，防止生成过量的硫酸铵；

（2）定期校验氨气浓度，消除隐患；

（3）定期校验吸附单元前的氨气流量表，确保各吸附单元喷氨均匀；

（4）定期检查、清理喷氨管道（喷氨格栅），防止氨气混合不均；

（5）定期清理气室内“积料”“结晶”。

101. 活性焦脱硝异常现象、原因分析及处理方法有哪些？

表1-11 活性焦脱硝异常现象、原因分析及处理方法

序号	异常现象	原因分析	处理方法
1	吸附单元内有铵盐结晶物	（1）脱硝前烟气中二氧化硫（SO_2）浓度高，脱硫效果差，生成硫酸铵结晶； （2）空气未预热，喷入的氨气温度低，硫酸铵、氯化铵结晶	（1）分析脱硝前烟气中的二氧化硫超标原因，并加以解决； （2）提高氨气预热温度，结晶物会自动分解
2	喷氨管道堵塞	（1）有硫酸铵结晶堵塞； （2）长期不用被粉尘或腐蚀产生的铁锈堵塞	（1）提高吸附塔脱硫效果，降低脱硫塔（脱硫段）后烟气二氧化硫浓度，提高空气预热温度； （2）敲击振动，吹扫喷氨管道，疏通后禁止“通烟不通气”。防止落灰或凝结水腐蚀堵塞

续表 1-11

序号	异常现象	原因分析	处理方法
3	喷氨管道腐蚀	(1) 长时间停用，阀门关不死，造成烟气中的水分在管道中冷凝，腐蚀管道； (2) 开停工顺序出错，造成烟气窜入管道中产生腐蚀； (3) 空气未预热，喷入的氨气温度低	(1) 若长时间停用，应在管道接入吸附塔前安装盲板，并在盲板至吸附塔段做保温； (2) 严格执行先通气后通烟，先停烟后停气的原则，防止烟气倒窜入管道中，增加管道腐蚀； (3) 提高氨气预热温度
4	吸附塔后 NO_x 高	(1) 吸附塔入口 NO_x 浓度高； (2) 脱硝床层有硫酸铵结晶，降低了活性焦吸附性能； (3) 喷氨量不足； (4) 吸附塔喷氨管道堵塞或吸附塔氨气分配不均匀	(1) 降低吸附塔入口 NO_x 浓度； (2) 查明原因，解决脱硝层硫酸铵结晶问题； (3) 适当增加喷氨量； (4) 校对流量计使各塔喷氨均匀，停工检查喷氨管道，有堵塞的喷氨孔应及时疏通
5	氨逃逸率升高	(1) 喷氨管道或格栅堵塞，造成氨混合不匀； (2) 各脱硝单元氨气分配不均； (3) 喷氨过量	(1) 清通管道或格栅； (2) 调节流量均匀； (3) 减小喷氨量
6	喷氨后“烟囱拖尾”	(1) 喷氨管道腐蚀穿孔或堵塞，造成喷氨局部过剩； (2) 喷氨量过大； (3) 脱硝床层内有大量硫酸铵、氯化铵结晶	(1) 停工处理； (2) 适当减小喷氨量； (3) 查明原因，减少硫酸铵结晶生成量

第四节　活性焦解析

102. 为什么要对活性焦解析再生？

这是因为从吸附塔出来的活性焦全硫已高达4.0% ~4.5%，且在活性焦的微孔中含有大量的铵盐，使活性焦基本上失去了吸附能力。为确保活性焦重复循环使用、降低生产成本，就必须要对从吸附塔出来的活性焦经行再生，恢复其吸附功能。

活性焦再生法分水洗再生法和加热解析再生法。因为水洗再生会产生大量的稀硫酸，而稀硫酸腐蚀性极强，所以设备故障率高，运营费用较高，一般不被使用；而加热解析再生法。操作简单、运行稳定，且可生产出高浓度的 SO_2 气体，因此得到了推广使用。

103. 如何评价活性焦解析效率?

解析效率是指活性焦经过解析后，解析出的二氧化硫（SO_2）与吸附的二氧化硫的质量百分比，即富硫焦解析出的硫与活性焦吸附的全硫百分比。一般要求：活性焦解析效率不得低于90%。

$$\gamma = \frac{c_1 - c_2}{c_1 - c} \times 100\% \tag{1-13}$$

式中 γ——活性焦解析效率,%；

c_1——富硫焦硫含量（全硫）,%；

c_2——贫硫焦硫含量（全硫）,%；

c——活性焦固定硫（水洗后测得的全硫）,%。

活性焦解析效率评价实例如下：

以中国某企业烧结厂活性焦脱硫脱硝原始生产数据为例，计算活性焦损耗率。

经检测富硫焦全硫（干基）为4.4%；贫焦全硫（干基）2.0%；活性焦固定硫（干基）1.8%。则该企业烧结厂活性焦解析效率为：$\gamma = \frac{4.4 - 2.0}{4.4 - 1.8} \times 100\% = 92.3\%$。

104. 活性焦加热解析原理是什么?

活性焦解析一般采用加热法解析，即在隔绝空气条件下将富硫焦加热到400～460℃，吸附在富硫焦微孔中的绝大部分二氧化硫（SO_2）、硫酸（H_2SO_4）、铵盐[$(NH_4)_2SO_4$、$(NH_4)HSO_4$]被解析出来，使活性焦重新获得吸附能力，解析后的活性焦称为贫硫焦。在活性焦加热解析过程中，活性焦表面会重新生成碱性化合物（还原性物质），使活性焦具备催化反应（Non-SCR）能力；同时，由于活性焦挥发分较高（3%～5%），并且活性焦在烟气吸附过程中同时也吸附了烟气中的挥发性有机气体（VOCs），因此活性焦在隔绝空气加热时，会释放出氢气（H_2）、甲烷（CH_4）、一氧化碳（CO）等可燃气体。

活性焦解析主反应如下：

（1）二氧化硫脱附：

$$SO_2^* \xlongequal{\triangle} SO_2 \text{（*表示吸附态）}$$

（2）硫酸分解：

$$H_2SO_4 \xlongequal{\triangle} SO_3 + H_2O$$

$$2SO_3 + C \xlongequal{\triangle} 2SO_2 + CO_2 \text{（活性焦化学损耗）}$$

硫酸分解总反应方程式：

$$2H_2SO_4 + C \xlongequal{\triangle} 2SO_2\uparrow + CO_2\uparrow + 2H_2O$$

（3）盐铵分解：

$$(NH_4)_2SO_4 \xlongequal{\triangle} SO_3\uparrow + 2NH_3\uparrow + H_2O$$

$$NH_4HSO_4 \xlongequal{\triangle} SO_3\uparrow + NH_3\uparrow + H_2O$$

$$3SO_3 + 2NH_3 \xlongequal{\triangle} 3SO_2\uparrow + N_2\uparrow + 3H_2O\text{（降低了活性焦化学损耗）}$$

硫酸盐铵分解总反应方程式：

$$3NH_4HSO_4 \xlongequal{\triangle} 3SO_2\uparrow + N_2\uparrow + NH_3\uparrow + 6H_2O$$

$$3(NH_4)_2SO_4 \xlongequal{\triangle} 3SO_2\uparrow + N_2\uparrow + 4NH_3\uparrow + 6H_2O$$

（4）碱性化合物的生成：

$$—C\cdot\cdot O + \frac{2}{3}NH_3 \xlongequal{\triangle} —C\cdot\cdot Red + H_2O$$

105. 什么是 SRG 烟气，利用 SRG 烟气可以生产哪些副产品？

（1）从解析塔脱附出来的富集二氧化硫（SO_2）气体，称为 SRG 烟气（SO_2-rich-gas）。SRG 烟气中二氧化硫（SO_2）的体积分数一般不低于 15%（干气）。

（2）从解析塔出来的 SRG 烟气可以用来生产浓硫酸、硫磺或焦亚硫酸钠等副产品。

106. 什么是活性焦解析塔？

用于富硫焦解析的装置，即用于加热富硫焦，脱附出富硫焦中挥发性硫使之转变为贫硫焦，恢复活性焦吸附性能的装置，称为活性焦解析塔。

107. 活性焦解析塔的结构及作用是什么？

活性焦解析塔由多段列管换热器组成。根据各段功能作用的不同，从上到下分解为：进料段、热运载氮气室、预热段、加热段、解析段、预冷段、冷却段、冷运载氮气室和排料段。

（1）进料段：内部设有料位计或料位开关，以确保进、出解析塔的活性焦物料平衡，防止塔内缺料造成布料不均。

（2）热运载氮气室：稀释活性焦携带的空气，抑制活性焦燃烧，并作为 SRG 烟气的载气将 SRG 烟气带出塔外，防止 SRG 烟气在加热段或进料段冷凝。

（3）预热段：预热活性焦，降低循环烟气温度，提高解析塔热效率。

（4）加热段：将预热后的活性焦加热至 430℃左右，确保活性焦解析所需要的足够热能。

(5) 解析段：加热后的活性焦温度在此解析，解析时间不小于2h、解析效率不小于90%；并将活性焦解析产生的SRG烟气（富集二氧化硫气体）汇集、引出解析塔外。

(6) 预冷段：利用解析后活性焦的余热，加热入加热炉的循环烟气温度，提高解析塔的热效率并防止冷却段管壁被腐蚀。

(7) 冷却段：使用冷空气或氮气将解析后的活性焦降温至120℃以内，以满足吸附单元进料温度要求。

(8) 冷运载氮气室：平衡解析塔底部负压，并及时将SRG烟气载运出冷却段，防止SRG烟气在冷却段内冷凝、腐蚀。

(9) 排料段：汇集冷却后的活性焦，并将其均匀排出塔外。

108. 活性焦解析工艺流程如何？

活性焦解析工艺流程见图1-27。吸附了二氧化硫（SO_2）气体后的富硫焦经

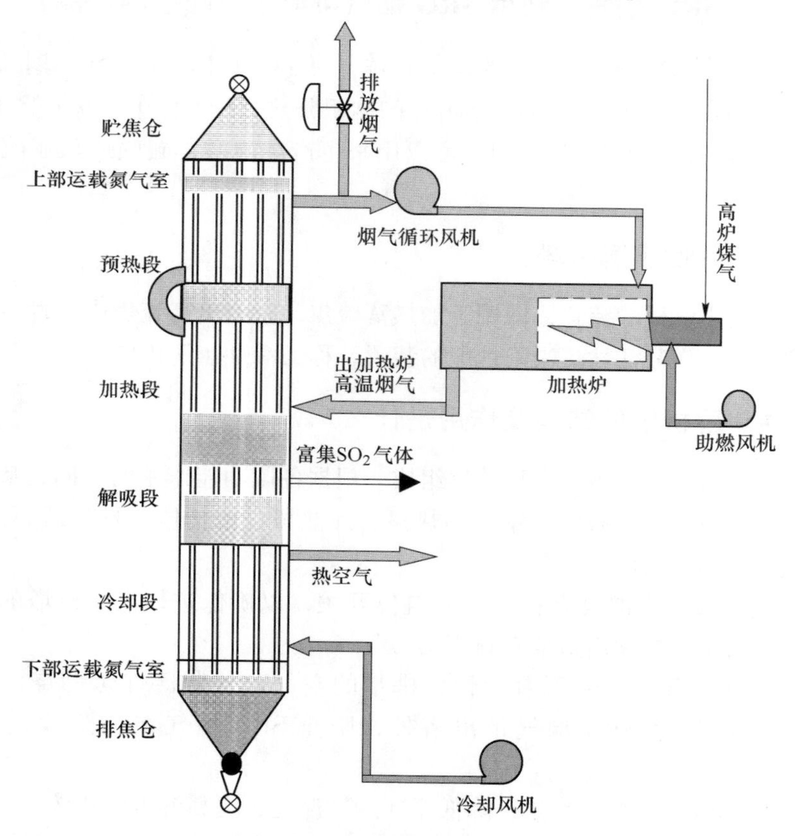

图1-27 活性焦解析工艺流程

过双阀芯卸料器（双阀芯旋转密封阀）进入解析塔，富硫焦在重力作用下依次进入解析塔的贮焦仓、预热段、加热段，在加热段被加热至约430℃；加热后的富硫焦在重力作用下进入解析段，在解析段富硫焦中的大部分二氧化硫被解析出来变成SRG烟气，解析出来的SRG烟气在SO_2风机的作用下被抽送到制酸工序生产浓硫酸；而解析后的活性焦温度降至约400℃，在重力作用下进入冷却段被空气冷却至120℃以下，同时被加热的空气排出塔外；冷却后的活性焦（贫硫焦）经布料器、辊式卸料器、双阀芯卸料器（双阀芯旋转密封阀）排至振动筛进行筛分。

从解析塔预热段出来的约300℃的循环烟气，一部分被放散；剩余的循环烟气经烟气循环风机加压后进入加热炉，在加热炉内循环烟气与高炉煤气燃烧产生的高温废气混合，被加热至450℃；加热后的高温烟气依次进入解析塔的加热段和预热段，将活性焦加热至430℃，同时烟气被降温至300℃。

109. 影响活性焦解析的因素有哪些？

由活性焦解析原理可知，影响活性焦解析的主要因素是解析温度、解析时间（解析量、活性焦循环量等）和富硫焦硫容。

（1）解析温度。解析温度是活性焦经过加热段后被加热的平均温度。因为解析反应是吸热反应，因此解析温度对活性焦解析效果影响明显，适当提高活性焦解析温度，可以提高活性焦解析速度，进而可以提高活性焦的解析效率。

由图1-28可知，当活性焦解析温度上涨到400℃时，活性焦的解析效率为80%；当活性焦解析温度上涨到420℃时，活性焦的解析效率大于91%；当解析温度控制在450℃时，活性焦的解析效率为96%。

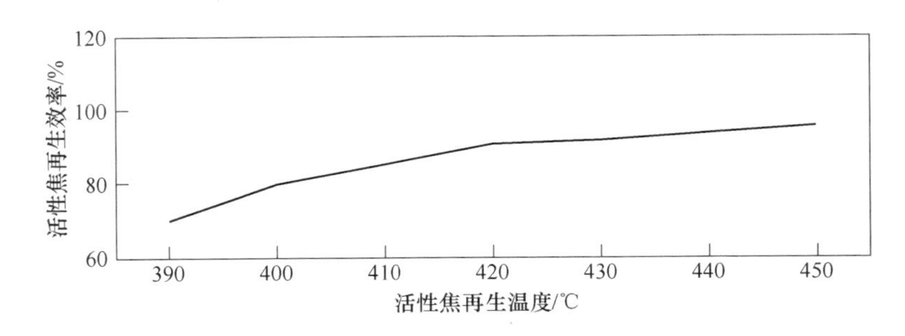

图1-28　活性焦解析效率与解析温度变化趋势

实际生产中为了避免设备出现高温事故、又要确保活性焦解析效率不低于90%，一般要求活性焦的解析温度控制在420～450℃之间。

（2）解析时间。解析时间是活性焦在解析段内的停留时间，即活性焦离开加热段到进入冷却段的所需时间。受解析塔解析段的空间限制，活性焦的解析时间与循环量成反比：降低了活性焦循环量，就延长了解析时间，活性焦也就解析得越彻底；提高了焦循环量，就缩短了解析时间，解析后的贫硫焦硫含量也就会升高。

由图 1-29 可知，当活性焦被加热至 400℃ 解析 1h 后，活性焦解析效率为 70%；当活性焦被解析 2h 后，解析效率约为 89%；当活性焦被解析 3h 后，解析效率约为 96%，且趋势变化趋于缓和。

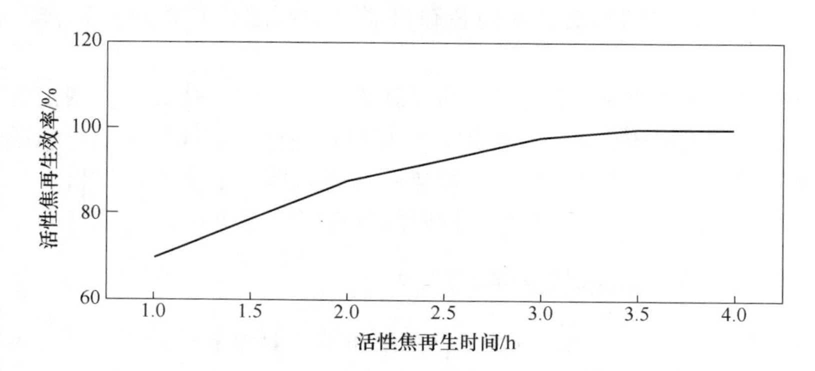

图 1-29 活性焦解析效率与解析时间变化趋势

实际生产中为了确保活性焦解析效率大于 90%，并降低活性焦消耗，一般通过定期标定活性焦循环量来控制解析时间不低于 2h。

（3）富硫焦全硫量。富硫焦中的硫既有固定硫又有挥发硫，因活性焦解析最高温度不超过 450℃，因此活性焦中的固定硫不会被解析出来。当活性焦被加热到约 180℃ 时，物理吸附的二氧化硫（SO_2）开始被解析出来，当活性焦加热温度大于 200℃ 时，化学吸附生成的硫酸和硫酸铵开始解析。若富硫焦中的全硫越高，化学吸附生成的硫酸和硫酸铵也就越多，活性焦解析需要的热量也就越大，因此活性焦解析需要的温度也就高，解析时间也就越长。

（4）解析塔操作压力和运载氮气。降低解析塔操作压力、增加加热段的运载氮气量均有利于提高活性焦的解析效率。但同时也必须满足解析塔安全运行、制酸 SO_2 气浓要求。

110. 如何确定活性焦解析时间？

为确保活性焦解析效率不小于 90%，降低活性焦消耗并防止冷却段换热管被腐蚀，应定期对解析塔解析时间进行标定。解析时间不应低于 2h。具体方法如下：

在确保解析塔长轴频率不变的情况下，从物料循环系统连续取出 5 个斗内的活性焦，使用量筒量出总体积（V_5），实际解析塔的解析时间计算式如下：

$$T=\frac{V}{G_{实}/\rho} \tag{1-14}$$

式中 T——解析时间，h；

V——解析塔解析段有效容积，m^3；

$G_{实}$——实际活性焦循环量，t/h；

ρ——实测循环活性焦的堆密度，t/m^3。

当解析塔左右共用一个料仓时，应分别对左右两侧的解析时间进行标定，实际循环量应小于最大循环量。

活性焦解析时间确定实例如下：

以中国某企业烧结厂活性焦脱硫脱硝生产数据为例，确定活性焦解析时间。

解析塔解析段有效容积（V）69.0m^3；活性焦实际循环量（$G_{实}$）18.71t/h；实测循环活性焦的堆密度（ρ）0.65kg/L。

则该企业活性焦在解析塔内的解析时间为：

$$T=\frac{69.6}{18.71/0.65}=2.41\text{h}$$

111. 抑制解析塔内氧含量的措施有哪些?

活性焦在解析塔内被加热至430℃左右，已超过了活性焦的着火点，一旦塔内有空气泄漏，必然会造成活性焦着火燃烧，产生严重的设备事故。因此，必须随时控制解析塔内气体氧（O_2）浓度不高于1%。

控制解析塔内气体氧浓度的技术措施有：

（1）解析塔进、出旋转阀密封氮气控制在50~80m^3/h，防止外界空气被吸入；

（2）解析塔上、下部通入运载氮气，将活性焦携带的空气稀释至O_2浓度不高于1%；

（3）控制解析塔顶部压力为±50Pa，防止解析出的SRG烟气外逸，控制底部压力为-50~-100Pa，防止空气从底部被吸入。

（4）解析塔装活性焦前，气密性试验必须合格，封堵人孔使用的金属缠绕密封垫片必须涂抹密封硅胶。

112. 解析塔运载氮气流量与解析塔压力之间的关系是什么?

在解析塔内，当活性焦被加热到400℃后遇氧极易燃烧。为防止活性焦燃烧，塔内的活性焦必须处在惰性氛围中。此时氮气除起到阻燃作用外，还起到传热，运输富硫气体的作用。

（1）解析塔顶部运载氮气和气室压力控制。从解析塔顶部进入的外界空气主要有活性焦携带的空气和顶部吸入的空气。因解析塔进料设有双阀芯旋转密封阀，且解析塔顶部运载氮气室压力（P_1）为±20Pa，因此解析塔顶部一般不会有空气被吸入。因此，解析塔顶部进入的空气量主要为活性焦携带的空气，即活性焦间隙和微孔内的空气：

$$V_{空}=V_{表观}-V_{实体}=\frac{G_{实}}{\rho_{堆}}-\frac{G_{实}}{\rho_{真}}$$

为防止解析塔内活性焦着火，必须向解析塔内充入足够的氮气，以便控制解析塔加热段内气体的氧（O_2）浓度不高于1%，整理得：

$$V_{min}=20\times V_{空}=20\times(V_{表观}-V_{实体})=20\times\left(\frac{G_{实}}{\rho_{堆}}-\frac{G_{实}}{\rho_{真}}\right) \tag{1-15}$$

式中 V_{min}——解析塔顶部运载氮气室通入的最小氮气量，m^3/h；

$V_{空}$——从解析塔顶部进入的空气量，m^3/h；

$V_{表观}$——循环活性焦表观体积，m^3/h；

$V_{实体}$——循环活性焦实体体积，m^3/h；

$G_{实}$——活性焦循环量，t/h；

$\rho_{堆}$——活性焦堆积密度，t/m^3；

$\rho_{真}$——活性焦真密度，t/m^3。

以中国某企业烧结厂活性焦脱硫脱硝生产数据为例，确定解析塔顶部充入的最小氮气量：

活性焦实际循环量（$G_{实}$）18.71t/h；实测循环活性焦的堆密度（$\rho_{堆}$）0.65t/m^3；循环活性焦真密度（$\rho_{真}$）1.3t/m^3。

则该企业解析塔顶部充入的最小氮气量为：

$$V_{min}=20\times\left(\frac{18.71}{0.65}-\frac{18.71}{1.3}\right)=287.8m^3/h$$

一般情况下，为防止SRG烟气“反窜”，实际通入的氮气量比最小氮气量大100m^3/h左右。

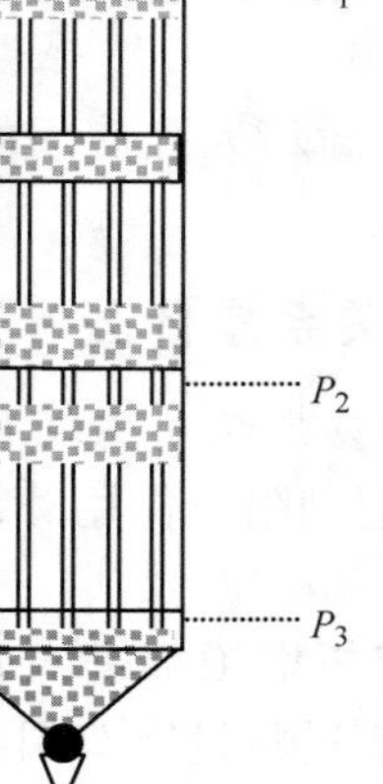

图1-30 解析塔内压力示意图

（2）解析塔中部抽气室压力控制。控制解析塔抽气室压力的目的：及时导出解析出的SRG烟气，防止SRG烟气向上窜。由图1-30可知，要将加热段、预热段内解析出的SRG烟气全部导出，必须确保P_1、P_2两点之间的压差大于等于活性焦的阻力和烟气热浮力，即：

$$P_1-P_2=gH_{1-2}(\rho_{空}-\rho_{SRG})+10H_{1-2}$$

式中 $\rho_{空}$——外界空气相对密度，1.29kg/m^3；

ρ_{SRG}——300℃时SRG的相对密度，0.65kg/m^3；

H_{1-2}——解析塔中部抽气室到顶部运载氮气室的高度，m；

10——解析塔中部抽气室到顶部运载氮气室每米高度活性焦阻力约10Pa。

整理得：$$P_2 = P_1 - gH_{1-2}(\rho_{空} - \rho_{SRG}) - 10H_{1-2} \tag{1-16}$$

式中 P_1——解析塔顶部运载氮气室压力，Pa；

P_2——解析塔抽气室压力，Pa。

以中国某企业烧结厂活性焦脱硫脱硝生产数据为例，确定解析塔中部抽气室压力控制范围。

解析塔顶部运载氮气室压力 ±50Pa；解析塔中部抽气室到顶部运载氮气室的高度约 15m。

则该企业解析塔抽气室压力控制范围为：$P_2 = \pm 50 - 9.8 \times 15 \times (1.29 - 0.65) - 10 \times 15 \approx -194 \sim -294$Pa。

（3）解析塔底部运载氮气和气室压力控制。由图 1-30 可知，解析塔底部在热浮力和中部吸力的作用下呈负压，负压越大就越容易将外界空气吸入塔内；且由于冷却段管壁温度低，容易产生冷凝，腐蚀设备。因此，解析塔底部运载氮气室充入氮气的目的是：及时运走冷却段上部的 SRG 烟气，防止腐蚀管壁；降低解析塔底部负压，防止空气被吸入，引起活性焦燃烧。

正常生产时，应控制空管（冷却段、加热段换热管）氮气平均流量在（0.35 ~ 0.45）/n m^3/h，解析塔底部负压值不大于 -300Pa。为防止冷却段内有 SRG 烟气“滞留冷凝”，一般控制解析塔底部氮气总量比顶部大 100m^3/h❶。

113. 如何判断解析塔内活性焦“着火”了？

（1）解析塔进料温度大于 150℃；

（2）解析塔预热段活性焦出口温度高于加热段出口温度，或预热段活性焦出口温度高于烟气温度；

（3）中部泄漏着火时，着火一侧的 SRG 烟气温度比另一侧高、压力比另一侧高❷；

（4）加热段温度高于烟气进口温度或停止加热后温度还有继续上涨的趋势；

（5）解析塔保温彩瓦局部“变白”、冒烟、着火现象或有浓烈的二氧化硫（SO_2）恶臭气味；

（6）从解析塔卸料器或链斗机内发现有红焦或塔壁被烧红。

满足以上任一条即判定解析塔着火。

114. 引起解析塔“飞温”的原因有哪些？

解析塔在正常操作时，内部呈负压且温度较高。因此，引起解析塔内活性焦

---

❶ 解析塔底部氮气室到中部抽气室的高度越高，产生的热浮力也就越大，底部负压值也就会越大，就需要通入更多的氮气。

❷ 这是因为着火后会产生大量的热量和气体，导致 SRG 烟气温度明显升高，同时压力会明显升高。

着火的根本原因就是有空气被吸入，引起活性焦燃烧。

造成空气被吸入的原因如下：

（1）解析塔塔壁腐蚀窜漏；

（2）塔壁焊接质量差或人孔密封不好；

（3）冷却段或加热段换热管腐蚀窜漏；

（4）解析塔长轴检查孔密封不好或卸料溜槽磨穿；

（5）运载氮气室氮气不足或塔负压值长时间超出规定范围。

115. 防范解析塔“飞温”的措施有哪些？

防范解析塔“飞温”的根本措施就是防止空气被吸入，即严格控制解析塔内 SRG 烟气氧含量不高于 1%。

具体措施有：

（1）解析塔压力控制在规定范围之内。

1）解析塔中部负压严禁大于 -350Pa，且严格控制在 -150 ~ -300Pa 之间。防止顶部长时间出现负压，空气被吸入引起活性焦燃烧；

2）解析塔底部负压严禁大于 -200Pa，防止空气从底部被大量吸入引起活性焦燃烧。

（2）解析塔氮气控制在规定范围之内。

1）解析塔顶部加热段、底部冷却段通入的运载氮气量不宜低于 0.35/n m^3/h（单管平均小时流量）；

2）进出解析塔的旋转密封阀密封氮气流量不宜低于 $50m^3/h$。

（3）解析塔密封严密。

1）正常生产时，应随时检查解析塔密封严密，禁止有空气被吸入，如双阀芯旋转密封阀、辊式卸料器轴封，检查手孔、人孔等。

2）设备检修结束后必须重新“检漏”（气密性试验），“检漏”不合格禁止进料。

116. 遇到解析塔内活性焦“着火”，该如何处置？

（1）加热炉立即熄火。

（2）立即将解析塔顶部、底部运载氮气开到最大。

（3）立即将解析塔压力调为正压❶，压力不低于 500Pa。

（4）若着火部位位于解析塔中部或上部，顺停至解析的塔物料输送，使解析塔处于排料不进料状态（料进事故料仓）。保持烟气循环风机和冷却风机继续

---

❶ 严禁漏入空气，防止事故扩大。

运行，将飞温料运转到冷却段进行冷却，直至各温度点降到正常值；若着火部分位于解析塔下部，急停物料输送，保持烟气循环风机继续运行[1]，通过冷却段对飞温活性焦进行冷却，直至各点温度降到正常值，重新恢复物料循环。

（5）解析塔排料时，随时查看链斗机内有无红焦。如发现有红焦，立即停止物料输送并及时将红焦从链斗机中清出；现场点动链斗机、确认无红焦后，才可重新恢复物料循环直至解析塔中部温度降低到100℃时检查飞温原因。

117. 烟气加热系统组成有哪些?

烟气加热系统由加热炉、点火燃烧系统、烟气循环系统、火检系统等部分组成。

烟气加热炉是利用煤气在炉膛内燃烧产生的高温烟气作为热源，来加热温度低于300℃的循环烟气，使之达到规定的工艺温度。烟气加热炉由燃烧器、炉膛和混合室组成。其结构通常包括燃烧器、钢结构、花墙、炉衬和保温层。

点火燃烧系统的作用是完成燃气燃烧。点火燃烧系统主要由助燃风系统、燃气系统、点火燃烧器、主燃烧器等部分组成。其中燃烧器性能的好坏，直接影响燃烧质量及炉子的热效率。操作时，应特别注意火焰要保持刚直有力，通过调整空/燃比实现低氧燃烧（烟气中 O_2 含量为2%～4%）。

烟气循环系统是通过循环风机强制把从解析塔出来的低温烟气引入到烟气加热炉内加热。烟气循环系统由循环风机、烟道，飞温、超压放散阀组成。通常情况通过超压放散阀控制炉膛内压力为1.5～2.5kPa。

炉膛由炉墙和炉衬围成。炉衬通常由耐火层、保温层、防护层和钢结构几部分组成。其中，耐火层直接承受炉膛内高温气流的冲刷和侵蚀，通常采用各隔热耐火砖砌筑而成；外保温层材料通常采用硅铝酸盐纤维或岩棉，其功能在于最大限度地减少炉衬的散热损失，改善现场操作条件；为确保低热值的煤气在炉膛内稳定燃烧，通常炉膛内设有耐火砖砌筑的花墙。

混合室由烟道和混合器组成，混合器通常用不锈钢或铸铁制成，孔径约为50～100mm。

118. 为什么要对烟气加热炉进行烘炉?

烟气加热炉施工结束后，砌体内有大量的外在水和结晶水。若加热炉未经烘炉就直接投入使用，容易造成炉衬砖缝开裂，严重时砌体脱落，因此加热炉在使用前应先进行烘炉。

---

[1] 若是因为冷却段管泄漏引起，应立即停冷却风机。

119. 烟气加热炉烘炉条件及烘炉步骤是什么?

烟气加热炉烘炉准备条件:

(1) 加热炉炉衬砌筑、保温完成;

(2) 循环烟气系统、点火燃烧系统、火检系统、仪表控制系统调试合格。

烟气加热炉烘炉步骤:

(1) 标定活性焦循环量不低于理论循环量的0.8倍;

(2) 打开烟气放散阀门,启动助燃风机,用空气吹扫炉膛;

(3) 启动高温循环风机;

(4) 按照《烟气加热炉操作规程》点燃点火燃烧器,通过调节点火燃烧器的燃气流量控制炉膛温度;

(5) 当炉膛温度稳定不涨后按照《烟气加热炉操作规程》点燃主燃烧器煤气,通过调节主燃烧器煤气流量控制炉膛温度。

烟气加热炉烘炉曲线见图1-31。

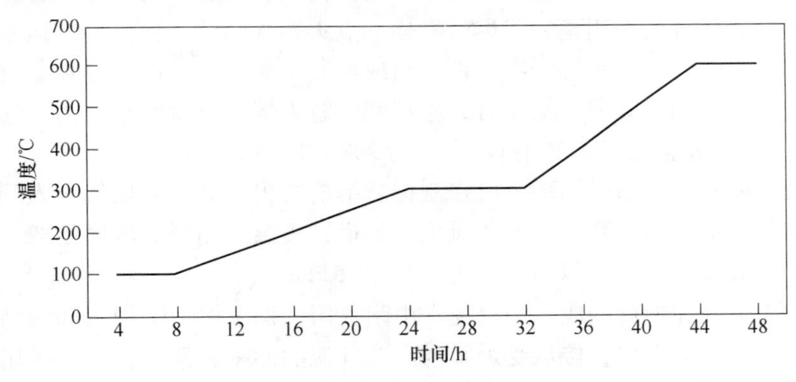

图1-31 烟气加热炉烘炉曲线

120. 烟气加热炉点火操作步骤是什么?

烟气加热炉点火必须坚持“吹扫→点‘小火’→点‘大火’”的原则。具体步骤如下:

(1) 在工控机画面中先解除“连锁”;

(2) 启动烟气循环风机;

(3) 启动助燃风机吹扫炉膛不少于5min,炉膛内一氧化碳含量不高于0.2%;

(4) 煤气管道氮气置换、爆发试验合格;

(5) 点“小火(点火燃烧器)”:

1) 调节助燃空气压力至5~8kPa;

2) 打开点火燃烧器燃气阀门,同时按下点火控制箱上的“点火”按钮,点燃“小火”。

（6）点“大火（主燃烧器）”：

1）当确认“小火”燃烧稳定，“小火”火检信号正常后，开启现场主燃烧器煤气阀门30%；

2）打开煤气调节阀约10%开度，打开煤气快切阀，点燃“大火”；

3）当确认“大火”燃烧稳定，“大火”火检信号正常后，调节煤气流量调节阀控制热风炉出口烟气升温速度不大于50℃/h。

（7）调节空气、煤气流量，控制空/燃比在合理的范围之内，并将“安全联锁”投入。

121. 烟气加热炉日常监控关键技术参数有哪些？

（1）煤气压力大于5kPa；

（2）助燃空气压力大于5kPa；

（3）炉膛压力1.5～2.5kPa；

（4）炉膛温度950～1050℃；

（5）加热炉出口循环烟气温度430～480℃；

（6）空燃比0.9～0.95（使用高炉煤气）或循环烟气中氧浓度2%～4%；

（7）循环烟气中一氧化碳浓度不高于1%（体积百分比）。

122. 烟气加热炉紧急熄火的连锁条件有哪些？

（1）高炉煤气压力低于5kPa；

（2）助燃空气压力低于5kPa；

（3）出加热炉的循环烟气温度高于480℃；

（4）解析塔加热段出口活性焦温度高于460℃或冷却段进口温度高于450℃；

（5）解析塔底部排焦温度高于130℃；

（6）上下运载氮气流量低于400m^3/h；

（7）烟气循环风机突然跳停；

（8）解析塔长辊卸料器停止运行；

（9）火焰监视器检测到“主燃烧器熄火”；

（10）发生高炉煤气泄漏。

123. 解析系统升温开工操作步骤是什么？

（1）制酸系统SO_2风机启动运行稳定后，开启解析塔运载氮气、密封氮气，并调整解析塔中部负压为－150～－300Pa[1]，顶部运载氮气温度不得低于100℃。

[1] 为防止解析塔腐蚀，解析塔正常解析时中部严禁出现正压。

（2）开启解析塔进、出旋转卸料器，调整长辊卸料器频率，根据烟气入口 SO_2 浓度调整循环量以满足吸附要求；

（3）按照《操作规程》开启助燃风机、热循环风机和冷却风机，并且助燃风机大风量吹扫炉膛不得少于5min；

（4）高炉煤气管道用氮气“置换”，并做“煤气爆发实验”合格；

（5）经检查确认转化塔一段触媒层进口温度大于400℃，输送机运行稳定后，按照《热风炉点火操作规程》先点“小火”，后点“大火”；

（6）当热风炉主燃烧器煤气（大火）燃烧稳定后，调节煤气流量，控制热风炉出口烟气升温速度不大于50℃/h；

（7）当热风炉出口烟气温度接近430℃后，调节解析塔、烟气加热炉各参数符合技术规定。

124. 解析系统设计SRG烟气回流管道的作用、要求是什么？

（1）SRG烟气回流管道的作用如下：

当制酸系统突然出现故障停机时，解析塔内依然会有大量的SRG烟气被解析出来，此时解析出来的SRG烟气不仅会严重污染现场工作环境，还会加剧解析塔的腐蚀。为了应急制酸突然停机，通过增加SRG烟气回流管❶，可直接将事故态的SRG烟气切换至增压风机前负压段，避免污染环境和腐蚀解析塔。

（2）SRG烟气回流管道要求：

1）SRG烟气回流管保温厚度不宜低于300mm，管道过长应增设电伴热，不能有“U”形弯；

2）回流阀应尽可能靠近三通处，使用密封较好的不锈钢半球阀；

3）使用SRG烟气回流管道时，增压风机前负压不宜低于 -500Pa；

4）SRG烟气回流阀后应设有氮气吹扫管道。

125. 当解析系统突然停氮气后，该如何操作？

（1）立即通知制酸降低 SO_2 风机频率，控制解析塔底部微正压0～50Pa；

（2）立即停活性焦循环输送系统；

（3）立即安排现场巡检工关闭解析塔进出料插板阀；

（4）立即查清停氮气原因，若时间较长，则按解析系统停机降温步骤处理。

126. 当突然停电后，解析系统该如何操作？

若系统中设有SRG烟气到烟囱的旁路阀门，则应立即打开旁路阀。再按照

---

❶ SRG烟气回流管仅在制酸紧急条件下使用、不可长期使用，否则容易造成增压风机叶片、转子腐蚀或吸附塔“飞温”等严重事故。

以下步骤操作：

（1）立即关闭煤气手动阀门和快切阀；

（2）立即关闭解析塔进出料插板阀；

（3）问明停电原因，做好开机准备工作。

若系统没设 SRG 烟气到烟囱的旁路阀门，则按照以下步骤操作：

（1）立即关闭运载氮气阀；

（2）立即关闭加热炉煤气快切阀和手动阀；

（3）问明停电原因，做好开机准备工作。

127. 当活性焦输送设备出现故障停机时，解析系统该如何操作?

（1）立即停止活性焦输送系统[1]；

（2）加热炉主燃烧器立即熄火或减小煤气量；

（3）运载氮气流量保持不变并及时调节 SO_2 风机频率，控制解析塔中部压力为 -150 ~ -300Pa，解析塔底部负压不大于 -200Pa；

（4）适当减小循环烟气量，若停工时间较长，冷却段空气出口温度低于 80℃时，则停低温冷却风机；

（5）故障排除后，立即恢复正常生产。

128. 当加热设备出现故障停机时，解析系统该如何操作?

（1）立即关闭加热炉煤气阀门、熄火；

（2）降低解析塔长轴频率，减慢解析塔出料速度[2]；

（3）运载氮气流量保持不变并及时调节 SO_2 风机频率，控制解析塔中部压力 -150 ~ -300Pa、解析塔底部负压不大于 200Pa；

（4）当冷却段进口温度低于 130℃时，解析塔停止出料[3]；

（5）故障排除后，立即恢复正常生产。

129. 当制酸设备出现故障停机时，解析系统该如何操作?

制酸故障紧急停机（SO_2 风机需立即停机）：

（1）若解析塔设有 SRG 烟气回流管道，立即将 SRG 烟气切换至增压风机前

---

[1] 若输送机停机时间较长，容易造成床层局部阻力增大，为防止吸附塔出现“飞温”，应严格控制吸附塔入口烟气温度不得高于 110℃。

[2] 适当减缓解析速度，防止过量的 SRG 烟气腐蚀增压风机叶片、转子。

[3] 防止过多的未解析或解析不合格的活性焦进入吸附塔，影响脱硝效果。

负压管道内[1]；若解析塔设有 SRG 烟气到烟囱的旁路阀，则应立即开启旁路阀。

（2）确认 SRG 烟气管道切换成功后，立即关闭 SRG 烟气去制酸的阀门。

（3）热风炉立即熄火，助燃风机开至最大。

（4）适当降低解析塔长辊卸料器频率。运载氮气、密封氮气流量不变，通过调节增压风机频率和补风阀开度，控制解析塔中部压力为 -100 ~ -200Pa（设有 SRG 烟气回流管）[2]。

（5）当加热段出口焦温低于150℃时，停循环风机和助燃风机。

（6）当冷却段进口焦温低于130℃时，停活性焦循环系统，关闭运载氮气，停冷却风机。

制酸计划停机：

（1）立即关闭加热炉主燃烧器煤气阀门、主燃烧器熄火。

（2）立即加快解析塔长辊卸料频率。运载氮气、密封氮气流量不变，通过调节 SO_2 风机频率和补氧阀开度，控制解析塔中部压力为 -150 ~ -300Pa，并确保解析塔底部负压不得高于 -200Pa。

（3）当加热段出口焦温低于150℃时，停循环风机和助燃风机。

（4）当冷却段进口焦温低于130℃时，停活性焦循环系统，关闭运载氮气，停冷却风机。

（5）上述操作步骤完成后，通知制酸准备停机。

130. 解析塔泄漏如何判断？

解析塔泄漏分为内漏和外漏两种情况，内漏是指换热管腐蚀窜漏（冷却段）；外漏是指解析塔塔壁泄漏。

解析塔内漏判断：

（1）冷却段排焦温度趋势波动大，严重时高点温度达150℃以上，或排焦温度大于冷却段空气出口温度。

（2）冷却段出风口下方地面上能观察到“吹落”的活性焦颗粒，严重时还能观察到有“红焦”被直接吹出。

（3）加热段出口焦温大于循环烟气入口温度，或加热段出口温差变大。

（4）调大循环烟气压力，加热段出口焦温上涨。

解析塔外漏判断：

当调节解析塔底部、中部压力为正压时，有 SRG 烟气冒出或现场有二氧化硫（SO_2）刺激性气味，解析塔外保温层有明显的烧损痕迹或保温层温度高，均

---

[1] SRG 烟气回流至原烟气后，会使原烟气 SO_2 浓度升高，此时为防止吸附塔出现“飞温”，应严格控制入塔烟气温度不得高于110℃。

[2] 增压风机前负压稳定在 -500 ~ -800Pa。

可判断解析塔有外漏（此时应及时停工处理，否则容易造成事故扩大）。

131. 解析塔冷却管泄漏检查、处置步骤是什么?

换热管泄漏检查步骤：

（1）加热炉熄火，解析塔降温；

（2）关闭运载氮气室氮气阀门并挂牌，必要时堵盲板；

（3）停烟气循环风机和冷却风机；

（4）“排空”解析塔内的活性焦；

（5）《受限空间作业证》审批通过；

（6）打开冷却段上、下人孔通风；

（7）当塔内温度低于60℃并检测塔内氧浓度不小于20%时，使用荧光粉检漏：启动冷却风机，控制风机出口压力不低于1000Pa，同时在风机入口注入荧光粉，从冷却段上花板管口用NV（荧光）灯检查，若发现有“荧光”，则证明该管泄漏；

（8）对检查到有泄漏的换热管做好标记。

泄漏管的处置：

准备好厚6～8mm、直径110mm的圆钢板，5～10L搅拌好的无收缩灌浆料，并办理《动火证》和《受限空间作业证》，具体处置步骤如下：

（1）用手电筒从泄漏管上部向下照射，见光后用圆钢板焊死管口；

（2）将准备好的灌浆料从泄漏管口上端注入，注入深度约1m；

（3）用准备好的钢板满焊，封堵泄漏管管口。

132. 解析塔日常监控技术参数有哪些?

（1）出解析塔加热段的循环烟气温度280～330℃；

（2）出解析塔加热段的活性焦温度400～450℃；

（3）出解析塔冷却段的空气温度120～180℃；

（4）出解析塔冷却段的活性焦温度60～100℃；

（5）进解析塔的高温循环烟气温度不高于460℃；

（6）出解析塔SRG烟气温度控制在360～420℃；

（7）解析塔中部压力控制在－150～－300Pa；

（8）解析塔底部压力不高于－200Pa；

（9）在解析塔内同一层面活性焦温差不大于30℃；

（10）解析塔密封氮气50～80m^3/h[1]，运载氮气400～600m^3/h。

---

[1] 确保密封点的氮气压力大于卸料器进出口气相压力。

133. 解析塔定期检查内容有哪些、有何目的？

（1）定期检测：

1）SRG 烟气中氧浓度，要求不得高于 1%，防止活性焦着火；

2）SRG 烟气中二氧化硫（SO_2）浓度，要求不得小于 10%，防止影响制酸转化操作；

3）解析塔两侧辊式卸料器下料速度，要求偏差量不得大于 10%，防止解析塔两侧温差增大；

4）贫、富硫焦硫含量，确保解析塔解析效率不小于 90%。

（2）定期检查：运载氮气、密封氮气流量是否满足要求，防止腐蚀设备或引起着火事故。

（3）定期清理：解析塔辊式卸料器下料调节挡板间隙内的堵塞物，防止解析塔不均匀下料。

（4）定期标定：解析塔解析量（活性焦循环量），确保解析塔解析效果。

（5）定期检查振动筛筛网，确保振动筛不“漏料”。

134. 活性焦解析异常现象、原因分析及处理方法有哪些？

表 1-12 活性焦解析异常现象及处理方法

序号	异常现象	原因分析	处理方法
1	解析塔进料温度升高	（1）塔内缺料料位低，造成预热段顶部局部出现空管，空管内解析出的 SRG 烟气上窜； （2）解析塔停止排料，加热炉未及时降煤气或解析塔保温操作时间长（出预热段后烟气温度过高），造成预热段上花板上的活性焦被解析； （3）解析塔物料循环量小，造成预热段走料不均匀，进而造成预热段上花板温度升高； （4）上部氮气运载氮气室通入的氮气小，中部负压大，造成空气被吸入； （5）塔壁腐蚀穿孔漏入空气，活性焦自燃； （6）解析塔中部压力高或 SRG 烟气管道堵塞，解析出的 SRG 烟气未能及时导出，造成反窜	（1）查明缺料原因，采取措施尽快补满料（加快进料速度或减小排料速度）； （2）解析塔停止排料时，应严格按照解析塔保温操作步骤操作；或解析塔保温时间长时加热炉应熄火； （3）加大活性焦循环量； （4）适当开大运载氮气阀门或降低中部压力； （5）检查塔壁，一旦发现有泄漏应立即处理，防止事故扩大； （6）适当提高解析塔中部压力

续表 1-12

序号	异常现象	原因分析	处理方法
2	解析塔加热段温度升高	(1) 加热炉煤气量大，出加热炉的烟气温度高； (2) 加热段换热管窜漏； (3) 解析塔停止排料时，加热炉未及时降温； (4) 保温操作时间太长； (5) 解析塔塔壁泄漏，有空气被吸入	(1) 适当减少加热炉煤气量，降低加热炉出口烟气温度； (2) 停工找出窜漏的换热管，用钢板两头封堵； (3) 短时间停止排料，加热炉降煤气保温； (4) 保温操作时间延长，加热炉熄火； (5) 立即熄火，通氮气，降温
3	解析塔排料段温度升高	(1) 冷却风量小； (2) 冷却段换热管窜漏，漏入的空气使活性焦自燃； (3) 辊式卸料器长轴排焦不均匀； (4) 解析塔底部检修孔有空气泄漏	(1) 适当增加冷却风量； (2) 停工检查，找出窜漏的换热管，用钢板两头封堵； (3) 清理调节挡板处的堵塞异物；增加长轴表面的粗糙度； (4) 检查检修孔，用密封胶配合密封垫片重新密封
4	解析塔上部运载氮气室塔壁腐蚀穿孔	(1) 通入上部运载氮气室内的氮气温度低，造成 SRG 烟气在塔壁上冷凝产生稀酸腐蚀塔壁； (2) 通入的热氮气量小，使 SRG 烟气窜入到运载氮气室内并在塔壁上冷凝，产生的冷凝酸腐蚀塔壁； (3) 解析塔外保温不合格或检修拆除后未及时恢复	(1) 控制氮气预热器后的氮气温度不得低于 100℃； (2) 适当增加通入氮气运载氮气室的氮气量； (3) 增加易腐蚀段塔壁的保温层厚度
5	冷却段换热管腐蚀穿孔	(1) 因活性焦在抽气段解析不彻底，进入冷却段后还继续有 SRG 烟气解析出来，此时解析出的 SRG 烟气容易与冷却段换热管壁接触产生冷凝酸，腐蚀管壁； (2) 解析塔抽气段（中部）吸力小或被堵塞，解析出的 SRG 烟气不能被及时导出，窜入到冷却段换热管内产生冷凝酸，腐蚀管壁； (3) 冷却段泄漏，泄漏出活性焦燃烧，燃烧产生的 SRG 烟气窜入到冷却段的其他换热管中加剧了腐蚀； (4) 底部运载氮气流量小或分配不均匀	(1) 定期标定循环量，确保活性焦在抽气段的解析时间不少于 2.0h；调节解析段床层温度在 400 ~ 460℃之间； (2) 适当提高抽气段吸力，防止 SRG 烟气窜入冷却段； (3) 停工检查，查出泄漏点并处理； (4) 加大底部运载氮气量
6	贫硫焦全硫含量高	(1) 活性焦循环量大，使解析塔解析时间不足； (2) 解析塔解析段床层解析温度控制低，使活性焦中的硫未能及时解析出； (3) 进入解析塔的富硫焦硫容高； (4) 活性焦在解析塔内加热不均匀，造成解析不均匀	(1) 适当降低活性焦循环量，确保解析时间不低于 2h； (2) 适当提解析热段活性床层解析温度； (3) 适当降低活性焦循环量，调高解析温度； (4) 适当提高加热循环烟气量；检查辊式卸料器下料情况，确保均匀下料

续表 1-12

序号	异常现象	原 因 分 析	处 理 方 法
7	SRG 烟气管道堵塞	（1）SRG 管道保温不到位，造成管壁上有冷凝液产生，使得粉尘黏附在管壁上，堵塞管道； （2）SRG 烟气中粉尘浓度高； （3）开工前后 SRG 烟气温度低，产生冷凝液	（1）对已堵塞的 SRG 管道，利用停工检修时间用消防水冲洗，直至排除的水变清澈为止； （2）有条件的企业可考虑在富硫焦进解析塔前增设滚筛，筛出大部分的粉尘； （3）增加管道保温厚度，有条件的企业可考虑对该管道增设 MI 加热电缆。确保通 SRG 烟气前管道壁温不低于 280℃
8	SRG 烟气调节阀故障	（1）电器故障； （2）气源故障； （3）阀芯上结满了硬块，使阀杆无法转动； （4）机械故障	（1）通知仪表工处理； （2）检查气源压力，并及时上报； （3）临时用管钳转动调节，等停工后拆除清理； （4）停工后更换
9	SRG 烟气中二氧化硫浓度低	（1）烧结烟气中二氧化硫浓度低，使富硫焦硫容低； （2）富硫焦解析效果差； （3）活性焦循环量小； （4）运载氮气量大； （5）管道有漏气	（1）适当提高烧结烟气二氧化硫浓度； （2）提高富硫焦解析程度； （3）适当增加活性焦； （4）适当降低运载氮气； （5）检查漏气点，并及时堵漏
10	解析塔抽气室或富硫气体管道吸力小	（1）运载氮气量大，造成吸力偏小； （2）解析出的 SRG 烟气量大； （3）二氧化硫风机频率不适合； （4）干燥塔补空气阀开度不适合； （5）SRG 烟气管道堵塞； （6）调节阀调节不及时； （7）调节阀故障	（1）适当减小运载氮气； （2）适当减小活性焦循环量； （3）检查二氧化硫风机频率，吸力小应适当提高频率，反之则应降低频率； （4）检查干燥塔补空气阀开度，吸力小应适当关小开度，反之应开大； （5）SRG 烟气管道堵塞严重应停工处理； （6）检查调节阀开度，吸力小应适当开大开度，反之应关小； （7）通知仪表工处理
11	解析塔底部负压大	（1）底部运载氮气量小，造成吸力偏大； （2）活性焦循环量小，解析出的 SRG 烟气量小； （3）二氧化硫风机频率大； （4）干燥塔前富硫气体补空气阀开度小； （5）富硫气体压力调节阀调节不及时	（1）适当开大运载氮气量； （2）适当增大活性焦循环量； （3）检查二氧化硫风机频率，适当降低风机频率； （4）检查干燥塔补空气阀开度，适当开大补空气阀； （5）检查调节阀开度，吸力小应适当开大开度，反之应关小
12	加热炉脱火	（1）煤气量大，空气不足； （2）空气量大，煤气不足； （3）炉膛温度低	（1）适当关小煤气流量； （2）适当关小助燃空气流量； （3）炉膛内增设“蓄热花墙”或燃烧器内挂“钢丝球”

续表 1-12

序号	异常现象	原 因 分 析	处 理 方 法
13	出加热段的活性焦温度低	（1）解析循环量大； （2）煤气量小； （3）煤气管道堵塞或烧嘴被堵塞； （4）调节阀故障	（1）适当降低活性焦循环量； （2）适当增加炉煤气量； （3）停工处理，清通煤气管道、烧嘴； （4）通知仪表工处理
14	解析塔加热段温差大	（1）烟气循环量小； （2）加热段有换热管堵塞； （3）加热段换热管窜漏； （4）解析塔下料不均匀	（1）提高烟气循环量； （2）停工清通换热管； （3）停工封堵换热管； （4）检查长轴，清除结块或调节挡板
15	解析塔冷却段温差大	（1）冷却空气量小； （2）冷却段有换热管堵塞； （3）冷却段换热管窜漏； （4）解析塔下料不均匀	（1）增大冷却空气量； （2）停工清通换热管； （3）停工封堵换热管； （4）检查长轴，清除结块或调节挡板

第五节 活性焦输送

135. 活性焦输送系统组成及特点是什么?

活性焦输送系统包括：活性焦输送设备、除尘器装置、布料装置、卸料设备、筛分装置、原料（新焦）仓及事故焦仓等。

（1）活性焦输送设备：将吸附塔和解析塔连接起来，实现活性焦循环输送、重复使用，设备整体要求全密封，分为连续式和接力式。

1）连续式："Z"型链斗输送机。特点：设备故障率低，活性焦摔损率也较低，有利于降低企业生产成本；设备造价高（图1-32）。

2）接力式：链斗机、斗提机、振动输送机。特点：活性焦磨损、摔损率较高，设备故障率高，维护难度大；造价低（图1-33）。

（2）除尘装置：收集、过滤活性焦输送过程中产生的烟尘，保护环境；滤袋要求"三防"：防水、防油、防静电。除尘器前应设置预冷器，防止排事故焦时烟气温度高，烧损滤袋。

（3）给料装置：分配活性焦进入各吸附塔缓冲料仓内，确保各台吸附塔不缺料。给料装置分为固定点给料装置和移动给料装置。

（4）卸料设备：将塔内活性焦连续排出、同时密封烟气、减小泄漏。卸料设备分为单阀芯旋转卸料器、双阀芯阻气卸料器和辊式卸料器。

1）单阀芯旋转卸料器：设计中虽然已考虑防剪切、挤压的措施，但在卸料过程中活性焦依旧受挤压、剪切力影响，活性焦磨损相对（辊式）较大。单阀

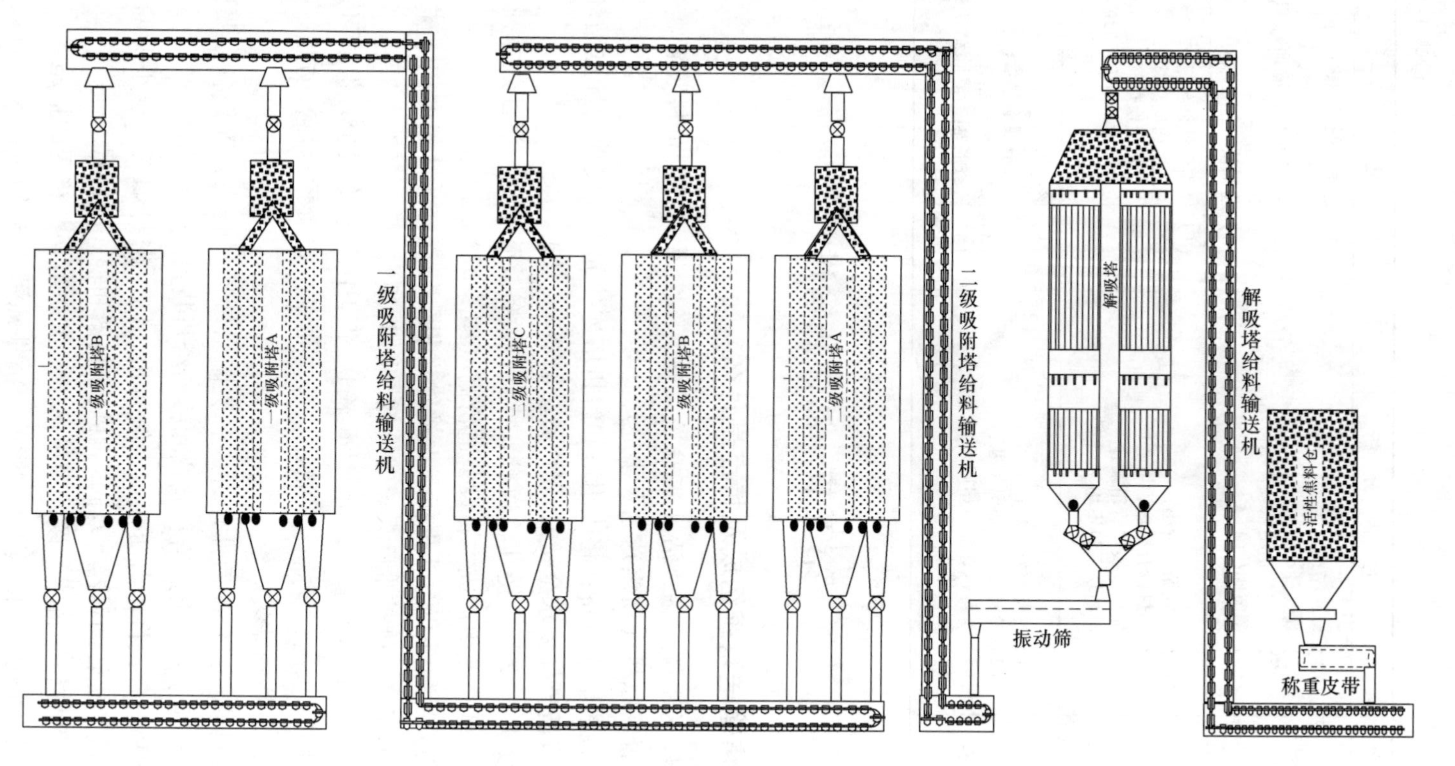

图1-32 连续式活性焦输送系统

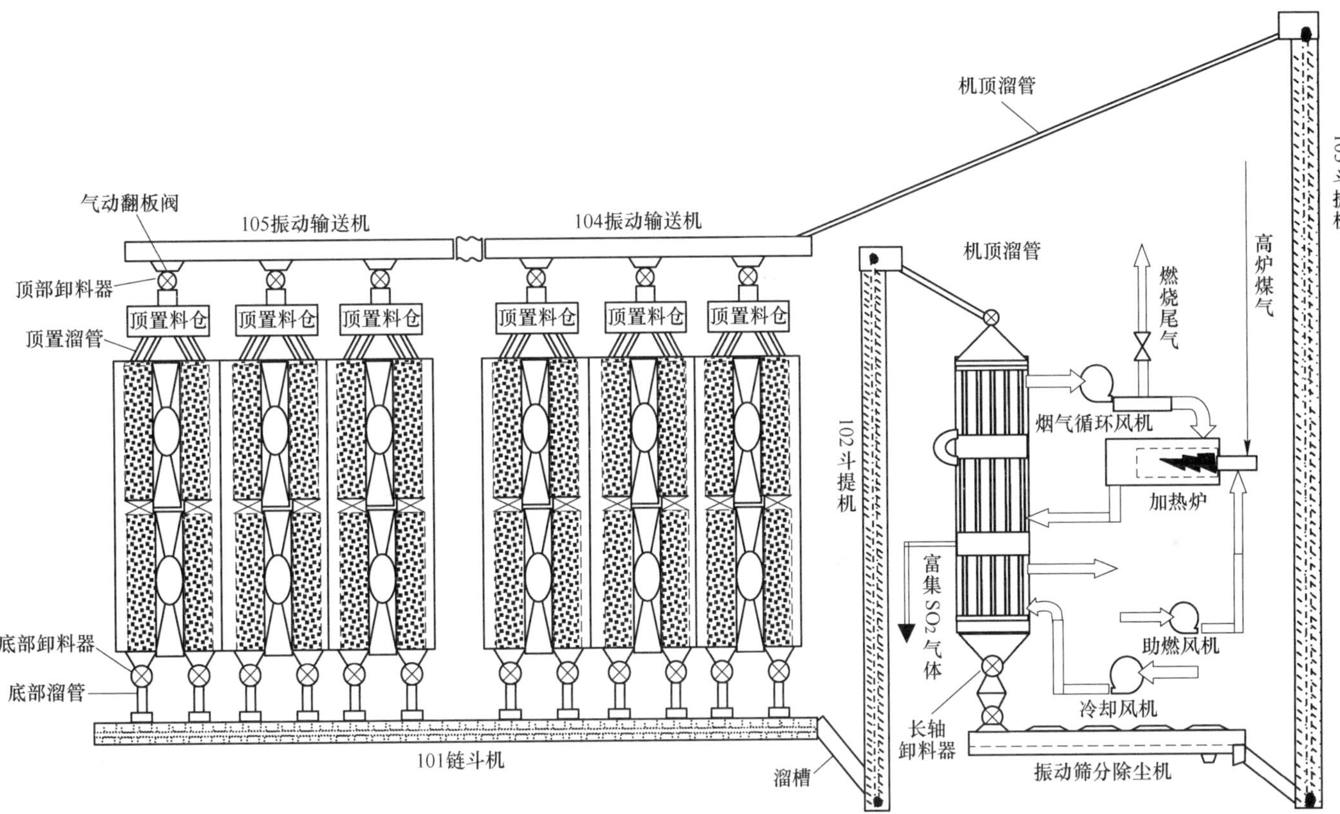

图1-33 接力式活性焦输送系统

芯旋转卸料器必须与下料锥斗配合使用，存在“漏斗流”现象，不利于塔内同一横截面均匀下料。

2）双阀芯阻气卸料器：上下两个旋转格式阀芯之间通入阻气氮气，并且氮气压力必须大于吸附塔内烟气压力。

3）辊式卸料器：辊式卸料器无剪切，活性焦磨损小，但气密性差，一般不能单独使用。塔内同一横截面下料速度均匀，与烟气流垂直的床层截面上活性焦吸附均匀，有利于提高床层的吸附性能。

（5）筛分装置：筛分解析后的活性焦中的焦粉。筛孔宽度为1.2～1.5mm，长度约为宽度的10倍以上。

（6）原料（新焦）仓：贮存、补充在循环过程中损耗的活性焦。一般储焦量不低于系统7天的消耗量。

（7）事故焦仓：用于储存事故状态或临时停机检修时吸附塔内的活性焦。一般事故焦仓容积不得小于1个吸附单元的容积或半个吸附塔的容积，并要求耐高温，耐腐蚀，设置有氮气消火装置。

136. 活性焦脱硫脱硝设事故焦仓的必要性是什么？

在活性焦脱硫脱硝过程中，因操作不当，吸附塔会出现“飞温”。若吸附塔出现“飞温”后，处理不及时或处置不当，将会造成严重的后果。

（1）解决吸附塔在“飞温”事故状态或检修时活性焦“落地”问题：

1）活性焦“落地”会造成大量的损耗，增加了生产成本；

2）地面上的杂物容易混入“落地焦”中，埋下隐患；

3）活性焦落地时扬尘大，不利于环境保护；

4）红焦落地时，容易烫伤人，不安全；

5）量大、劳动强度大、处置时间长，不利于烧结机正常生产。

（2）解决解析塔解析不彻底时贫硫焦暂存问题：

1）解析塔检修时，暂存未解析的活性焦；

2）解析塔解析不彻底时，暂存不合格的贫硫焦。

未解析或解析不彻底的活性焦，一旦进入吸附塔中，将会给吸附塔脱硫脱硝带来严重的影响。因此，生产中应尽可能确保送入吸附塔的活性焦经过解析且解析合格。

137. “Z”型链斗输送机的结构特点是什么？

根据输送功能的不同“Z”型链斗输送机分为两种：枢轴链斗式输送机和固定链斗式输送机。

（1）枢轴链斗式输送机。枢轴链斗式输送机主要负责给吸附塔供料，主要由枢轴料斗、驱动装置、改向轮装置、尾轮装置、多点卸料装置、轨道、支架等组成。驱动装置、尾轮装置、改向轮装置呈“Z”型布置，两条输送链条缠绕驱动链轮、尾轮和改向轮一周。每两条相对的链条上通过销轴连接一个枢轴料斗，枢轴料斗可以绕销轴转动。

为确保设备安全稳定运行，设有：姿态控制装置、垂直段防晃动装置、断链报警开关、姿态报警开关和上、下水平段刮板机。

（2）固定链斗式输送机。固定链斗式输送机主要负责给解析塔供料，主要由固定料斗、驱动装置、改向轮装置、尾轮装置、轨道、支架等组成。驱动装置、尾轮装置、改向轮装置呈“Z”型布置，两条输送链条缠绕驱动链轮、尾轮和改向轮一周。每两条相对的链条上通过销轴连接一个固定料斗，料斗的姿态与相连的链条姿态保持一致。

138. 活性焦损耗有哪些？

活性焦在正常输送过程中，总是有损耗的。活性焦的损耗不仅与活性焦质量有关，还和使用的活性焦输送设备及操作有关。活性焦损耗可分为物理损耗（机械损耗）和化学损耗（解析损耗）。

（1）物理损耗：在活性焦输送过程中，活性焦颗粒之间和活性焦与设备之间受挤压、剪切、摩擦等机械力的作用，会产生大量的焦粉。这些焦粉若不能及时从系统中分离出去，将会使吸附塔压降增大。这些因机械外力作用而从系统中分离出去的焦粉，称为活性焦物理损耗，活性焦物理损耗率一般不超过循环量的2.5%。

（2）化学损耗：活性焦在解析过程中需要消耗大量的焦，根据活性焦解析原理可知，每生产1t 98%的浓硫酸，大概要消耗活性焦约60kg的活性焦，富硫焦中的铵盐分解产生的氨气有助于降低活性焦的化学损耗；活性焦化学损耗与活性焦的挥发分也有一定的关系，活性焦挥发分越高，解析时解析出的氢气（H_2）和一氧化碳（CO）也就越多，活性焦消耗也就越大。

活性焦化学损耗虽然会增加生产成本，但同时也使活性焦重新得到了活化、开孔，有利于提高活性焦的吸附性能。

139. 如何评价活性焦损耗率？

在活性焦脱硫脱硝装置运行过程中，新鲜活性焦补充量与活性焦循环量的质量百分比，称为活性焦损耗率。活性焦损耗率一般不宜大于2.5%，其中化学损耗约为0.30%～0.60%。

$$\eta = \frac{G_{补}}{G_{实}} \times 100\% \tag{1-17}$$

式中 η——活性焦损耗率，%；

$G_{实}$——活性焦循环量，kg/h；

$G_{补}$——新鲜活性焦补充量，kg/h。

活性焦损耗率评价如下：

以中国某企业烧结厂活性焦脱硫脱硝生产数据为例，计算活性焦损耗率。

活性焦实际循环量经标定为18710kg/h；活性焦补充量为375kg/h（平均日补充约9t）。

则该企业烧结厂活性焦损耗率为：

$$\eta = \frac{375}{18710} \times 100\% = 2\%$$

140. 降低活性焦损耗的措施有哪些?

（1）控制适宜的活性焦循环量是降低活性焦损耗的重要措施。生产中应根据脱硫塔（脱硫段）后二氧化硫（SO_2）浓度的变化或富硫焦全硫分析数据及时调整活性焦循环量：

1）当富硫焦全硫大于4.5%时，应适当增大活性焦循环量；当富硫焦全硫小于4.0%，应及时适当减小活性焦循环量。

2）当脱硫塔（脱硫段）后二氧化硫（SO_2）浓度大于50mg/Nm^{3}时，应适当增大活性焦循环量；当脱硫塔（脱硫段）后二氧化硫（SO_2）浓度小于15mg/Nm^{3}时，应适当降低活性焦循环量（也可根据本单位的实际情况，及时调整循环量）。

无论根据哪种情况调整活性焦的循环量，最终均应将每生产1t的浓硫酸活性焦损耗控制在250～350kg范围之内（单位：kg-AC/t-H_2SO_4）。

（2）由活性焦再生原理可知，当活性焦中含有铵盐，铵盐分解产生的氨气会降低活性焦的化学损耗量，因此控制适当的喷氨量也是降低活性焦损耗的有效措施。

（3）活性焦输送尽可能使用“Z”型输送机，以便减少活性焦摔打摔损。

（4）振动筛网眼不宜超过1.5mm，一旦发现有“漏筛”现象，应及时更换筛网。

（5）采取措施防止活性焦输送设备“溢料”“堵料”。

（6）采取措施避免活性焦产生“飞温”，避免“落地焦”产生。

（7）当采用“Z”型输送机时，刮板机挂出的活性焦应增设分离装置，回收大颗粒的活性焦。

（8）采购机械强度合格的活性焦。

141. 什么是一次尘、二次尘?

一次尘：吸附塔前原烟气中的粉尘称为一次尘，与电除尘器除尘效率有关，主要为氯化盐、硫酸盐等粉尘；二次尘：排烟烟气中的粉尘称为二次尘。与活性焦输送系统除尘效果和床层“扬尘”有关，主要是活性焦粉。

142. 粉尘有哪些危害?

（1）进入吸附塔的烟气粉尘与活性床层碰撞，在床层过滤作用下被截留。粉尘尘中的氯化钾、氯化钠、氯化铅等氯化物会堵塞活性焦孔洞并在凹陷区沉积，影响活性焦脱硫脱硝性能，严重时还会堵塞格栅间隙，造成床层压降增大。

（2）活性焦在循环输送过程中会产生一定焦粉。焦粉会堵塞床层、甚至造成排烟粉尘浓度升高，严重时会降低活性焦着火点[1]，引起吸附塔产生“飞温”，不利于吸附塔的安全运行。

（3）活性焦在卸料、贮存、输送过程中，会产生扬尘，严重污染工作环境。

143. 活性焦输送过程中焦粉是如何收集的?

在活性焦循环输送过程中，由于活性焦受到物理挤压、剪切、摩擦等力的作用，会产生大量的粉尘。数量约为活性焦循环量的2%~2.5%，其中以工艺粉尘（振动筛筛下活性焦粉）为主。

（1）工艺粉尘。活性焦出解析塔经过振动筛筛分后，筛出的粒径不大于1.5mm的粉尘称为工艺粉尘。工艺粉尘出振动筛后进入筛下仓，定时由气力输灰仓泵送入布袋除尘器或由负压输灰系统定期送入综合除尘器。在活性焦输送过程中，工艺焦粉约占总焦粉量的85%以上。

表 1-13 振动筛技术规格

序 号	项 目	技 术 要 求
1	处理量 Q	50 ~ 70m^3/h
2	筛面规格	1500mm × 5200mm
3	筛网形式	条缝筛
4	筛孔尺寸	条隙 1.2 ~ 2.0mm/40mm × 40mm
5	筛网材质	1Cr18Ni9Ti（SUS321）
6	筛面层数	1 层
7	双振幅	8 ~ 14mm
8	振动频率	450 ~ 650 次/min

[1] 活性焦焦粉着火点 165℃。

（2）环境粉尘。一般吸附塔的烟气压力不低于2.0kPa，因此吸附塔进、出口旋转卸料器会产生烟气泄漏，泄漏出的烟气不仅有毒还含有大量的活性焦粉尘。活性焦在输送过程中也会产生扬尘，浓度达到5g/m^{3}或更高。

为了加强环境保护，改善作业环境，活性焦脱硫脱硝装置通常设有独立的布袋除尘器。通过布袋除尘器收集的粉尘，称为环境粉尘。活性焦粉尘是可燃性粉尘，因此在除尘器箱体上设置有泄爆装置，当发生紧急情况时，可以确保除尘器安全。为确保滤袋透气性，一般要求滤袋防水、防静电、防油。

144. 活性焦粉由什么组成？

表1-14　活性焦粉组成

序号	项　目		指标
1	水分/%		4～8
2	挥发分/%		16～20
3	干基灰分/%		13～20
4	硫分/%		3～5
5	固定碳/%		≥60
6	细度/%	≥1.4mm	≤5
		0.3～1.4mm	5～10
		≤0.3mm	≥85

145. 活性焦粉有哪些用途？

因活性焦粉中的固定碳不低于60%，热值较高，因此收集的活性焦粉尘可直接回用。

（1）高炉燃料：未经加湿的活性焦，通过气力输送泵或吸排车，直接送到高炉喷煤系统中，用作高炉燃料。

（2）烧结燃料：加湿后的活性焦粉可直接掺混到烧结燃料（无烟煤、焦粉）中，用作烧结燃料。

（3）生产活性焦原料：生产中收集到的活性焦粉具有较大的比表面积。根据柱状活性焦的生产制备工艺，可直接将收集到的活性焦粉配入到原料煤粉中，通过调整适宜的煤粉、焦粉、焦油的比例，可以有效提高活性焦的吸附性能，最大限度地降低活性焦的生产成本❶。

表1-15　添加焦粉和不添加焦粉的活性焦对比

试　样	水分/%	灰分/%	挥发分/%	耐磨强度/%	耐压强度/%	着火点/℃	脱硫值/mg·g^{-1}
不含焦粉样	2.56	11.90	3.16	97.86	65.26	485	21.88
添加焦粉样	2.73	12.91	3.14	97.40	66.57	464	28.92
指标要求	≤3	≤20	≤5	≥97	≥40	≥430	≥20

❶ 活性焦粉利用的最大价值化。

146. 影响烟囱粉尘排放浓度的因素有哪些?

（1）贫硫焦中的飞灰。在活性焦输送过程中，若设备内扬起的“飞灰”不能及时被环境除尘器吸走，“飞灰”将会落入贫硫焦中，并随贫硫焦一起进入到吸附塔内。当烟气穿过吸附塔时，贫硫焦中的“飞灰”就极易被烟气吹出，造成烟囱颗粒物超标。

（2）床层移动速度。床层在向下移动过程中，活性焦之间、活性焦与格栅板之间、活性焦与塔壁之间会发生摩擦，产生少量的粉尘。床层移动速度越快，产生的粉尘也就越多，此时也就越容易引起粉尘“扰动”，“扰动”的粉尘就越容易被烟气吹出吸附塔外。

（3）烟道、气室积灰。在生产过程中或吸附塔装填过程中，吸附塔、烟道内均会产生大量的落尘。当进入吸附塔的烟气流速发生波动时，吸附塔和烟道内的落灰就容易被烟气流裹挟至烟囱，造成烟囱颗粒物超标。

（4）烟气氧含量高。在吸附塔内只要有气体流动，就会产生“扬尘”。烟气氧含量越高，则折算后的粉尘浓度也就越高。

（5）铵盐结晶。当喷氨过量或脱硝塔（脱硝段）入口烟气中 SO_2 浓度较高时，氨气会与烟气中的酸性气体生成铵盐结晶微粒，造成烟囱出口粉尘颗粒物超标。

147. 活性焦循环量大对企业生产有何影响?

一般生产情况下，在确保吸附塔后二氧化硫（SO_2）达标的情况下，应尽可能地降低活性焦循环量。这是因为:

（1）活性焦损耗高。通常情况下，活性焦损耗量约占活性焦循环量的2%～2.5%。循环量越大，活性焦的损耗也就越高，而活性焦损耗又占总运行成本的60%～70%。因此，控制适宜的循环量是降低活性焦脱硫脱硝运行成本的重要措施。

（2）硫酸颜色差。由活性焦解析原理可知，活性焦循环量与 SRG 烟气中的有机气体生成量成正比。当增大循环量时，SRG 烟气中的有机气体量就会增多。在硫酸产量不变的情况下，SRG 烟气中的有机气体越多，对产品硫酸颜色的影响也就越大[1]。

（3）污酸生成量多。通常情况下富硫焦含水约3%～4%。当活性焦循环量增大时，富硫焦解析出的水分也就增多，生成的污酸量也就增多，污酸的处理成本

[1] SRG 烟气中的部分有机气体组分能与浓硫酸发生磺化反应，生成磺酸使硫酸着色（淡黄色或棕黄色）。

也就越高。

148. 烟囱冒“可见烟”的原因是什么?

(1) 白色“水蒸气”。烧结烟气中的水分一般约8%~12%，当大气温度较低或相对湿度较大时(冬季或春、秋早上)，在烟囱出口容易产生白色的“水蒸气”。

(2) 黑色“烟尘”。吸附塔在装填活性焦的过程中，由于“落差”大，活性焦摔损率高，会产生大量的细粉尘。当吸附塔初通烟气时，塔内产生的大量细粉尘会从烟囱排出，产生“黑烟”；当环境除尘器除尘效果差时，输送机内产生的“飞灰”会伴随着活性焦循环返回到吸附塔内。当烟气穿过床层时，返回的“飞灰”也会被烟气从床层中“吹出”，使烟囱冒“黑烟”；吸附塔在净化烟气过程中，出气室和出气烟道内会产生“落灰”。当烟气流量、压力波动较大时，烟囱出口固体颗粒物排放浓度会升高，严重时会短时间内产生“黑烟”。

(3) 白色“烟羽”。当脱硝塔(脱硝段)内的活性焦吸附了较多的SO_2后，脱硝塔内吸附的氯化氢和氟化氢会被释放出来，释放出的氯化氢、氟化氢遇有喷入的氨气则会生成气态的氯化铵和氟化铵(温度大于100℃时，氯化铵容易挥发)。而当烟气遇冷降温后，气态的氯化铵、氟化铵又会迅速生成颗粒极细小的氯化铵结晶，而使烟囱出口呈现为不易下沉的白色“烟羽”。

造成白色“烟羽”生成的主要操作因素有:

1) 喷氨不均匀或喷氨过量;

2) 脱硫塔(脱硫段)后SO_2浓度高;

3) 进脱硝塔(脱硝段)的活性焦未经解析或解析不合格❶。

149. 在烧结机启停过程中引起粉尘超标的因素有哪些，如何防范?

烧结机过程中引起烟囱粉尘超标的因素有:

(1) 在烧结机启停过程中，只要有气体流动就会有粉尘被吹出。

(2) 烧结机启停过程中烟气流量一般较低，而补入的空气量一般较大，从而造成出口烟气氧含量较高。即使有少量粉尘被吹出，当折算成基准氧含量16%时也会使烟囱出口粉尘浓度超标。

(3) 在烧结机启停过程中，烟囱内由于温度降较低，烟气中有铵盐结晶。

防范措施如下:

(1) 在增压风机停机前提前停活性焦循环系统;

(2) 烧结机在停开机过程中，尽量控制烟气氧含量不高于18%;

---

❶ 通常发生在检修后重新喷氨脱硝后，一般正常解析1~3天即可逐步消失。

（3）采取措施尽可能缩短烧结机启停机时间。

（4）启停过程中减小喷氨量或不喷氨，防止喷氨过量，防止烟囱内有铵盐结晶生成。

排烟氧含量与允许最大粉尘浓度（标杆）的关系见表1-16。

表1-16 排烟氧含量与允许最大粉尘浓度（标杆）关系

序号	氧含量/%	粉尘最大浓度/mg·m^{-3}	序号	氧含量/%	粉尘最大浓度/mg·m^{-3}
1	19	4	6	16.5	9
2	18.5	5	7	16	10
3	18	6	8	15.5	11
4	17.5	7	9	15	12
5	17	8	10	14.5	13

150. 活性焦输送系统开机步骤是什么？

（1）开启环境除尘系统；

（2）开启输灰系统；

（3）逆向开启贫硫焦输送设备；

（4）逆向开启富硫焦输送设备；

（5）解析塔、吸附塔开始下料。

151. 活性焦输送系统停机步骤是什么？

（1）解析塔、吸附塔停止下料；

（2）顺向停止富硫焦输送设备；

（3）顺向停止贫硫焦输送设备；

（4）停环境除尘系统；

（5）停负压输灰系统。

152. 活性焦输送系统“急停”处置操作有哪些？

输送系统紧急停机条件如下：

（1）解析塔排焦温度高或有红焦排出；

（2）输送机故障停机，如输送机断键、卡斗、堵料等；

（3）振动筛故障停机，如“飞动”、断皮带、振幅小、斜振等；

（4）解析塔双阀芯旋转密封阀故障停机；

（5）输送机堵料。

停机操作步骤如下：

（1）立即按下“急停”按钮，停活性焦输送系统；

（2）立即将增压风机电机频率调至50Hz，补风阀全开，增压风机出口温度控制在110℃以内，必要时联系烧结机减主抽负荷；

（3）若短时间内能处理，加热炉可不熄火；若短时间内不能处理，加热炉立即熄火，同时开大解析塔运载氮气；

（4）密切关注床层温度变化趋势，若升温较快，联系烧结按停工处理；

（5）安排专人检查输送机底部是否有“积料”，若有“积料”，在开机前应组织人员清理干净。

153. 活性焦输送系统正常操作注意事项有哪些？

（1）严格控制各料仓料位在规定范围之内；

（2）定期标定活性焦循环量，防止链斗机“漏料”；

（3）定期巡检各溜管、溜槽下料情况，确保不堵塞；

（4）定期清理除铁器内的杂物，防止堵料；

（5）定期清理设备卫生及润滑；

（6）发现输送系统有“漏灰、冒灰”现象应及时处理；

（7）坚持“逆向开机、顺向停机”的原则，避免出现堵料；

（8）定时浏览各链斗机的电流趋势，发现问题及时汇报。

154. 活性焦输送异常现象、原因分析及处理方法有哪些？

表1-17　活性焦输送异常现象、原因分析及处理方法

序号	异常现象	原因分析	处理方法
1	活性焦输送设备箱体腐蚀	烟气水分较大，露点温度低，因此出塔烟气容易在输送设备内壁结露，造成设备腐蚀	（1）提高环境除尘效果； （2）加强巡检，提高设备的密封性； （3）设备增设保温； （4）使用耐腐蚀材料
2	斗提机“漏料”	（1）下料速度快，超过了设备负荷； （2）解析塔满料； （3）进解析塔的双阀芯旋转密封阀卡死、断链、跳电或内部有异物； （4）双阀芯旋转密封阀进料挡板间隙小； （5）解析塔进料溜管堵塞； （6）除铁器堵塞； （7）提升斗变形	（1）降低塔底卸料器频率； （2）吸附塔停止或减小下料； （3）检查双阀芯旋转密封阀，排除故障； （4）调大双阀芯旋转密封阀进料挡板； （5）停机，清通溜管； （6）清理除铁器内铁屑； （7）更换提升斗

续表 1-17

序号	异常现象	原因分析	处理方法
3	斗提机刮蹭	(1) 斗提机工作链条不垂直; (2) 斗提机箱体变形; (3) 斗提机料斗变形; (4) 链条摆动大	(1) 调整头轮和尾轮,确保链条垂直; (2) 矫直; (3) 更换斗; (4) 调节拉紧装置,将链条拉紧
4	斗提机电流高	(1) 斗提机漏料; (2) 链斗刮蹭箱体; (3) 电机故障; (4) 减速机故障	(1) 上游设备立即停止下料; (2) 通知维修工处理; (3) 通知电工处理; (4) 通知维修工处理
5	斗提机驱动链条断链	(1) 机械磨损; (2) 两链轴不平行; (3) 链条下垂度不恰当	(1) 定期更换链条; (2) 调节链轴平行度; (3) 调整链条垂直度
6	气动翻板阀故障	(1) 轴承磨损,间隙变大; (2) 气源故障; (3) 传感器故障	(1) 更换轴承; (2) 检查气源; (3) 更换传感器
7	链斗机、溜管"冒灰"	(1) 斗提机"漏料"; (2) 除尘器进口负压小、布袋阻力大	(1) 及时查明问题,解决漏料; (2) 检查除尘器,及时降低布袋阻力
8	仓泵不输灰	(1) 气源故障; (2) 负荷大; (3) 输灰管道堵塞	(1) 检查气源,不得低于0.5MPa; (2) 关小进料插板阀; (3) 手动排堵
9	环境除尘器阻力大	(1) 喷吹压力低; (2) 脉冲阀故障; (3) 除尘器下箱体漏气; (4) 除尘器入口粉尘浓度高; (5) 除尘器排灰不及时	(1) 提高喷吹压力; (2) 更换脉冲阀; (3) 解决漏气引起的"扬尘"问题; (4) 缩短喷吹时间; (5) 定期排灰
10	负压输灰系统负压低报警	(1) 罗茨风机故障; (2) 空气阀关不到位; (3) 负压管道泄漏; (4) 除尘器泻爆板破损; (5) 启动插板阀关不到位	(1) 切换罗茨风机; (2) 检修或更换空气阀; (3) 检查排堵阀是否关到位; (4) 更换泻爆板; (5) 检修或更换插板阀
11	负压输灰系统负压高报警	(1) 输灰管道堵塞; (2) 输灰负荷大	(1) 管道排堵; (2) 关小进料插板阀
12	振动筛筛下物颗粒大	(1) 筛网破损; (2) 除尘点负压大	(1) 更换筛网; (2) 调节除尘点阀门

续表 1-17

序号	异常现象	原因分析	处理方法
13	除尘布袋产生“漏洞”	（1）除尘管道动火时未停除尘风机，烧坏布袋； （2）床层“飞温”排焦时未停除尘风机，烧坏布袋； （3）解析塔“飞温”排焦时未停除尘风机，烧坏布袋； （4）布袋磨损	停风机，更换破损的除尘布袋
14	主烟囱颗粒物超标	（1）环境除尘器除尘效果差； （2）喷氨过量，造成分析仪内有铵盐结晶； （3）原烟气烟含量高，折算后粉尘超标； （4）烟气或冷却空气流量波动大，造成二次扬尘； （5）仪表读数不准	（1）提高环境除尘效果，降低入塔活性焦粉尘含量； （2）适当降低喷氨量； （3）通知烧结机，降低原烟气氧含量； （4）提高操作水平，降低烟气，冷却空气的波动幅度； （5）通知维保单位尽快处理

第二章　氨气制备

155. 氨的物理化学特性有哪些?

（1）分子式：NH_3；摩尔质量：17.04g/mol；熔点：-77.7℃；沸点：-33.42℃；自燃点651.11℃；爆炸极限：15.7%～27.4%；密度（标况）：液氨0.617g/mL、气氨0.7708g/L；比热容：液氨4.609kJ/(kg·K)、氨气2.179kJ/(kg·K)。

（2）常温下为气体，无色有刺激性恶臭的气味。易溶于水，在水中的溶解度达700L/L，pH值11.7。

（3）氨会灼伤皮肤、眼睛、呼吸器官的黏膜，人吸入过多，能引起肺肿胀，甚至死亡。

（4）CAS编号7664-41-7；危险货物编号：23003。

156. 氨气制备的目的和技术要求是什么?

目的：为活性焦SCR脱硝反应提供所需的（氨/空）混合气（氨还原剂）。

要求如下。

无论采用哪种制氨工艺，制备出的混合气必须满足：

（1）混合气中的氨气体积分数不大于5%；

（2）混合气温度不低于120℃；

（3）混合气量满足脱硝所需。

157. 氨气制备工艺流程是什么?

液氨、氨水及和尿素均可用来制备SCR脱硝反应所需的氨气（NH_3）。根据制备氨气（氨/空气）所使用的原料，制氨工艺分为尿素分解、液氨气化和氨水气化。

（1）尿素分解工艺。

尿素是无色或白色针状或棒状结晶体。分子式为$CO(NH_2)_2$、摩尔质量60.06g/mol；无臭无味；密度1.335g/cm^3；熔点132.7℃；溶于水、醇，不溶于乙醚、氯仿；呈微碱性，可与酸作用生成盐；对热不稳定，加热至150～160℃时将脱氨缩成二脲，若迅速加热将完全分解为氨气和二氧化碳。

1）尿素热解法（Pyrolysis）。

原理：将一定浓度的尿素溶液雾化、加热至350℃，尿素溶液在高温作用下，分解成氨气（NH_3）和二氧化碳（CO_2）。

尿素热解反应式：

$$CO(NH_2)_2 \longrightarrow NH_3 + HNCO$$

$$HNCO_4 + H_2O \longrightarrow NH_3 + CO_2$$

流程：袋装尿素储存于干尿素储藏间，由斗式提升机输送到溶解罐里，用去离子水将干尿素溶解成50%～60%质量浓度的尿素溶液，通过尿素溶液给料泵输送到尿素溶液储罐；储罐内尿素溶液经过计量分配系统后由雾化喷射器喷入绝热分解室；在分解室内利用稀释风机送的稀释风并辅以煤气为热源，在350～700℃温度下，雾化的尿素溶液被完全分解；分解产物氨经混合器再与稀释空气均匀混合，混合后（氨/空）比不大于5%，温度不低于120℃。

2）尿素水解法（Hydrolysis）。

原理：将一定浓度的尿素溶液在压力0.45～0.65MPa、温度140～160℃的条件下进行水解反应，释放出氨气；根据加热方式可分为直接通入蒸汽加热及盘管换热蒸汽加热两种。反应式如下：

$$CO(NH_2)_2 + H_2O \rightleftharpoons NH_2\text{-}COO\text{-}NH_4 \rightleftharpoons 2NH_3\uparrow + CO_2\uparrow$$

流程：质量浓度约50%～60%的尿素溶液经过计量分配系统后送往水解反应器，从水解反应器出来的蒸汽对尿素溶液先进行预热，预热后的尿素溶液被设在水解反应器底部的蒸汽加热，温度达到150～200℃，尿素溶液在水解反应器内发生水解、气化。

从水解反应器出口的氨气、CO_2和水蒸气的混合气体送入氨气缓冲罐，与来自稀释风机的热空气混合。混合后的气体温度不低于120℃、（氨/空）比不大于5%被送入脱硝塔（脱硝段）参加脱硝反应。

（2）液氨气化工艺。液氨气化工艺流程见图2-1，液氨槽车运来的液氨进入氨站后，用压缩机抽取液氨储罐内的气相氨送入液氨槽车。液氨槽车内压力升高，同时液氨储罐压力降低，槽车中的液氨在压差作用下流入液氨储罐。从液氨储罐出来的液氨经蒸发器被气化成气氨；气氨经减压后进入氨气缓冲罐，再经流量调节阀调节进入氨气混合器与从稀释风机经加热器加热至100～120℃后的空气混合，最后加热混合后的稀释氨气进入喷氨格栅。

（3）浓氨水气化工艺流程。浓氨水制备氨气工艺流程见图2-2，浓氨水槽内20%的氨水经氨水输送泵加压后，进入氨水蒸发器，浓氨水被汽化成氨蒸汽。氨蒸汽与120℃的空气在混合器中混合，被稀释到5%以内。稀释后的氨气通过喷氨格栅与烟气混合，随烟气进入吸附塔参与脱硝反应。

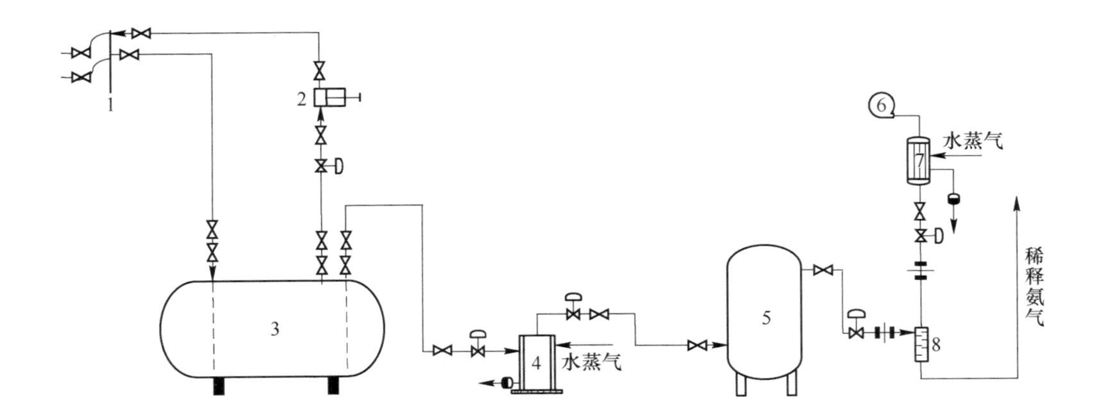

图 2-1 液氨气化工艺流程

1—液氨卸车臂；2—氨气相快速切断阀；3—液氨储罐；4—液氨蒸发器；5—氨气缓冲罐；6—稀释风机；7—空气预热器；8—氨/空混合器

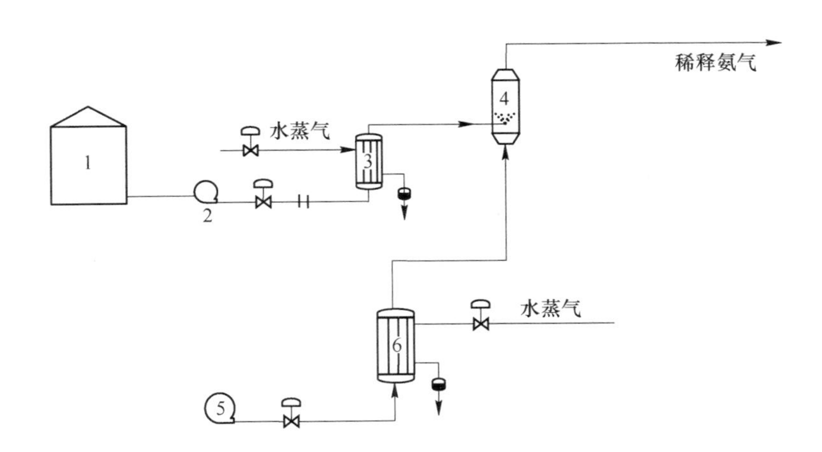

图 2-2 浓氨水制备氨气工艺流程

1—浓氨水槽；2—浓氨水泵；3—浓氨水气化器；4—氨空混合器；5—稀释风机；6—空气预热器

浓氨水指标要求如下：

1）外观：无色透明液体；

2）氨（NH_3）含量不小于 20%；

3）残渣含量：不大于 0.3g/L；

4）不得使用碳化氨水和副产氨水。

158. 氨气制备工艺流程各有什么特点?

表 2-1　氨气制备工艺流程比较

序　号	工艺流程		设备投资费用	操作费用	安全等级
1	液氨气化		高	低	重大危险源
2	浓氨水蒸发		低	高	一般
3	尿素分解	热解工艺	最高	高	一般
4		水解工艺	高	高	一般

159. 卸氨操作的注意事项或要求是什么?

（1）液氨车押运人员必须服从氨区运行值班人员的指挥，押运人员只负责车上的连接，不准操作氨区内的任何设备、阀门和其他部件，氨区运行值班人员应正确连接装卸台气相管和液相管与槽车的气相管和液相管，并检查连接是否牢固、漏气，并应排尽空气。如有泄漏，应处理后再进行卸氨。

（2）卸氨操作时，运行值班人员和运输人员均应配备过滤式防毒面具、防护手套、防护眼镜等；过滤式防毒面具必须满足每人一具，氧气呼吸器或空气呼吸器、隔离式防护服应配备两套以上，并定期检查，以防失效。

（3）卸氨操作时应经常观察风向标，操作人员应保持在上风向位置。

（4）卸氨时应时刻注意储罐和液氨车的液位变化，严禁储罐超装（超过液氨储罐体积的85%）和液氨车卸空。

160. 氨罐车在哪些情况下不得卸车?

（1）提供的文件和资料与实物不相符；

（2）罐车未按规定进行定期检验；

（3）安全附件（包括紧急切断装置）不全、损坏或有异常；

（4）罐体外观有严重变形、腐蚀及凹凸不平现象；

（5）其他有安全隐患的情况。

161. 氨区气体置换的原则是什么?

（1）用氮气置换氨气时，应测定排放点氨气含量不得超过20ppm；

（2）用压缩空气置换氮气时，应测定排放点氧含量19%～21%；

（3）置换时排放点的气体应接入氨吸收罐；

（4）槽体进行置换前可先加满水排放后，再进行气体置换。

162. 稀释空气的作用是什么？

（1）作为氨气（NH_3）的载体，使氨气浓度低于其爆炸下限，保证系统安全运行；

（2）提高氨与烟气的混合效果，提高氨的利用率。

163. 为什么要控制氨气体积浓度（氨/空）在5%左右？

这是由氨气的爆炸下限决定的。氨气的爆炸下限约15.7%，为防止发生氨气着火爆炸，一般要求控制混合气中氨气的体积浓度在5%左右，并且严禁超过12%。

在实际运行中，通常通过调节稀释空气的流量来控制氨气的体积浓度在4%～6%。

164. 活性焦SCR脱硝反应如何调节喷氨量？

（1）通过调节稀释空气流量来控制氨/空比不超过5%，且保持空气流量稳定；

（2）根据吸附塔进、出口氮氧化合物（NO_x）浓度，烟气流量的变化，及时调整适宜的氨/氮（NH_3/NO_x）比在0.8～1.0之间；

（3）每台吸附塔喷入的氨气应均匀一致；

（4）当烟囱出口氨逃逸大于3ppm，应立即减小氨气（浓氨水或尿素）的使用量；

（5）当烟囱出口NO_x浓度不高于20mg/m^3（标干），应立即减小氨气（浓氨水或尿素）的使用量。

165. 液氨储罐水喷淋的作用是什么？

（1）当液氨储罐压力不小于1.554MPa或温度不小于40℃时，应及时开启储罐喷淋水，冷却降压，防止储罐超压泄漏。

（2）当现场氨泄漏监测器检测到空气中氨浓度不小于20ppm时，应及时开启喷淋水，吸收、稀释空气中的氨气，防止事故扩大。

166. 液氨蒸发器作用及工作原理是什么？

氨蒸发器根据加热热源的不同，可分为电热式和蒸汽式。均采用水浴的方式将液氨加热气化。

（1）电加热式。电加热氨蒸发器内部设加热螺旋管，管内为液氨，管外为温水浴，靠电加热器加热水，再以温水将液氨气化，并加热至40℃。通过控制电加热器将水温保持在65～85℃之间，当水温低于65℃时则自动接通电源；当水温高于85℃时则自动切断电源。蒸发器前进氨管路上装有液氨快速切断阀，蒸发器后装有压力自动控制阀将出口氨气压力控制在0.15～0.2MPa，当出口氨气压力达到0.20MPa时，液氨快切阀自动切断。

（2）蒸汽加热式。蒸汽加热氨蒸发器内部设加热螺旋管，管内为液氨，管外为温水浴，以蒸汽喷入水中将水加热至65℃，再以温水将液氨气化，并加热至40℃。通过控制蒸汽调节阀使液氨蒸发器水温保持在65～85℃，当水温低于65℃时则蒸汽截止阀开启；当水温高于80℃时则蒸汽截止阀关闭。蒸发器前进氨管路上装有压力控制阀将氨气压力控制在0.15～0.2MPa，当出口压力达到0.2MPa时，切断进氨控制阀。

167. 液氨蒸发器出口氨气压力是如何控制的？

（1）液氨（蒸发器前）调节：在蒸发器前安装液氨流量调节阀，通过控制蒸发器进口气动调节阀阀门的开度大小，来调节进入液氨蒸发器中的液氨流量，从而达到控制液氨蒸发器出口氨气压力、缓冲罐压力在0.15MPa左右的目的。

（2）气氨（蒸发器后）调节：在蒸发器后安装气氨压力调节阀，通过控制蒸发器后调节阀阀门的开度，来调节氨蒸发器出口氨气压力、缓冲罐压力在0.15MPa左右的目的。

168. 为防止氨气泄漏，液氨系统管道、阀门、法兰通常选用哪些材料？

表2-2　氨站管道、阀门、法兰材料

序号	名称	材料（与氨气接触的部件禁止使用铜质材料）	
		＞－20℃	≤－20℃
1	管道	20号钢	不锈钢
2	阀门	不锈钢	不锈钢
3	法兰	20号钢带颈对焊凹凸面法兰	不锈钢带颈对焊凹凸面法兰
4	垫片	带内环不锈钢缠绕石墨垫片	带内环不锈钢缠绕石墨垫片
5	连接件	35CrMo全螺纹螺柱；30CrMoⅡ型六角螺母	35CrMo全螺纹螺柱；30CrMoⅡ型六角螺母

169. 氨站释放气如何吸收及回用？

液氨在卸车后用氮气吹扫管道时会有氨气排放；当液氨设备超压或氨设备故障处理时均会有氨气排放。排放的氨气不仅会污染环境，还存在着火、爆炸的隐患。因此，排放的氨气必须经过吸收处理。

（1）水吸收。吸收罐内加水至3/4处，将氨气排放管统一汇总至氨气吸收罐，当有氨气排放时，排放出的氨气被水吸收生成氨水。当吸收罐内的氨水浓度接近10%时，用氨水泵加压后送至焦化剩余氨水槽去蒸氨，或送往SRG烟气制酸污酸槽与污酸一并处理。

（2）污酸吸收。吸收罐内加污酸至液位3/4处，将氨气排气管统一汇总至氨气吸收罐，当有氨气释放时，排放出的氨气被水吸收生成硫酸铵水溶液。当吸收罐内的硫酸铵浓度接近8%时，用稀酸泵加压后送至焦化硫铵母液储槽生产硫酸铵，或送往SRG烟气制酸污酸槽与污酸一并处理。

170. 液氨气化异常现象、原因分析及处理方法有哪些？

表2-3 液氨气化异常现象、原因分析及处理方法

序号	异常现象	原因分析	处理方法
1	液氨储罐压力高	液氨储罐温度高	（1）开启喷淋水系统； （2）打开蒸发器气相旁路阀； （3）启动氨压缩机降温、降压
2	蒸发器后氨气温度低	（1）加热设备故障； （2）操作不当或水温设定值低； （3）喷氨量大，超过了设备蒸发负荷； （4）蒸发器内液氨加热盘管内壁有油垢； （5）蒸发器内液氨加热盘管外壁结水垢	（1）投用备用蒸发器并通知维修人员检查处理； （2）加强培训，提高操作水平； （3）降低喷氨量或一并投用备用蒸发器； （4）倒换备用蒸发器，蒸汽吹扫或清洗； （5）倒换备用蒸发器，酸洗
3	缓冲罐压力稳定，喷氨量小	（1）Y型过滤器堵塞； （2）氨气阀门故障或阀未开启； （3）混合器阻力大	（1）停氨气，氮气置换合格后，清理； （2）检查管线阀门，排除问题； （3）停止喷氨，拆除混合器清洗
4	蒸发器后氨气压力低	（1）阀门故障或阀门未开启； （2）蒸发器内液氨管道堵塞； （3）液管道堵塞	（1）检查管线阀门，排除问题； （2）关闭蒸发器，清洗或用蒸汽吹扫； （3）关闭液氨阀门，疏通堵塞管道
5	现场有氨味	（1）氨气泄漏； （2）吸收罐内氨水饱和	（1）关闭阀门，通知维修工处理； （2）吸收罐排氨水，置换新水
6	现场管道设备结霜	（1）液氨泄漏； （2）设备内液氨气化吸热	（1）关闭阀门，停工处理； （2）增设保温
7	氨压缩机排气温度异常升高或进气压力表异常低	（1）过滤器堵塞； （2）入口阀门未全开； （3）四通阀手柄位置不对； （4）入口管线有堵塞； （5）气阀阀片卡死或损坏； （6）润滑油不足	（1）清理过滤器； （2）打开入口阀门； （3）纠正手柄位置； （4）清除堵塞物； （5）检查、清洗、更换； （6）转动飞轮检查、加油

续表 2-3

序号	异常现象	原因分析	处理方法
8	氨压缩机进气压力表指示零位，没有气体输出	气液分离器内进液，浮子上升，关闭了切断阀，压缩机进气通道被切断	（1）关闭进气管道上的阀门； （2）打开排液阀，排液； （3）关闭排液阀； （4）缓缓开启进气管线上的阀门； （5）重新开车
9	氨压缩机排气量不足，输送缓慢	（1）气阀阀片卡死或损坏； （2）活塞环磨损； （3）过滤器堵塞； （4）三角皮带太松； （5）管线泄漏或堵塞； （6）两位四通阀内漏	（1）检查、清洗、更换； （2）更换； （3）清洗过滤网； （4）调整； （5）检查、修复； （6）更换O形圈或修理
10	压缩机异常声响	（1）润滑油不足； （2）内部机构松动； （3）连杆大小头瓦磨损	（1）停车、转动飞轮检查； （2）停车、仔细检查、修复； （3）更换
11	压缩机漏油	（1）油封损坏； （2）密封垫损坏； （3）螺栓松动	（1）更换； （2）更换； （3）拧紧
12	压缩机异常漏气	（1）填料磨损或装配不正确； （2）填料弹簧损坏； （3）密封垫损坏； （4）螺栓松动	（1）更换或重装； （2）更换； （3）更换； （4）拧紧
13	压力表指示异常	（1）压力表损坏； （2）阀片或弹簧损坏； （3）进液； （4）管线堵塞	（1）更换、校验； （2）清洗、更换； （3）排出； （4）清除

第三章 烟气制酸

第一节 硫酸基础知识

171. 二氧化硫气体的性质是什么？

二氧化硫为无色、有强烈刺激性气味的有毒气体。分子式 SO_2、摩尔质量 64.07g/mol、相对密度 2.264（0℃）、熔点 -72.7℃、沸点 -10℃、蒸气压 338.32kPa（21.11℃），在 338.32kPa 水中溶解度 8.5%（25℃），对金属有腐蚀作用。

172. 硫酸的物理性质是什么？

硫酸（H_2SO_4）是一种无色透明的液体，由三氧化硫（SO_3）和水（H_2O）化合而成，相对摩尔质量为 98.078。生成硫酸的反应式为：

$$SO_3 + H_2O = H_2SO_4 + Q$$

（1）硫酸的浓度。由生成硫酸的反应式可知：当三氧化硫（SO_3）和水（H_2O）的摩尔比为 1∶1 时，生成的硫酸称为无水硫酸。无水硫酸就是指 100% 的硫酸，又称纯硫酸。纯硫酸一般为无色透明、油状的液体，纯硫酸的化学式用 H_2SO_4表示。

工业上通用的硫酸是指三氧化硫与水以任何比例化合的物质。当三氧化硫与水的摩尔比小于 1 时，称为硫酸水溶液；当三氧化硫与水的摩尔比大于 1 时，就是三氧化硫在 100% 硫酸中的溶液，称为发烟硫酸。这种硫酸中三氧化硫含量超过了硫酸中的水含量，未与水化合的三氧化硫称为游离三氧化硫。

硫酸的浓度通常用其所含硫酸的质量百分数来表示。如 98% 硫酸是指 98% 的质量是硫酸、2% 的质量是水。习惯上把浓度不低于 75% 的硫酸叫做浓硫酸，而把 75% 以下的硫酸叫做稀硫酸。

（2）硫酸密度。硫酸密度是指单位体积的硫酸溶液所具有的质量，单位：kg/m^3或 g/cm^3。硫酸水溶液的密度一般随着硫酸含量的增加而增大，98.3% 硫酸的密度最大，高于此浓度，密度会减小。

（3）结晶温度。液体硫酸转变为固体硫酸时的温度称为结晶温度。结晶温度随硫酸浓度不同而变化，其变化关系是不规则的（见表 3-1 和图 3-1）。浓硫酸中，以93.8%硫酸结晶温度最低，为 -34.8℃，高于或低于此温度，结晶温度都会提高。98.5%硫酸的结晶温度为1.8℃，99%硫酸的结晶温度为4.5℃。因此冬季生产硫酸时应注意防止硫酸结晶堵塞管道。

表3-1　硫酸浓度与之相应的结晶点

序号	硫酸浓度/%（质量）	结晶温度/℃	序号	硫酸浓度/%（质量）	结晶温度/℃
1	10.0	-4.7	5	100	+10.371
2	76.0	-22.2	6	游离三氧化硫（SO_3）10	-1.5
3	93.0	-27	7	游离三氧化硫（SO_3）20	+2.5
4	98.5	+1.8	8	游离三氧化硫（SO_3）65	-0.35

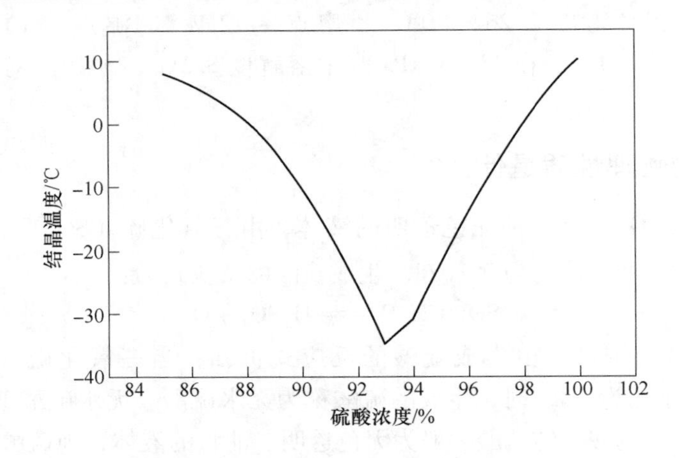

图3-1　硫酸结晶温度与浓度关系

173. 硫酸的化学性质是什么？

浓硫酸的化学性质：

（1）脱水性。浓硫酸具有脱水性且脱水性很强。物质被浓硫酸脱水的过程是化学变化的过程。可被浓硫酸脱水的物质一般为含氢、氧元素的有机物，其中，蔗糖、木屑、纸屑和棉花等物质中的有机物被脱水后生成黑色的焦。生产操作中，不慎将浓硫酸溅到皮肤上，会有强烈的灼伤感，这正是由于浓硫酸有脱水性。

（2）强氧化性：

1）与金属反应。常温下，浓硫酸能使铁、铝等金属钝化。这也是常温下浓硫酸储罐材质可选用普通碳钢的原因。加热时，浓硫酸可以与除金、铂之外的所有金属反应，生成高价金属硫酸盐，本身一般还被还原成二氧化硫（SO_2）气体，反应方程式为：

$$Cu + 2H_2SO_4(浓) = CuSO_4 + SO_2\uparrow + 2H_2O$$

$$2Fe + 6H_2SO_4(浓) = Fe_2(SO_4)_3 + 3SO_2\uparrow + 6H_2O$$

2）与非金属反应。热的浓硫酸可将碳、磷、硫等非金属单质氧化到其高价态的氧化物或含氧酸，本身被还原成二氧化硫（SO_2）气体，反应方程式为：

$$C + 2H_2SO_4(浓) = CO_2\uparrow + 2SO_2\uparrow + 2H_2O$$

$$S + 2H_2SO_4(浓) = 3SO_2\uparrow + 2H_2O$$

$$2P + 5H_2SO_4(浓) = 2H_3PO_4 + 5SO_2\uparrow + 2H_2O$$

3）与其他还原性物质反应。浓硫酸能与 H_2S、HBr、HI 等还原性气体反应，本身被还原成二氧化硫（SO_2）气体，反应方程式为：

$$H_2S + H_2SO_4(浓) = S\downarrow + SO_2\uparrow + H_2O$$

$$2HBr + H_2SO_4(浓) = Br_2\uparrow + SO_2\uparrow + 2H_2O$$

$$2HI + H_2SO_4(浓) = I_2\uparrow + SO_2\uparrow + 2H_2O$$

4）稳定性。浓硫酸具有稳定性，可长期储存。

稀硫酸的化学性质：

（1）可与多数金属（比铜活泼）氧化物反应，生成相应的硫酸盐和水；

（2）可与所含酸根离子对应酸酸性比硫酸弱的酸反应；

（3）可与碱反应，生成相应的硫酸盐和水；

（4）可与金属活动性顺序表中排列在氢左面的金属在一定条件下反应，生成相应的硫酸盐和氢气；

（5）加热条件下可催化蛋白质、二糖和多糖的水解物。

174. 硫酸有哪些用途？

硫酸是一种十分重要的基本化工原料，其产量与合成氨相当，主要用于无机化学工业，号称“无机化工之母”。

硫酸的最大消费是化肥工业，用以制造磷酸、过磷酸钙和硫酸铵。钢铁工业需用硫酸进行酸洗，以除去钢铁表面的氧化铁皮，是轧板、冷拔钢管以及镀锌钢管等加工所必需的预处理。此外，硫酸还被大量用于有色冶金、石油、有机化学等工业方面，是一种不可替代的重要原料。

175. 现代硫酸生产工艺有哪些？

生产硫酸的原料是能够产生二氧化硫（SO_2）气体的物质，一般有硫磺、硫铁矿、冶炼烟气等。因此现代硫酸生产工艺根据原料的不同，可分为硫铁矿制酸、硫磺制酸和烟气制酸三种工艺。

（1）冶炼烟气制酸。烟气制酸工艺流程见图 3-2，其工艺特点为：烟气制酸使用的原料气一般是采用增浓措施得到的浓度不低于10%的富集二氧化硫（SO_2）烟气，即SRG烟气。因SRG烟气成分复杂，采用当前的净化工艺，难以将烟气中的含氧有机分子除去，因此产出的成品硫酸颜色不稳定，一般呈棕褐色；SRG烟气中因氧含量较低，需配入足量的空气才能满足转化所需要的氧/硫比；SRG烟气制酸不再单独设转化尾气净化装置，转化尾气一般直接进入二氧化硫增浓装置；SRG烟气制酸转化尾气要求不高，一般采用“一转一吸”工艺即可满足要求。

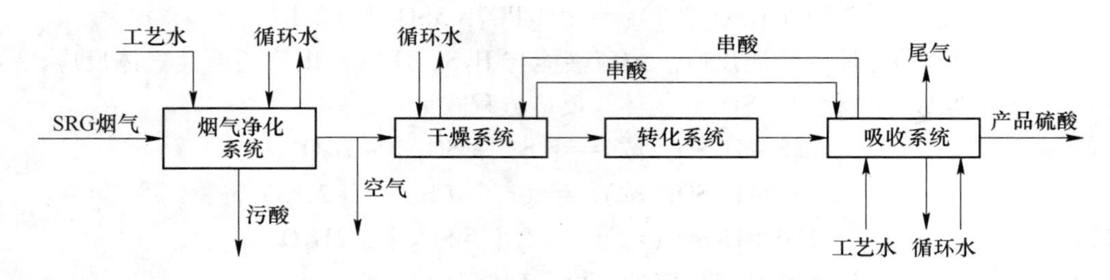

图 3-2 烟气制酸工艺流程图

（2）硫铁矿制酸。硫铁矿制酸工艺流程见图3-3。其工艺流程特点为：硫铁矿焙烧出来的炉气经过回收热量、干法除尘后进入净化工序，炉气经过降温、除尘、除雾后进入干吸和转化工序生成浓硫酸。

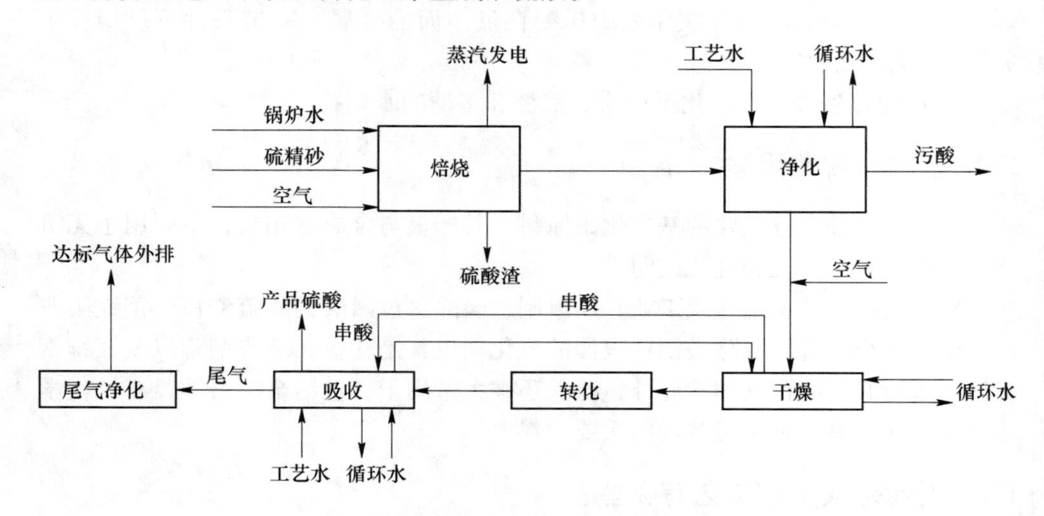

图 3-3 硫铁矿制酸工艺流程图

（3）硫磺制酸。硫磺制酸工艺流程见图3-4，其工艺特点为：硫磺制酸因为炉气纯净，因此没有净化系统；硫磺焚烧出来的炉气经过回收热量后直接进入转化系统，不再出现硫铁矿制酸及烟气制酸生产中不可避免出现的“热病”，即炉气经历“热－冷－热”过程；硫磺制酸没有污酸产生，整体流程短、简单。

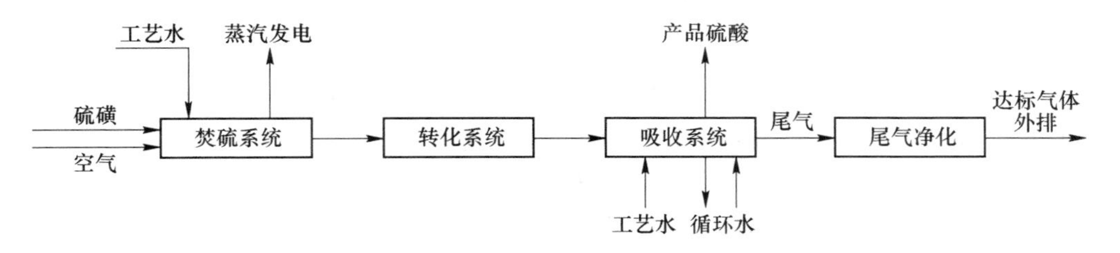

图 3-4 硫磺制酸工艺流程图

176. 工业硫酸质量标准包含什么内容?

表 3-2 GB/T 534—2014《工业硫酸》质量标准

序号	项　目	浓硫酸		
		优等品	一等品	合格品
1	硫酸（H_2SO_4）的质量分数/%，　≥	92.5 或 98.0	92.5 或 98.0	92.5 或 98.0
2	游离三氧化硫（三氧化硫（SO_3））的质量百分数/%，　≥	—	—	—
3	灰分的质量百分数/%，　≤	0.02	0.03	0.10
4	铁（Fe）的质量百分数/%，　≤	0.005	0.010	—
5	砷（As）的质量百分数/%，　≤	0.0001	0.005	0.01
6	汞（Hg）的质量百分数/%，　≤	0.001	0.01	—
7	铅（BP）的质量百分数/%，　≤	0.005	0.02	—
8	透明度/mm，　≥	80	50	—
9	色度	不深于标准色度	不深于标准色度	—

第二节 烟 气 净 化

177. SRG 烟气的特点是什么?

（1）烟气流量小，温度高：烟气流量（标干）在 1000 ~ 1500m^3/h，温度 380 ~ 420℃；

（2）烟气中的二氧化硫（SO_2）气体浓度高：体积分数不低于10%，当烟气温度低于190℃时，具有强烈的腐蚀性；

（3）烟气水分高、粉尘高：水分体积比大于35%、粉尘浓度大于$2g/m^3$，容易堵塞管道；

（4）烟气中氨（NH_3）、氟化氢（HF）、氯化氢（HCl）、汞（Hg）等有害组分含量高，其中金属汞含量高达$50mg/m^3$以上；

（5）在解析过程中为确保活性焦安全，一般SRG烟气中氮气（N_2）浓度不低于30%，氧气（O_2）浓度不高于1%。

178. SRG烟气组成有哪些？

表3-3　SRG烟气组成（湿气）

序号	气体组分	单位	范围	备　注
1	SO_2	%	10~25	
2	SO_3	%	<0.5	酸雾
3	HF	%	<0.05	烟气中HF、SiF_4统一按HF计
4	HCl	%	>1	
5	NH_3	%	>1	铵盐分解产物
6	CO、CO_2	%	<10	活性焦解析碳还原产物
7	H_2O	%	35~40	活性焦吸附的水和硫酸分解水分
8	N_2	%	30~40	解析塔通入的运载氮气
9	O_2	%	<1	吸漏入的空气
10	固体悬浮物（粉尘）	mg/Nm^3	<1000	其中活性焦粉尘占65%~85%
11	NO_x	mg/Nm^3	<1000	活性焦中吸附的NO_x被加热解析出来

179. SRG烟气净化的目的是什么？

SRG烟气中含有固体悬浮物（活性焦粉尘）、挥发性有机气体（VOCs）、NO_x、氟化物、酸雾、水蒸气等，这些杂质不仅会腐蚀、堵塞设备和管道，还会造成转化催化剂中毒，污染硫酸产品（硫酸色度不合格）。因此，必须要对SRG烟气进行净化。

（1）固体悬浮物。SRG烟气中的固体悬浮物主要是活性焦粉尘。首先，在净化工序粉尘会堵塞管道、喷头，严重者会使生产根本无法进行；其次，在干吸工序，粉尘会进入浓硫酸中会使硫酸颜色变黄，严重时变成棕褐色；最后，在转化工序粉尘会覆盖在钒触媒表面，使触媒结疤，活性下降，阻力增大，转化率降低。

（2）氮氧化合物（NO_x）。活性焦在解析塔内加热解析时，吸附在活性焦中的NO_x也同时被解析出来。解析出的NO_x容易被浓硫酸吸收，导致硫酸带颜色；严重时还容易与浓硫酸反应生成亚硝基硫酸结晶物，堵塞纤维除沫器。

（3）氟化物。SRG 烟气中的氟化物主要是气态的 HF（氟化氢）和 SiF_4（四氟化硅），氟化物随气体中湿含量不同对催化剂的毒害也不同。氟化氢和四氟化硅对催化剂的毒害反应如下：

$$HF(g) + SiO_2(s) \rightleftharpoons SiF_4(g) + 2H_2O(g)$$

氟化氢（HF）对钒触媒的毒害作用主要是指［$HF(g) + SiO_2(s) \rightleftharpoons SiF_4(g) + 2H_2O(g)$］正向反应，即氟化氢与钒触媒载体（硅藻土：$SiO_2$）的反应。轻则会使催化剂粉化、减重，重则会使催化剂失去 SiO_2，催化剂颜色变黑并呈多孔结构，催化剂活性降低。同时 HF 还会与催化剂 V_2O_5（五氧化二钒）反应，生成 VF_5（氟化钒，沸点 111.5℃），使 V_2O_5挥发损失，降低催化剂活性。

SiF_4（四氟化硅）对钒触媒的毒害作用主要是指［$HF(g) + SiO_2(s) \rightleftharpoons SiF_4(g) + 2H_2O(g)$］逆向反应，即 SiF_4水解反应。气体中水蒸气含量越高、温度越高，越有利于水解反应。水解反应生成的 SiO_2（二氧化硅）会覆盖在钒触媒表面，形成灰白色的 SiO_2硬壳，严重时会使催化剂黏结成块，使活性严重下降，阻力显著增加。

（4）水分、酸雾。首先，水分高不利于“干吸”水平衡，且容易与酸雾沉积在设备和管道表面造成腐蚀；水分含量增高，会使转化后的三氧化硫气体的露点温度升高。当设备内的温度低于三氧化硫气体露点温度时会产生强烈的腐蚀作用。

其次，水分容易与转化生成的三氧化硫结合成硫酸蒸汽，在换热器及吸收塔的下部会生成“酸雾”，由于生成的“酸雾”不易被捕集，会随尾气排出，增大了硫的损失；且水分进入转化器，会使催化剂粉化，阻力上升。

180. 净化工序的主要任务是什么?

（1）降温：降低 SRG 烟气温度并冷凝烟气中的水蒸气；

（2）除尘：去除 SRG 烟气中的活性焦粉；

（3）除氟：通过添加水玻璃去除 SRG 烟气中的氟化氢；

（4）除雾：去除 SRG 烟气中悬浮的“酸雾”。

181. 冷却 SRG 烟气的方式有哪两种?

（1）绝热蒸发。绝热蒸发又称绝热饱和，即动力波（逆喷洗涤器）在绝热状态下，高温的SRG烟气蒸发循环稀酸中的水分，使SRG烟气部分显热转变为蒸发的水蒸气的潜热。SRG烟气在绝热饱和过程中温度降低，但总热量不变，系统需要连续补充蒸发掉的水分。

（2）冷却降温。在填料塔中SRG烟气与低温洗涤液直接逆流接触，SRG烟气温度降低，洗涤液温度升高，同时SRG烟气中的大部分水蒸气被冷凝。出填料塔的热洗涤液经过稀酸板换备冷却后重新回到填料塔内循环使用，多余的洗涤液（即烟气水蒸气冷凝液）排出塔外。

182. SRG烟气绝热蒸发的过程及特点是什么？

SRG烟气绝热蒸发过程：从解析塔解析出来的高温SRG烟气在动力波洗涤器（或空喷塔）中与70～75℃的稀酸循环液接触，部分稀酸水溶液迅速被蒸发汽化，同时SRG烟气温度急剧降低至80℃以内。

特点：

（1）不用冷却器移走稀酸的热量，稀酸的温度接近于SRG气体的饱和露点温度；

（2）SRG烟气部分显热转变为蒸发稀酸水分的潜热，SRG烟气温度降低但总热量不变，在整个蒸发降温过程中动力波（或空喷塔）需要连续补充蒸发掉的水分；

（3）在SRG烟气绝热增湿冷却过程中，SRG烟气中的绝大部分粉尘同时被洗涤下来。

183. 影响SRG烟气绝热冷却的因素有哪些？

影响绝热冷却效果的主要因素有：初始SRG烟气水分、冷却液温度、气液接触效果。

（1）SRG烟气水分。从解析塔出来的SRG烟气水分越高，冷却后的SRG烟气温度也就越高。这是因为SRG烟气的极限冷却温度即为SRG烟气露点温度。

（2）稀酸液温度。降低稀酸液的温度有利于降低SRG烟气的冷却温度。这是因为冷却液温度越低，传热速度就越快。

（3）气液接触效果。提高气液接触效果，有利于降低SRG烟气的冷却温度。气液接触越充分，传热、传质面也就越大，越有利于洗涤降温。

184. 如何确定SRG烟气离开一级洗涤器的温度？

SRG烟气经过一级洗涤器后虽然温度显著降低，但并不发生水蒸气冷凝。相反由于洗涤液中水分连续蒸发，使得SRG烟气中水蒸气量显著增加，但

SRG 烟气仍未被水蒸气饱和。这是因为冷却后的 SRG 烟气温度仍高于其露点温度 1 ~2℃。

由表 3-4，通过查气体比热容共线图计算得知：74 ~380℃ 的 SRG 烟气的平均比热容为 0.92kJ/(kg · K)；由于稀酸离开分离器的温度约 74℃，通过查气化热共线图得知：水在 74℃时的气化潜热为 2375kJ/kg；SRG 烟气离开一级洗涤器绝压为 98.3kPa（表压 -3kPa）。由已知数据，可确定 SRG 烟气离开一级洗涤器的温度。

表 3-4 某企业烟气制酸 SRG 烟气组成表

气体	SO_2	H_2O	CO_2	N_2	可燃气体 (C_mH_nO❶)	NH_3	HCl	O_2	HF	总计
体积/$m^3 \cdot h^{-1}$	304	965.4	152	512.1	56.1	26.3	23.8	3.2	1.3	2044.2
体积比/%	14.9	47.2	7.4	25.0	2.7	1.3	1.2	0.2	0.1	100.0
质量/$kg \cdot h^{-1}$	868.6	775.4	298.6	625.0	50.6	20.0	38.7	4.6	1.2	2682.7
气体比热容 /$kJ \cdot (kg \cdot K)^{-1}$	0.7	0.8	1.05	1.12	2.25	14.4	2.8	0.8	1.0	0.92

SRG 烟气在冷却时放出的最大显热为：

$$2682.7 \times 0.92 \times (380 - 74) = 755233.7\text{kJ}$$

一级洗涤器内蒸发的最大水蒸气体积为：

$$755233.7/2375/18 \times 22.4 = 395.7\text{m}^3/\text{h}$$

离开一级洗涤器的 SRG 烟气的总体积为：

$$395.7 + 2044.2 = 2439.9\text{m}^3/\text{h}$$

离开一级洗涤器 SRG 烟气中水蒸气的分压为：

$$P = 98.3 \times (395.7 + 965.4)/2439.9 = 54.8\text{kPa}$$

查附表 4，SRG 烟气饱和温度（露点）为 83.5℃。由此可知，SRG 烟气离开一级洗涤器的温度应在 85℃以内。

185. SRG 烟气洗涤净化工艺有哪些？

（1）动力波洗涤净化工艺流程。动力波三级洗涤净化工艺流程见图 3-5。

首先，来自解析塔温度约 400℃ 的 SRG 烟气自上而下进入动力波洗涤器（一级洗涤）逆喷管中，与自下而上的稀酸液相撞击形成稳定的“驻波”。烟

❶ 可燃气体中氢气超过 30%，一氧化碳不足 70%，且含有少量的焦油蒸气。

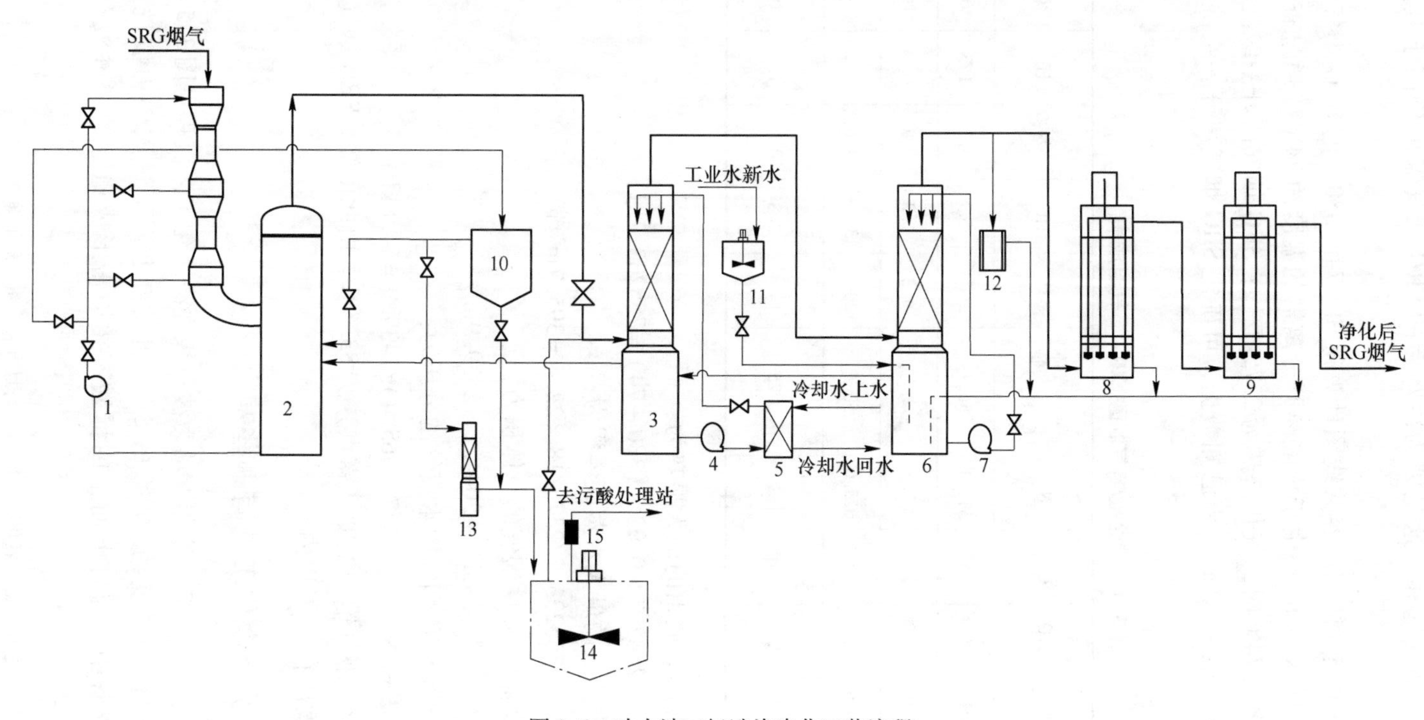

图 3-5 动力波三级洗涤净化工艺流程

1—动力波循环泵；2—动力波洗涤器；3— 一级填料塔；4— 一级填料塔循环泵；5—稀酸冷却器；6—二级填料塔；7—二级填料塔循环泵；8— 一级电除雾器；9—二级电除雾器；10—斜管沉降器；11—水玻璃搅拌器；12—安全水封；13—脱吸塔；14—污酸槽；15—污酸输送泵

气被增湿冷却至83℃以内，烟气中的大部分粉尘及其他杂质也被洗涤到稀酸液中。

其次，从动力波洗涤器逆喷管出来的湿SRG烟气经气液分离后，由下而上进入一级填料塔（二级洗涤），SRG烟气与塔顶喷淋下来的稀酸液逆向接触被冷却至35℃。在冷却塔中SRG烟气中的大部分水蒸气被冷凝，夹带的杂质也进一步被洗涤除去。从一级填料塔抽出来的稀酸液经稀酸换热器冷却，温度降至33℃以下，送回塔内循环使用。

最后，SRG烟气进入二级填料塔（三级洗涤），与塔内喷淋的稀酸液逆向接触，进一步被降温至30℃，同时杂质也进一步被洗涤除去，酸雾颗粒进一步增大。在二级填料塔内连续加入水玻璃（$Na_2O \cdot nSiO_2$），水玻璃与烟气中的氟化氢（HF）反应生成氟硅酸（H_2SiF_6）络合物，SRG烟气中的HF浓度将被降至$0.25mg/Nm^3$以内。

除氟后的SRG烟气依次进入一级、二级电除雾器，在高压电场的作用下，烟气中的大部分酸雾被捕集下来。

动力波洗涤器采用绝热蒸发冷却、稀酸循环洗涤流程，从动力波循环泵出口分流出部分稀酸去斜管沉淀器进行固液分离，上清液返回洗涤器，多余的稀酸进入二氧化硫脱吸塔，脱除二氧化硫气体后的稀酸进入污酸槽，通过污酸泵送往污酸处理站。

（2）空喷塔洗涤净化工艺流程。空喷塔洗涤净化工艺流程见图3-6。

首先，来自解析塔温度约400℃的SRG烟气从下而上进入空喷塔，与从塔顶喷淋的洗涤酸液逆流接触。在空喷塔中SRG烟气被冷却至80℃以内，同时喷淋酸液中部分水分被蒸发，SRG烟气中的三氧化硫和水蒸气结合成硫酸蒸汽，并随温度的降低冷凝成酸雾；SRG烟气中的粉尘及其他杂质大部分被洗涤到酸液中，少部分随SRG烟气带出；氟化氢（HF）则部分溶解在酸液中。

然后，SRG烟气进入一级填料塔，与塔内喷淋的稀酸液逆向接触，烟气进一步被降温至35℃以内，同时杂质也进一步被洗涤除去。SRG烟气中水蒸气在酸雾粒子表面冷凝而使酸雾颗粒增大。从一级填料塔抽出来的稀酸液经稀酸换热器冷却，温度至33℃以下后返回一级填料塔循环使用。

最后，SRG烟气进入二级填料塔，与塔内喷淋的稀酸液逆向接触，进一步被降温至30℃以内，同时杂质也进一步被洗涤除去，酸雾颗粒进一步增大。在二级填料塔连续加入水玻璃（$Na_2O \cdot nSiO_2$），水玻璃与烟气中的氟化氢（HF）反应生成氟硅酸（H_2SiF_6）络合物，SRG烟气中的氟化氢浓度降至$0.25mg/Nm^3$以内。

除氟后的SRG烟气依次进入一级、二级电除雾器，在高压电场的作用下，烟气中的大部分酸雾被捕集下来。

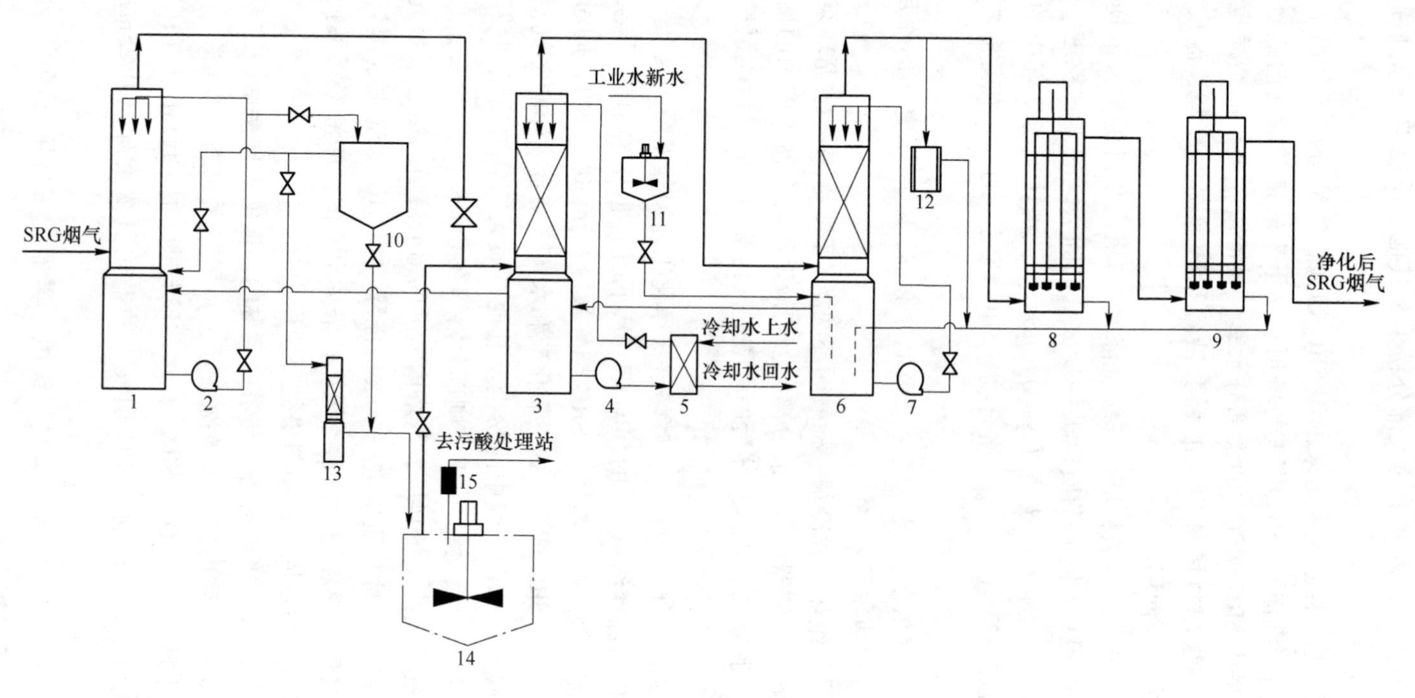

图3-6 空喷塔洗涤净化工艺流程

1—空喷塔；2—空喷塔循环泵；3— 一级填料塔；4— 一级填料塔稀酸循环泵；5—稀酸冷却器；6—二级填料塔；7—二级填料塔稀酸循环泵；8— 一级电除雾器；9—二级电除雾器；10—斜管沉降池；11—水玻璃搅拌器；12—安全水封；13—脱吸塔；14—污酸槽；15—污酸输送泵

生产中从空喷塔循环泵出口分流出一部稀酸液去斜管沉淀器进行固液分离，上清液返回空喷塔，多余的稀酸液进入二氧化硫（SO_2）脱吸塔，脱除二氧化硫气体后的稀酸进入污酸槽，通过污酸泵送往污酸处理站。

186. SRG 烟气洗涤净化操作指标有哪些？

表 3-5 SRG 烟气净化操作指标

SRG 烟气温度/℃			电除雾器后压力/kPa	固体悬浮物 /mg · m^{-3}	酸雾 /mg · m^{-3}	氟化物 /mg · m^{-3}	有机挥发性气体/mg · m^{-3}
一级洗涤后	二级洗涤后	三级洗涤后					
≤80	≤35	≤30	<8	<2	<5	≤0.025	≤5

187. SRG 烟气冷却温度讨论对成品酸有何影响？

SRG 冷却温度既要满足产品酸浓度合格（干吸系统的水平衡），又要确保生产出的硫酸产品色度合格。

（1）影响成品酸浓度。SRG 烟气经过稀酸洗涤降温和电除雾器除雾以后，烟气中的焦粉尘粒、氟等杂质一般均能达到规定指标。此时 SRG 烟气已被水分饱和，且含水量与烟气冷却终温有关，冷却终温越高其水分含量就越多，SRG 烟气带入到干吸系统的水分也就越多。为了确保干吸水平衡，就必须要控制 SRG 烟气的冷却终温。

SRG 烟气进干燥塔前最高允许温度见图 3-7。由图可知，为确保产品酸浓度合格，若提高产品酸的浓度，就必须要适当降低 SRG 烟气的冷却终温。若 SRG 烟气中 SO_2 含量较低，也必须适当降低 SRG 烟气的冷却终温。

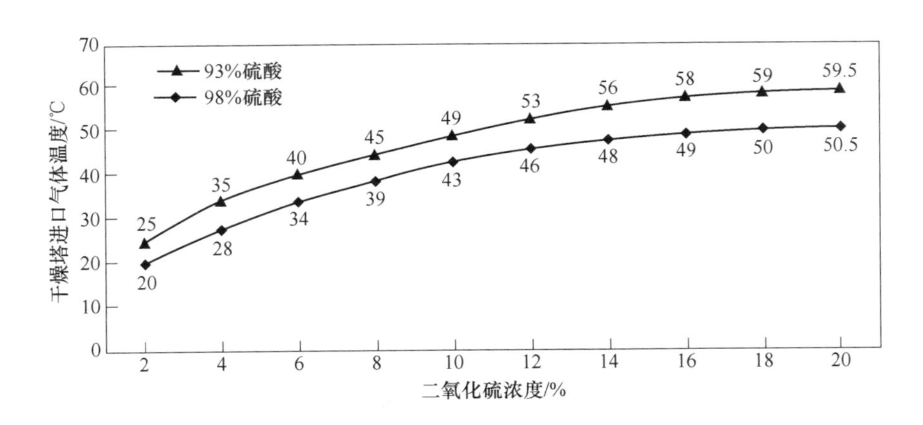

图 3-7 SRG 烟气进干燥塔前最高允许温度

出净化工序的 SRG 烟气 SO_2 浓度约 20%。当生产 98% 硫酸时，由图 3-7 可知，SRG 烟气的最高冷却终温约为 50℃，又因经干燥后的 SRG 烟气含水量要求小于 100mg/Nm^3，因此要求 SRG 烟气冷却终温应控制在 30℃以内。

（2）影响成品酸色度。从解析塔出来的 SRG 烟气中还有一定数量的可燃气体和一些其他不凝性气体（如 COS、NO_2、NO 等）。这些气体一旦随 SRG 烟气进入干吸系统，容易被浓硫酸吸收，生成磺酸、亚硝基硫酸等能溶于硫酸的物质，使得成品浓硫酸呈浅棕色，严重时呈棕黑色。

生产中降低 SRG 冷却终温，有助于提高稀酸对二氧化氮（NO_2）的吸收效果，改善成品硫酸的颜色。

188. 动力波洗涤器的工作原理是什么？

动力波洗涤器示意图见图 3-8。SRG 烟气自上而下进入动力波洗涤器的逆喷管后，在逆喷管内与自下而上喷出的洗涤液对撞接触，当气液两相的动量平衡时，会形成一个高度湍动的泡沫区（驻波）。由于泡沫区具有接触面积大、界面更新快的特点，因而在泡沫区内可进行高效的传质、传热。

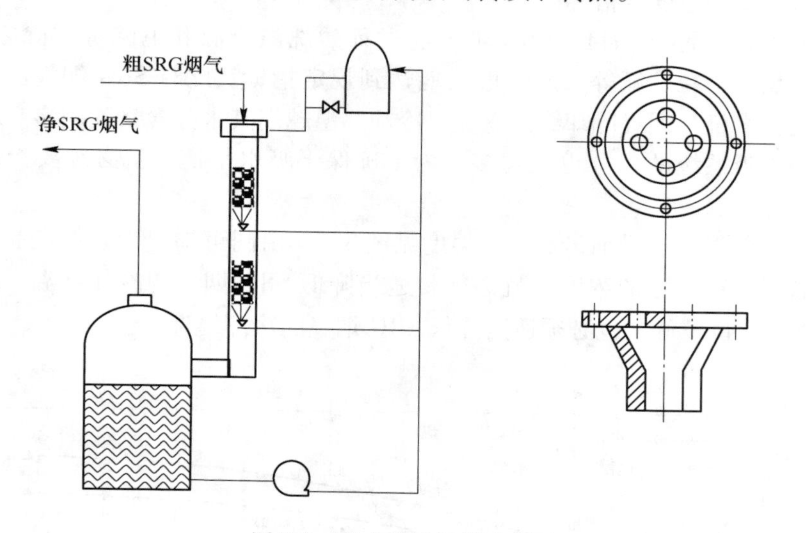

图 3-8　动力波洗涤器示意图

189. 高位水箱的作用是什么？

当稀酸循环泵突然停电或泵压减小时，高温 SRG 烟气会导致玻璃钢、塑料设备严重变形，发生高温事故。为避免高温事故的产生，应设置应急高位水箱，以便及时降温，保护设备。如当稀酸泵突然跳停或测温元件检测到一级洗涤塔后温度超过规定值时，高温水箱出水阀会自动打开，紧急喷淋降温。

190. 斜管沉降器的作用是什么?

在 SRG 烟气洗涤净化过程中，大量的活性焦粉尘会进入到循环液中。若不能及时将循环液中的焦粉分离出去，焦粉将会堵塞喷头、填料、管道等设备。连续将 10%~20% 的循环液送往斜管沉降器内，定时排出焦粉沉淀物，可确保循环液中的焦粉不会堵塞设备。

191. 填料塔中加入水玻璃去除氟化氢的原理是什么?

SRG 烟气中的氟主要是气态的氟化氢（HF）和氟化硅（SiF_4），其中主要以氟化氢为主。因水玻璃（$Na_2O \cdot nSiO_2$）具有较高的化学活性，固定氟的反应速度快，所以通常将水玻璃加入冷却循环液中，去除 SRG 烟气中的氟。反应式如下：

$$4HF + SiO_2 = SiF_4 + 2H_2O$$

$$SiF_4 + 2HF = H_2SiF_6$$

氟硅酸（H_2SiF_6）是一种稳定性很高的多元络合物，只要加入足够量的水玻璃，就可以除去 SRG 烟气中的氟化氢（HF）气体。

192. SRG 烟气净化过程中是如何确定水玻璃加入量的?

水玻璃加入量的计算如下：

因 SRG 烟气中的氟以氟化氢（HF）为主，为确保净化后的 SRG 烟气中氟含量不高于 0.025mg/m^3（统一以氟化氢计）。由化学反应式（$6HF + SiO_2 = H_2SiF_6 + 2H_2O$）可知：当 SRG 烟气中的氟化氢（HF）总量为 $x$kg/h 时，冷却液中加入的 SiO_2（二氧化硅）量为 $x$kg/h。

一般情况下循环液中加入的水玻璃质量要求为：模数 3.0、密度 1.5g/cm^3、氧化钠含量约 5.5%，则水玻璃的理论需要量为：

$$M = \frac{\frac{x}{2} \times 62}{60 \times 3 \times 0.055} \tag{3-1}$$

式中 M——水玻璃理论加入量，kg/h；

x——净化前 SRG 烟气中的 HF 总量，kg/h；

60——SiO_2摩尔质量，kg/kmol；

62——Na_2O 摩尔质量，kg/kmol。

水玻璃加入量实例如下：

以中国某企业烧结厂活性焦脱硫脱硝生产数据为例，计算该企业水玻璃消耗。

净化前 SRG 烟气中的 HF 总量（x）约为 1.2kg/h，则该企业净化工序加入的水玻璃数量应为：

$$M=\frac{\frac{1.2}{2}\times 62}{60\times 3\times 0.055}=3.7\text{kg/h}$$

193. 什么是酸雾？

SRG 烟气进入净化工序后，随着温度的急剧降低，烟气中水蒸气会急剧冷凝，产生大量的水雾。由于水雾中溶解了大量的二氧化硫（SO_2）、三氧化硫（SO_3）、氯化氢（HCl）、氟化氢（HF）等酸性气，因此被称为酸雾。

194. 影响酸雾长大的因素有哪些？

在实际生产中，要想把酸雾除得干净，就需要让酸雾粒子长大，酸雾粒子越大就越容易被电除雾器捕集除去。影响酸雾粒子长大的因素有：

（1）酸雾凝聚时间。酸雾粒子之间互相碰撞，发生凝聚，使小粒径的酸雾变成较大粒径的酸雾，较大粒径的酸雾继续碰撞凝聚，最终逐渐变成了大粒径的酸雾。因此凝聚时间越长，酸雾粒子就越容易长大。

（2）SRG 烟气温度。降低 SRG 烟气温度有助于水蒸气和硫酸蒸汽在酸雾粒子上凝结，促使酸雾粒子较快地长大。

195. 电除雾器的结构及捕集酸雾的过程是什么？

电除雾器是用高压直流电、电场驱动烟气中的粒子，使其加速沉降于阳极管表面以除去 SRG 烟气中酸雾的设备。

（1）工作原理：

SRG 烟气通过高压电场时，烟气中的酸雾滴荷电，形成带电离子，带电离子向相反电荷的阳极管运动。带电离子到达阳极管内壁后进行放电形成中性酸液滴，附着在阳极管上的酸液滴越积越厚，最后在重力作用下自由降落并流出电除雾器外。

（2）电除雾器工结构：

电除雾器由壳体、整流装置、高压发生装置、绝缘箱、吊杆、阴极框架、清洗装置、阴极线和阳极管、气体分布装置等组成。

（3）电除雾器捕集酸雾过程：

在电除雾器中，蜂窝（或圆管）沉降管作为正极，中心悬挂的电晕导线作为负极，当在两极间通入高压直流电时，便形成了不均匀电场。电晕线附近的中性 SRG 烟气分子被电离成带正电的离子和自由电子。因电子能量小，很快被气体分子俘获而成为负离子；而离电晕导线较远处，电场强度小，SRG 烟气分子不能被电离，所以整个不均匀电场不会被击穿，只是在电晕导线附近形成了大量的正离子和负离子。负离子的运动速度比正离子大，它便很快向正极蜂窝（或圆管）壁处移动，而使绝大部分酸雾滴带负电荷。当带负电荷的酸雾滴到达蜂窝壁时，立即放电并依附于蜂窝（或圆管）壁上，逐渐聚积并向下流动。最终流至电除雾器的底部，从底部管口排出。在电晕导线附近，由于正负离子的中和作用，正离子数量少，荷正电的酸雾滴沉积在电晕极上的量也少。SRG 烟气离子在两极放电后，重新转变成 SRG 烟气分子，从除雾器出口逸出。

196. 两级电除雾器的作用是什么?

（1）捕集除去 SRG 烟气中的酸雾，使酸雾指标小于 $5mg/m^3$；

（2）除去亚米级的尘粒子，使产品硫酸合格并延长催化剂使用寿命。

197. 什么情况下需要进行电除雾器的紧急停车操作?

电除雾器的正常停车必须按照正常的停车程序进行，不得使用紧急停车按钮（SIS），因为紧急停车是在高压的情况下突然断电，对设备和电网的冲击较大，应尽可能不用。

启动紧急停车按钮的条件是:

（1）发生人身或可能发生人身触电等事故；

（2）当电除雾器送不上电；

（3）电除雾器被负压抽瘪；

（4）整流机组产生短路放电；

（5）整流机室发生重大事故。

198. 电除雾器开车操作步骤是什么?

（1）确认各人孔封闭，安全水封注满水；

（2）确认操作控制盘电源接通投入使用；

（3）开启绝缘箱电加热器，加热至 120℃左右；

（4）打开喷淋阀门，冲洗电场内部 10min；

（5）按下电除雾器“自检”按钮，确认电场“回路”畅通；

（6）按下电除雾器“送电”按钮，根据操作规程将电压调至 50～70kV；

（7）通 SRG 烟气后，观察电除雾器二次电压、电流变化，并调节至规定值。

199. 电除雾器停车操作步骤是什么?

（1）按下电除雾器“停止”按钮；

（2）通知电工将停下的电除雾器高压隔离开关换至“接地”位置，并挂上

“禁止合闸”工作牌；

（3）打开喷淋阀对电场内部冲洗不少于10min；

（4）关闭喷淋水阀；

（5）若长期停工，关闭电加热器开关。

200. 电除雾器清洗操作步骤是什么？

（1）按下电除雾器“停止”按钮；

（2）通知电工将停下的电除雾器高压隔离开关换至“断开”位置，并对电场“放电”；

（3）打开喷淋阀对电场内部冲洗不少于10min；

（4）关闭喷淋水阀；

（5）通知电工送电，按下电除雾器“自检”按钮，确认电场“回路”畅通；

（6）按下电除雾器“送电”按钮，并根据操作规程将电压调至50~60kV；

201. 安全水封的作用是什么？

净化工序的电除雾器通常是在负压状态下工作的，当系统负压超过规定值时，容易造成设备损坏，这是因为：

（1）电除雾器内的硬聚氯乙烯本身强度较低，脆性大，虽经加固措施，但最大操作负压应不大于8kPa。因此，在电除雾器进口或出口管道上装有安全水封，当SRG烟气超过此负压时安全水封就会被抽空，同时大量的空气会被吸入，SRG烟气系统负压值会急剧降低，达到保护设备的目的。一般安全水封的水封高度为正常操作负压的1.2倍，漏气量约为生产气量的25%。

（2）有的电除雾器绝缘箱内设有油封（隔绝瓷瓶与SRG烟气），当负压超过规定值时，油封内的变压器油容易被抽入到SRG烟气中，一旦遇有放电火花，会发生严重的安全事故。

202. 安全水封一旦被抽空，应立即采取哪些措施？

（1）制酸立即采取的措施：

1）立即降低二氧化硫（SO_2）风机频率，全开补空气阀；

2）当干燥塔前负压值低于5kPa时，安全水封重新补满水[1]；

3）立即查明阻力增大原因；

4）确认净化设备阻力排除后，逐步提高二氧化硫风机频率，同时关小补空

---

[1] 严禁在负压较高时水封直接补水，以防损坏设备。

气阀门。

（2）脱硫脱硝立即采取的措施：

1）立即关小加热炉煤气或熄火；

2）立即关闭解析塔运载氮气；

3）立即将解析塔中部压力调整为微负压。

203. SRG烟气净化工序异常现象、原因分析及处理方法有哪些？

表3-6　SRG烟气净化异常现象、原因分析及处理方法

序号	异常现象	原因分析	处理方法
1	洗涤塔或冷却塔进口负压下降，出口负压上涨（塔阻增大）	（1）填料被堵塞； （2）烟气量大或管线漏气严重； （3）上液量大或回液管堵塞，造成塔内积液； （4）压力表显示不准，引压管有漏气或堵塞； （5）液位控制高或串酸管堵塞，造成淹塔	（1）若是填料堵塞引起，降温效果会下降，则应停车处理； （2）调整风机风量、封堵泄漏点； （3）减小烟气量，减小稀酸循环量，疏通回液管； （4）联系仪表工：检查引压管，使检测准确； （5）降低动力波循环槽（气液分离器）液位或及时清通串酸管道
2	一级动力波洗涤器（一级洗涤塔）出口温度升高	（1）循环泵上液量小或断液； （2）系统负荷大，气体带入的热量多； （3）喷头堵塞或脱落，分液装置损坏，分液不均； （4）测温元件故障	（1）检查循环泵是否正常； （2）适当提高循环量，增加串酸量、排污量； （3）停车检查喷头或分液装置； （4）联系仪表工处理
3	气体冷却塔出口温度升高	（1）入口气温高； （2）循环酸量低； （3）分液装置有问题； （4）填料被堵塞，气液接触不良； （5）换热器冷却水压低，水温高； （6）稀酸冷却器堵塞或结垢，换热效率低	（1）采取措施降低入口温度； （2）检查泵的运行情况，提高循环量； （3）停车检查分液装置并处理； （4）停车检查填料并处理； （5）提高冷却水压力，降低冷却水温度； （6）清洗稀酸冷却器
4	干燥塔进口温度偏高	（1）洗涤塔出口温度高； （2）SRG烟气中水含量高； （3）炎热夏季干燥塔进口补空气温度高	（1）降低洗涤塔出口温度； （2）采取措施，降低SRG烟气中水分； （3）洗涤塔补充冷水，降低洗涤塔出口温度

204. 电除雾器异常现象、原因分析及处理方法有哪些？

表3-7 电除雾器异常现象、原因分析及处理方法

序号	异常现象	原因分析	处理方法
1	有电流（电流大）、无电压	电场短路、极线段、脱落等	检查、更换极限
2	绝缘箱有放电现象	（1）温度过低； （2）石英管破裂； （3）漏气严重； （4）温度超高，铅件熔化，造成短路	（1）更换损坏加热管； （2）更换石英管； （3）加强密封，堵漏； （4）检查修复
3	电压能达到设定值，但无电流	（1）高压整流机组的保护电阻烧坏； （2）高压整流机组与阴极框架电路不通； （3）电除雾器本体接地断路	（1）更换高压整流机组保护电阻； （2）检查高压整流机组与阴极框架电路； （3）检查修复
4	电压能达到设定值，但电流偏小	（1）电场负荷太大； （2）极线、极板结构严重； （3）阳极管接线断开或脱落； （4）高压整流机组保护电阻老化	（1）减小风量； （2）清洗除垢； （3）接好阳极管接地线； （4）更换高压机组保护电阻
5	电压设定达不到设定值且波动	（1）电场内极间距偏小； （2）瓷瓶等处绝缘不够； （3）重锤框架摆动不稳	（1）检查电场内极间距并处理； （2）增加贯穿瓷瓶箱的清扫风量或擦净瓷瓶； （3）固定重锤框架
6	电压20KV左右（稳定），但无电流	（1）电场内极线距偏小（30mm左右）； （2）瓷瓶箱内有杂物； （3）控制盘内的电路板损坏； （4）控制盘内的电压调整电路板的电压定位器调节不当	（1）检查并处理电场； （2）清除瓷瓶箱内的杂物； （3）更换控制盘内的电路板； （4）调整电压调整电路板的电压定位器
7	电压送不高或体内放电	（1）气流波动大，引起电晕极线摆动； （2）电晕线偏离中心； （3）有杂物进入电场； （4）进口炉气含尘太多； （5）有升华硫产生，引起电晕极线肥大，极管壁厚增加； （6）穿墙高压瓷瓶积尘太多	（1）通知焙烧，调整气量使之稳定； （2）停车检查，调整； （3）仔细检查，清理； （4）提高净化系统效率 （5）清理污垢，焙烧注意投料量及含氧量； （6）停电后，用无水酒精擦净瓷瓶
8	电压、电流都偏低，但稳定、不跳闸	（1）吊杆瓷瓶或贯穿瓷瓶绝缘不够； （2）重锤框架不够稳定，通烟气后框架有所偏移	（1）增加贯穿瓷瓶箱的清扫风量或擦干净瓷瓶； （2）固定重锤框架

续表 3-7

序号	异常现象	原因分析	处理方法
9	电流、电压正常，但有时突然放电	（1）高压整流机组插线板上的电阻烧坏；（2）极线重锤脱落，极线在电场内摆动；（3）电场内极间距偏小	（1）更换插线板电阻；（2）固定极线重锤；（3）清理电场
10	电除雾器上视镜见白雾	（1）电除雾器电压、电流偏低，没有达到设定值；（2）进入电场沉降管内的烟气不均匀，部分阳极管的烟气量过大，极线摆动；（3）电场的负荷过大	（1）调整电除雾器电流、电压至设定值；（2）调整电除雾器烟气分布板，使各沉降管的进气量均匀；（3）关小电除雾器入口阀，减小风量
11	电除雾器送电时电压、电流无反应	（1）安全门没有关闭到位；（2）电除雾器“送点准备完了”灯没亮；（3）电除雾器控制盘各电源开关没合闸	（1）安全门关闭到位；（2）调整电除雾器盘后继电器，确认“送点准备完了”灯亮；（3）电除雾器控制盘各电源开关合闸

第三节 烟气转化

205. 钒催化剂的作用是什么？

钒催化剂的作用是降低二氧化硫（SO_2）气体转化成三氧化硫（SO_3）反应所需的活化能，加快二氧化硫转化反应速度，而不能改变化学反应平衡。

206. SO_2在钒触媒上转化成三氧化硫（SO_3）的过程是什么？

在一定温度下，二氧化硫气体通过钒触媒的作用，转化成三氧化硫，并释放出大量热量，体积缩小，反应方程式为：

$$SO_2 + \frac{1}{2}O_2 = SO_3 \quad \Delta H = -98.47\text{kJ}$$

该过程分四步进行，分别为：

（1）触媒表面的活性中心吸附氧分子，使氧分子中原子间的键断裂成为活泼的氧原子［O］；

（2）触媒表面的活性中心吸附二氧化硫分子；

（3）被吸附了的二氧化硫和氧原子之间进行电子的重新排列，化合成为三氧化硫分子：SO_2·［O］触媒→SO_2·触媒；

（4）三氧化硫分子从触媒表面脱附下来，进入气相。

207. 二氧化硫（SO_2）转化为三氧化硫（SO_3）的反应有何特点？

（1）二氧化硫转化为三氧化硫的反应是一个可逆反应；

（2）二氧化硫转化为三氧化硫的反应是在一定温度下进行的放热反应；

（3）二氧化硫转化为三氧化硫的反应是在催化剂催化作用下分步进行的反应。

208. 什么是SO_2转化率和平衡转化率？

二氧化硫转化率是指二氧化硫转化成三氧化硫的物质的量与起始二氧化硫的物质的量的百分数比，一般用 x 表示，即二氧化硫的转化率 x 为：

$$x = \frac{n_{SO_3}}{n_{SO_2}^0} \times 100\% \tag{3-2}$$

式中　n_{SO_3}——二氧化硫转化成三氧化硫的物质的量；

$n_{SO_2}^0$——起始二氧化硫的物质的量；

在同一体系中，任一瞬时均有 $n_{SO_2}^0 = n_{SO_2} + n_{SO_3}$，所以二氧化硫转化率又可表示为：

$$x = \frac{n_{SO_3}}{n_{SO_2} + n_{SO_3}} \times 100\% \tag{3-3}$$

平衡转化率：反应式（$2SO_2 + O_2 = 2SO_3$）是一个可逆反应，当反应达到了化学平衡状态，反应速度等于零。各个组分的浓度称作平衡浓度，这时二氧化硫的转化率叫做平衡转化率。由于转化气体中三氧化硫（SO_3）和二氧化硫（SO_2）的含量与其分压成正比，所以平衡转化率（x）可以用三氧化硫和二氧化硫的分压表示：

$$x = \frac{p_{SO_3}}{p_{SO_2} + p_{SO_3}} \times 100\% \tag{3-4}$$

式中，p_{SO_2}、p_{SO_3}分别为混合烟气中二氧化硫、三氧化硫组分的瞬时分压。

209. 转化用钒催化剂组成是什么？

制酸转化用的催化剂是以 V_2O_5为活性组分、碱金属硫酸盐（K_2SO_4或 Na_2SO_4）为助催化剂，硅藻土为载体的多组分催化剂，通常称为钒－钾（钠）－硅系催化剂。其中 V_2O_5质量分数约为 6%～9%，硫酸钾（K_2SO_4）质量分数约为 20%～30%、硅藻土（SiO_2）质量分数约为 50%～70%。形状有圆柱形、环形、梅花形等（图 3-9）。

图 3-9 SO_2 转化用的催化剂

彩图

210. 钒催化剂化工行业标准包含什么内容?

国产钒催化剂种类有 S101 型中温催化剂、低温系列的 S107 和 S108 型催化剂，以及宽温系的 S109 型催化剂。

表 3-8 S101-2H 型菊花形硫酸生产用钒催化剂

主要物理性质和化学性质			技术指标	
物理性质	颜色	黄橙色	项目	指标
	外形尺寸(外径/内径×长度)/mm	9/4×(10~15)	活性(耐热后 SO_2 转化率)/%	≥86.0
	堆密度/$g \cdot cm^{-3}$	0.4~0.45	成品颗粒径向抗压强度(平均值)/$N \cdot cm^{-1}$	≥35
	使用特性	中温环形,通气阻力小	五氧化二钒(V_2O_5)/%	≥7.5
化学性质	五氧化二钒(V_2O_5)/%	7.5~8.5	磨耗率/%	≤0.0250
	硫酸钾(K_2SO_4)/%	18.3~23.0	—	
	精制硅藻土(烧失基)/%	65.0~75.0	—	
	烧失重(800℃;1.5h)/%	<3.5	—	

表 3-9 S107-1H 型菊花形硫酸生产用钒催化剂

主要物理性质和化学性质			技术指标	
物理性质	颜色	淡黄色或橘黄色	项目	指标
	外形尺寸(外径/内径×长度)/m	(9~11)/(3~4)×(10~15)	活性(耐热后 SO_2 转化率)/%	≥42.0
	堆密度/$g \cdot cm^{-3}$	0.40~0.60	成品颗粒径向抗压强度(平均值)/$N \cdot cm^{-1}$	≥35
	使用特性	中温环形,通气阻力小	五氧化二钒(V_2O_5)/%	≥6.3

续表 3-9

主要物理性质和化学性质			技术指标	
化学性质	五氧化二钒(V_2O_5)/%	≥6.3	磨耗率/%	≤0.0250
	硫酸钾(K_2SO_4)/%	≥16.8	—	
	硫酸钠=钠(Na_2SO_4)/%		—	
	精制硅藻土(烧失基)/%	≥9.0	—	
	烧失重(800℃;1.5h)/%	<3.5	—	

211. 什么是催化剂的活性温度范围?

催化剂的活性温度范围是指催化剂的活性能得到发挥的温度范围，也就是生产中要控制的催化剂温度区范围。

212. 什么是催化剂的起燃温度和耐热温度?

(1) 起燃温度:

催化剂起燃温度是指催化剂活性温度范围的下限温度。当温度降低至某一限度时，催化剂便不能继续起催化作用的最低限度的温度。实际生产中，通常取进气温度稍高于起燃温度。催化剂的起燃温度高，反映出催化剂活性较差，反之催化剂活性较好。

(2) 耐热温度:

催化剂耐热温度是指催化剂活性温度的上限温度。超过这一温度或长期在这一温度下使用，催化剂将被烧坏或迅速老化，失去活性。高温下催化剂一旦失活就再也无法恢复。

催化剂的起燃温度越低，耐热温度越高，催化剂的操作温度区也就越宽，就越有利于转化生产。

213. 催化剂用量如何确定?

(1) 计算法:

计算法是以催化剂的物理化学数据为依据，根据二氧化硫转化成三氧化硫的工业数学模型，在给定的进转化烟气条件和总转化率要求下，计算出催化剂用量。

(2) 经验法:

经验法是以生产经验总结出来的（表 3-10），即每天生产 1t 100% 硫酸（H_2SO_4）需要多少升催化剂来确定的催化剂总用量，再根据经验分配比例对各段进行填装。一般国产梅花状催化剂每生产 1t 硫酸（100% H_2SO_4）需要 250 ~ 300L 的催化剂。

表 3-10 四段转化各段常用的经验分配比例

项目	"一转一吸"四段转化流程			"二转二吸"四段转化流程		
	催化剂体积百分比/%	选用催化剂的型号	转化率/%	催化剂体积百分比/%	选用催化剂的型号	转化率/%
Ⅰ段	20～22	S101 或 1/3S108（上部）+2/3S101（上部）	≥92%	19～21	1/3S108（上部）+2/3S101（上部）	≥92%
Ⅱ段	23～25	S101		23～25	S101	
Ⅲ段	25	S101		23～25	S101	
Ⅳ段	27～32	S101 或 S108	≥98%	30～32	S108	≥99.6%

214. 装填催化剂的操作步骤是什么?

（1）将转化器内清扫干净，支撑箅子水平安装好；

（2）在箅子上平铺 5 目的不锈钢丝网，并将钢丝网四周的缝用耐火砖压平，防止漏催化剂；

（3）在丝网上摊平 80mm 厚的 ϕ20mm 瓷球；

（4）按照装填高度要求，装入催化剂并摊平；

（5）用耐火砖、保温纤维封堵人孔，并焊死人孔盖。

215. 装填催化剂时有哪些特别的要求?

（1）装填催化剂时应避开阴雨天和环境湿度大的天气，防止催化剂在装填过程中受潮，影响催化剂的使用寿命；

（2）检查发现袋装或桶装的催化剂粉末较多时，应先组织人员过筛后组织装填；

（3）装填时应避免使用金属器具，防止催化剂碎裂；

（4）人进入转化器时应站在木板上，防止直接踩碎催化剂；

（5）认真做好装填记录（总重、质量分布、瓷球及催化剂高度），并妥善保存。

216. 转化器在通烟气前为什么要先对催化剂"预饱和"?

这是因为转化器内装填的均为新催化剂。当转化温度达到 420℃时，通入的二氧化硫（SO_2）气体和氧气会在催化剂表面放出大量的转化反应热和生成焦硫酸盐的反应热，导致催化剂层温度突然升高。为避免催化剂层"飞温"、烧坏催化剂，转化器在开车通烟气前，应先对催化剂"预饱和"。

217. 转化器通入 SRG 烟气的操作步骤是什么？

（1）当转化器一段进口温度达到 420℃，四段出口温度大于 300℃时，SRG 烟气可准备通入转换器；

（2）脱硫工序烟气加热炉点火，加热炉出口烟气升温速度控制在 50℃/h；

（3）当解析塔内加热段活性焦出口温度达到或超过 180℃时，开始有 SRG 气体解析出来，此时应通过干燥塔前的补空气阀控制风机后的 SO_2浓度在 2%~3% 左右。

（4）当Ⅰ段催化剂层出口温度速度超过 10℃/min 或接近 570℃还有继续猛升的趋势时，应立即开大补空气阀，降低风机后 SO_2浓度，防止Ⅰ段催化剂温度超过 610℃。

（5）当Ⅰ段催化剂层温度上升到最高点开始回落或打开一段出口压力孔检查有“大白烟”冒出时，则说明预饱和结束。此后可逐步提高 SO_2浓度，通过进一步调节转化器各旁路阀、气量使转化器各层温度控制在规定的指标范围内，生产转入正常。

218. 何为“一转一吸”“两转两吸”流程？

SRG 烟气只经过一次转化、一次吸收的流程，称为“一转一吸”流程；SRG 烟气经过一次转化、一次吸收后，再经过一次转化和一次吸收的工艺流程，称为“两转两吸”流程。当 SRG 烟气中的二氧化硫（SO_2）浓度较低、转化器热平衡难以维持时（四段催化剂层入口温度小于 400℃），也可考虑采用“一转一吸”流程。一般情况下“一转一吸”流程的转化率达 96% 以上，“两转两吸”流程的转化率可达 99.0% 以上。因两种工艺“尾气”均返还至活性焦脱硫脱硝装置前，所以两种流程均能满足现行环保要求。

219. “两转两吸”工艺流程是什么？

转化工段的任务是将干吸送来的二氧化硫（SRG 烟气）气体，在催化剂的作用下转化为三氧化硫（SO_3），同时通过工艺副线串气量的调节，控制转化器各段在适宜的反应温度。

（1）无 SO_3冷却器的“3 + 1”两转工艺（图 3-10）：

经干燥塔干燥后的 SRG 烟气由 SO_2鼓风机升压后依次通过Ⅲ、Ⅰ换热器的壳程，与高温转化气进行间接换热，温度达到 420℃后进入转化器的第一段催化剂层进行转化。经转化反应后 SRG 烟气温度升高到约 600℃进入Ⅰ换热器的管程与来自Ⅲ换热器的热气体换热降温，冷却后的 SRG 烟气温度降至 450℃进入转化器二段催化剂层继续进行转化反应。然后出转化器进入Ⅱ换热器的管程

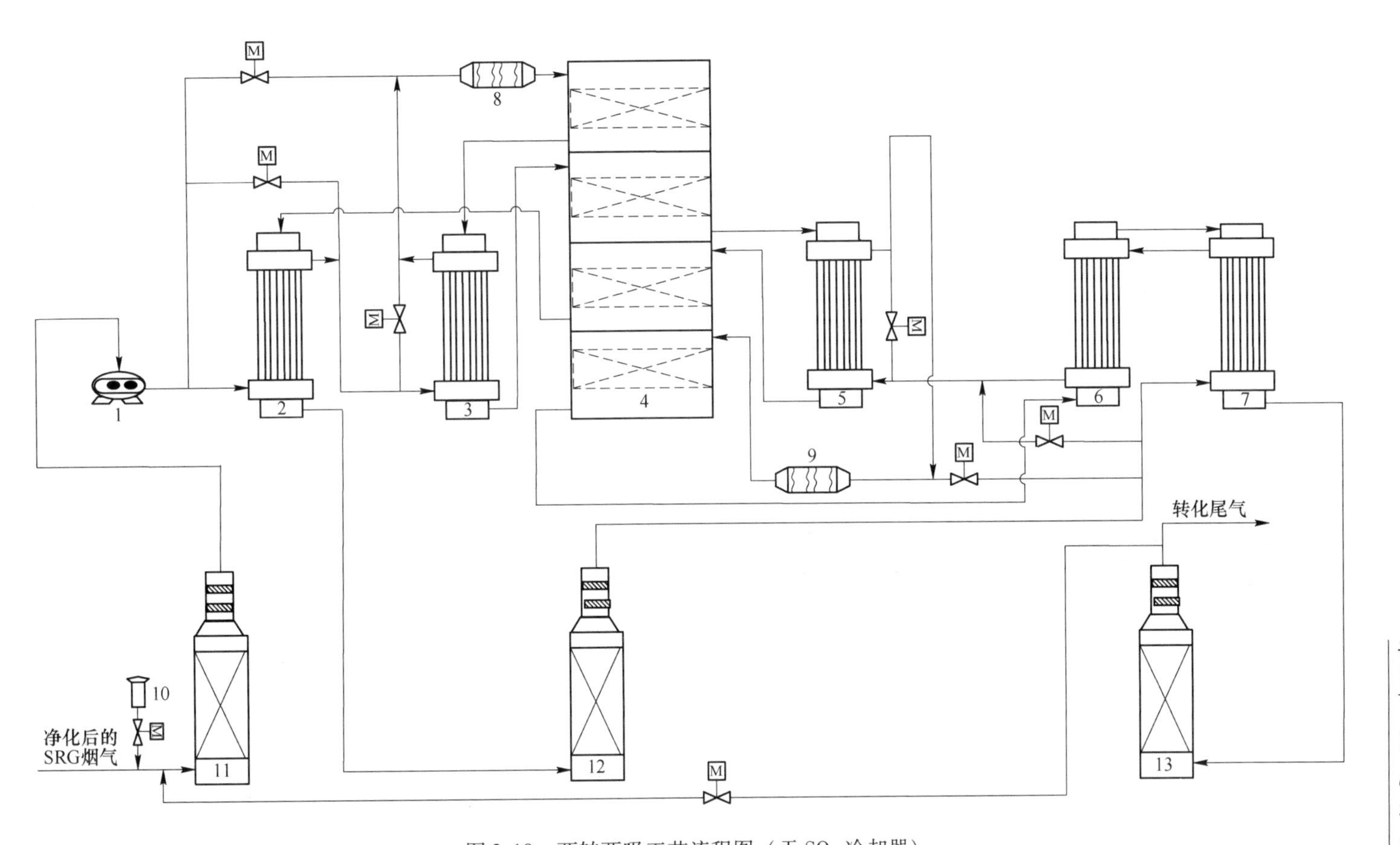

图 3-10 两转两吸工艺流程图（无 SO_3 冷却器）

1—SO_2 风机；2—Ⅲ换热器；3—Ⅰ换热器；4—转化器；5—Ⅱ换热器；6—Ⅳa 换热器；7—Ⅳb 换热器；8—Ⅰ电加热炉；9—Ⅱ电加热炉；10—空气过滤器；11—干燥塔；12—一吸塔；13—二吸塔

与从Ⅳa、Ⅳb换热器来的热SRG烟气进行间接换热，冷却降温到430℃后进入转化器三段催化剂层进一步反应。从转化器三段出来的气体，进入Ⅲ换热器管程与从二氧化硫鼓风机来的冷SRG烟气进行换热，温度降至200℃后进入一次吸收塔。

出一吸塔并经除沫后的气体，依次通过Ⅳ、Ⅱ换热器的壳程与高温转化气进行间接换热，被加热到约420℃后进入转化器的四段催化剂层进行二次转化。出四段催化剂层的气体进入Ⅳ换热器的管程与冷SRG烟气进行间接换热，温度降低到165℃后进入二次吸收塔进行二次吸收。

为了便于开车时SRG烟气的升温，分别在Ⅰ转化器、Ⅱ换热器后各设置了一台电加热炉。为调节和控制转化器各段适宜的操作温度，设置了必要的副线和冷激阀。

（2）有SO_3冷却器的“3+1”两转工艺（图3-11）：

经干燥塔干燥后的SRG烟气由SO_2鼓风机升压后依次通过Ⅳ、Ⅰ换热器的壳程，与高温转化气进行间接换热，温度达到420℃后进入转化器的第一段催化剂层进行转化。经转化反应后，SRG烟气温度升高到约600℃进入Ⅰ换热器的管程与来自Ⅳa、Ⅳb换热器的热气体换热降温，冷却后的SRG烟气温度降至450℃进入转化器第二段催化剂层继续进行转化反应。然后出转化器进入Ⅱ换热器的管程与从Ⅲ换热器来的热SRG烟气进行间接换热，冷却降温到430℃后进入转化器第三段催化剂层进一步反应。从转化器第三段出来的气体，进入SO_3冷却器与冷空气进行换热，温度降至180℃后进入一次吸收塔。

出一吸塔并经除沫后的气体，依次通过Ⅲ、Ⅱ换热器的壳程与高温转化气进行间接换热，被加热到约420℃后进入转化器的第四段催化剂层进行二次转化。出第四段催化剂层的气体进入Ⅳa、Ⅳb换热器的管程与低温SRG烟气进行间接换热，温度降至140℃后进入二次吸收塔进行二次吸收。

为了便于开车时SRG烟气的升温，分别在Ⅳb转化器、Ⅱ换热器后各设置了一台电加热炉。为调节和控制转化器各段适宜的操作温度，设置了必要的副线和冷激阀。

220.“一转一吸”工艺流程是什么？

“一转一吸”工艺流程见图3-12。

经干燥塔干燥并除雾后的SRG烟气由二氧化硫（SO_2）风机升压后依次通过Ⅳ、Ⅲ、Ⅱ、Ⅰ换热器的壳程，与高温转化气进行间接换热加热后，温度达到420℃进入转化器的第一段进行转化。

经氧化反应后，SRG烟气温度升高到约600℃进入Ⅰ换热器的管程，与来自Ⅱ换热器的热气体换热降温。冷却后的SRG烟气温度降低到约450℃进入转化器

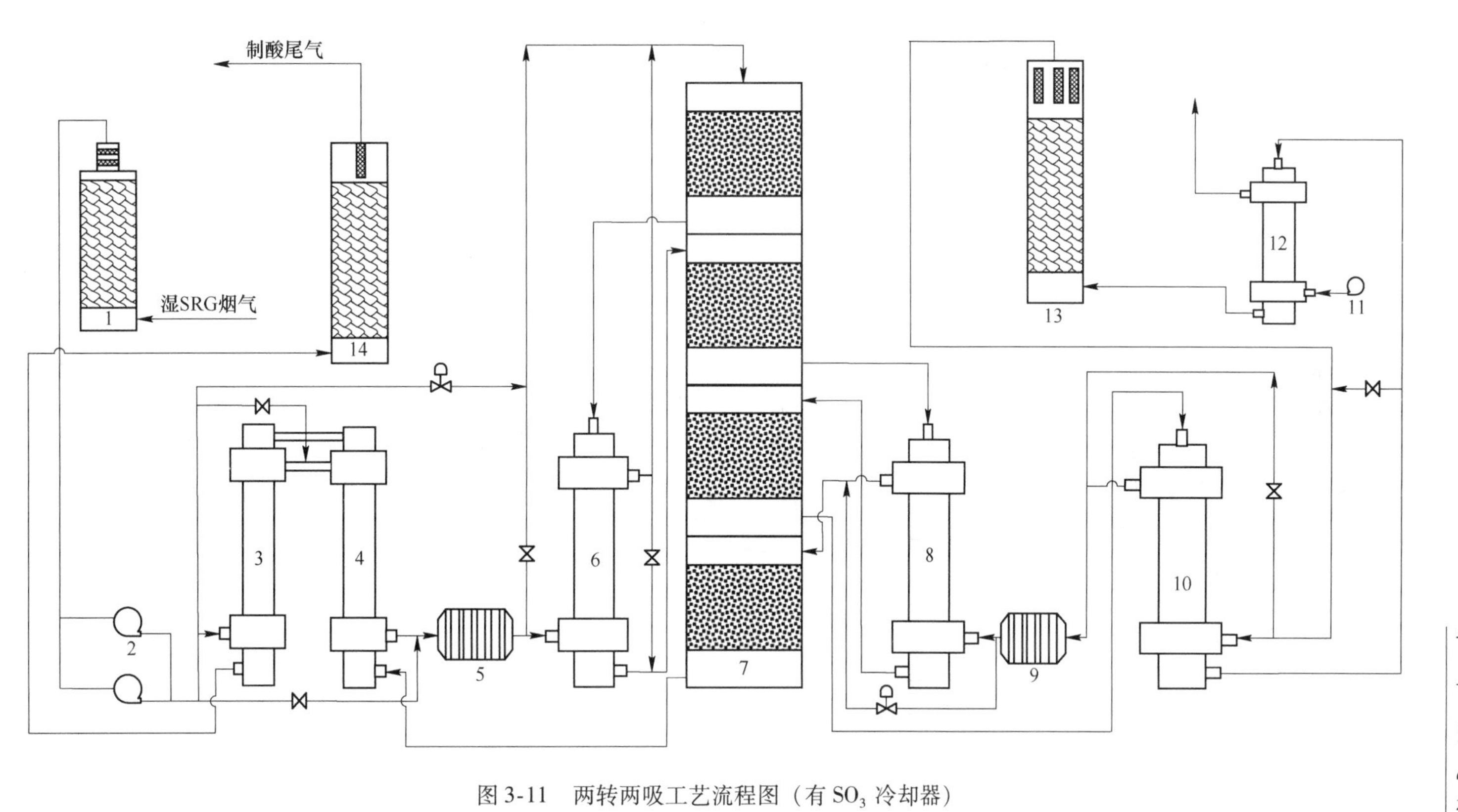

图 3-11　两转两吸工艺流程图（有 SO_3 冷却器）

1—干燥塔；2—SO_2 风机；3—Ⅳa 换热器；4—Ⅳb 换热器；5—Ⅰ电加热炉；6—Ⅰ换热器；7—转化器；8—Ⅱ换热器；9—Ⅱ电加热炉；10—Ⅲ换热器；11—冷却风机；12—SO_3 冷却器；13—一吸塔；14—二吸塔

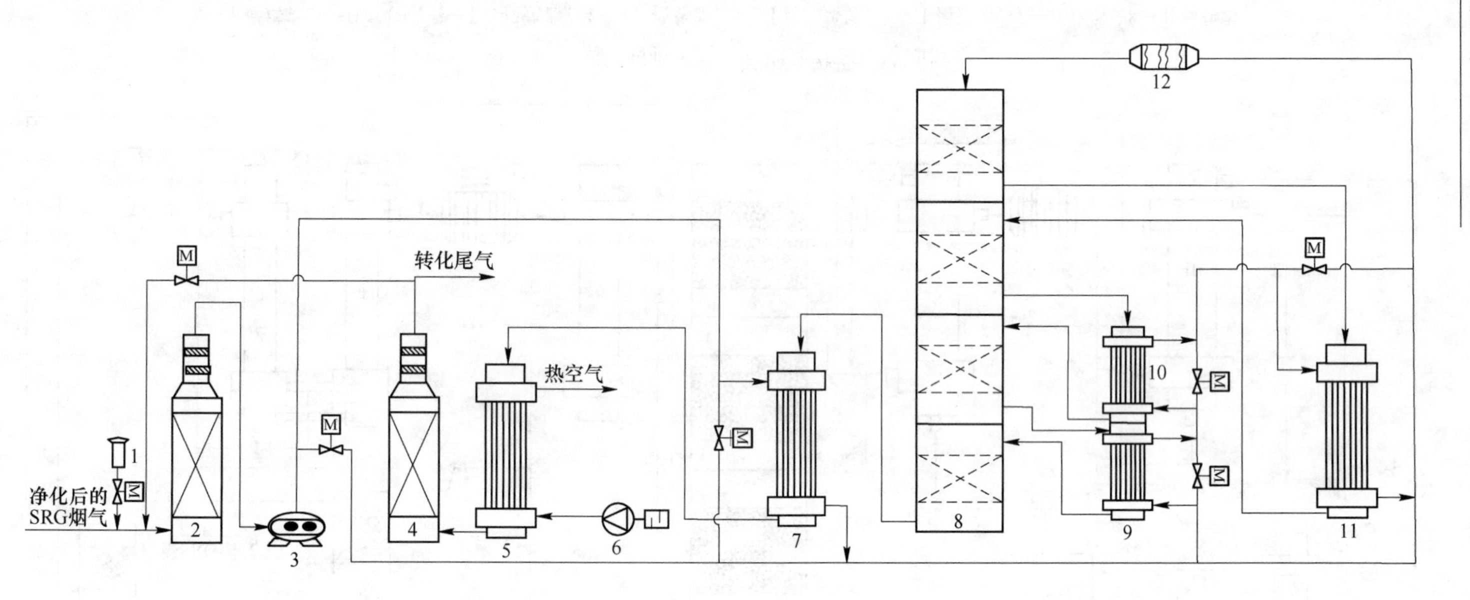

图3-12　一转一吸工艺流程图

1—空气过滤器；2—干燥塔；3—SO_2 风机；4—吸塔；5—SO_3 冷却器；6—冷却风机；7—Ⅳ换热器；8—转化器；9—Ⅲ换热器；10—Ⅱ换热器；11—Ⅰ换热器；12—电加热炉

第二段催化剂床层继续进行催化反应，然后出转化器进入Ⅱ换热器的管程，与从Ⅲ换热器来的热 SO_2 气进行间接换热，冷却降温到约430℃后进入转化器第三段催化剂床层进一步反应。从转化器三段出口的气体，进入Ⅳ换热器管程，与从二氧化硫鼓风机来的冷SRG烟气进行换热，温度降至约420℃进入转化器第四段催化剂床层进一步反应。从转化器第四段出来的气体，进入三氧化硫（SO_3）冷却器中，与空气进行换热冷却，温度降至约200℃时进入吸收塔。

为了便于开车时SRG烟气的升温，转化器一段SRG烟气进口管道上设置了电加热炉。为调节和控制转化器各段适宜的操作温度，设置了必要的工艺管道副线和冷激阀。

221. 转化操作技术指标包括哪些？

（1）转化器各段温度指标：

一段进口　410～420℃；一段出口　560～600℃；
二段进口　440～460℃；二段出口　480～500℃；
三段进口　420～440℃；三段出口　440～460℃；
四段进口　410～420℃；四段出口　420～440℃。

（2）SO_2 气浓：7%～9%。

（3）氧/硫（O_2/SO_2）摩尔比大于1.0。

（4）转化率："一转一吸"，>96%；"二转二吸"，>99.5%。

222. 转化操作"三要素"是什么？

转化操作的"三要素"是指转化反应温度、氧/硫（O_2/SO_2）摩尔比和转化器通气量。

（1）转化反应温度。转化反应温度是控制转化操作的最重要的参数之一。反应温度应严格控制在最佳范围之内。这是因为：

1）要确保较高的转化率；

2）要确保在较快的反应速度下进行转化，在一定量的催化剂下能获得最大的生产能力；

3）要确保转化温度控制在催化剂的活性温度范围内，即将转化反应温度控制在催化剂的起燃温度之上、耐热极限温度之下。

（2）氧/硫摩尔比。进入转化器的氧/硫摩尔比是控制转化操作的最重要的参数之一。由转化方程（$2SO_2+O_2=2SO_3$）可知，理论氧/硫摩尔比为0.5。

在实际生产中，出解析塔的SRG烟气中二氧化硫（SO_2）的浓度不低于15%。生产过程中，因受催化剂耐热温度的限制需在干燥塔入口补入大量空气，将SRG烟气中的二氧化硫（SO_2）的浓度稀释到7.0%～9.0%之间。因此，实际氧/硫摩尔比大于1.2%，满足生产要求。

（3）转化器通气量。进入转化器的气量多少，不仅直接影响转化温度、氧/硫摩尔比和转化率的变化，而且决定着解析塔的解析负荷、硫酸产量和全系统的操作状况。这不仅是转化操作最重要的条件之一，也是制酸系统最重要的操作条件之一。

1）在氧/硫（O_2/SO_2）摩尔比不变的情况下，产酸量越多，需要的通气量也就越大，反应热也就越多，各段转化温度也就越高。当旁路阀已全部关闭，温度还降不下来时，说明转化系统的热负荷已达到最大，该情况下的通气量称为热平衡所限制的最大通气量。

2）在氧/硫（O_2/SO_2）摩尔比不变的情况下，产酸量越少，需要的通气量也就越小，反应热也就越少。当旁路阀已全部打开，前一段或两段进口温度正常，后面数段催化剂进口温度低于催化剂起燃温度时，说明转化系统的热负荷已达到最小，该情况下的通气量称为热平衡所限制的最小通气量。当转化通气量低于最小通气量时，转化热平衡就难以维持，此时需要及时开启电加热炉“补热”。

一般情况下，通气量受解析塔解析影响较大：富硫焦含硫高，通气量就大；富硫焦含硫低，通气量就小。但无论解析塔解析效果如何，一般应尽可能控制通气量介于最大通气量和最小通气量之间。

223. 转化反应温度如何调节？

（1）转化温度直接和SEG烟气中二氧化硫浓度有关，调节时必须从全系统考虑。

（2）对于转化温度，要特别强调预见性调节。

（3）转化各段温度是互相关联的，调节转化温度要防止“头痛医头、脚痛医脚”的简单做法。

（4）操作中要强调平稳性，转化一段进口温度每小时波动不允许超过2℃，其余各段进口温度每小时波动不得超过5℃。

（5）各段进口温度的调节，是利用各换热器的副线阀门的开关来进行的。

（6）调节温度，首先要确保一、二段温度的平稳，当温度下降到难以维持时，应先牺牲末段来维持以上温度。

（7）每次调节后，一定要等待看出变化结果以后再进行下一次动作。

（8）在生产中要密切注意各段催化剂实际效能的变化，如已发现温度指标不适合，用“最大温差法”优选各段或某一段温度。

（9）在一定气量下，转化温度的变动，是由于进气二氧化硫浓度的波动所致。因此，转化温度的操作调节，实质上是二氧化硫浓度波动所引起的追加调节。

224. 转化器气量如何调节?

(1) 在正常情况下，转化器通气量首先应满足解析塔压力调节，控制解析塔中部压力在 -300 ~ -150Pa 之间。

(2) 增加或降低二氧化硫（SO_2）风机频率时，均应缓慢进行。

(3) 为均衡生产，应尽量控制气量不变，即活性焦循环量不变。

(4) 如果从解析塔解析出的 SRG 烟气二氧化硫（SO_2）浓度低、转化器一段出口温度降低、后段温度逐步下降，应关小补空气阀，提高烟气二氧化硫浓度。

(5) 如果从解析塔解析出的 SRG 烟气二氧化硫（SO_2）浓度不低，而转化末段或后两段温度低，不能进行反应，换热器旁路阀门不能开，这时应开启电加热炉，增大系统的热负荷，把转化器后段的温度提起来，换热器的旁路阀即可逐渐打开或开大。

(6) 如果转化器各段温度偏高，各旁路阀门、补空气阀已经开大，说明转化系统负荷过大。应通知脱硫解析工序减小活性焦循环量。

225. 如何根据转化器温度、压力来预判转化器运行是否正常，这对冶金企业烟气制酸有何指导意义?

由于冶金企业的烟气制酸装置规模一般都较小，且属生产辅助设施。企业根据生产任务一般不再单独专门配备检测设备和分析人员，因此转化器运行是否正常，不能通过直接检测来判定。

针对冶金企业烟气制酸检测力量不足问题，采用表 3-11 “经验法” 来判定转化运行是否正常，为转化操作、设备检修提供依据。

表 3-11 转化器运行评价表

序号	名 称	进 口		出 口		分段温差 ΔT_n/℃	分段转化率 η_n/%	阻力 ΔP_n/kPa
		温度/℃	压力/kPa	温度/℃	压力/kPa			
1	Ⅰ段触媒							
2	Ⅱ段触媒							
3	Ⅲ段触媒							
4	Ⅳ段触媒							

注：1. 分段温差计算公式：$\Delta T_n = T_{出} - T_{进}$；

2. 分段转化率计算公式：$\eta_n = (\Delta T_n + 3)/(\Delta T_1 + \Delta T_2 + \Delta T_3 + \Delta T_4 + 3 \times 4)$，3—每段触媒层热损失平均降温约 3℃；

3. 分段阻力计算公式：$\Delta P_n = P_{进} - P_{出}$；

4. SO_2风机频率：________ Hz，SO_2气浓________%。

因各企业烟气制酸工况条件不同，设备不同，因此在使用本方法时应结合各自的实际情况，制定出适合本企业的技术指标。例如，某企业 SO_2 风机频率 20Hz，SO_2 气浓度 7.5% 时，Ⅰ段触媒转换率 $\eta_1 \geq 70\%$、Ⅰ段触媒转换率 $\Delta P_n \leq 0.3$kPa 等。

226. SRG 烟气中可燃气体对转化温度有什么影响?

因活性焦中含有一定的挥发分，当活性焦被加热到 400℃以上解析时，不仅有二氧化硫（SO_2）气体被脱出，同时会有少量的可燃性气体产生（一氧化碳、氢气、甲烷、芳香烃、杂环烃类)。尤其在开工初期 SRG 烟气中的可燃气体（以 CO 计）浓度有时高达 4%～6%。因 CO 的反应热为 283.0kJ/mol，而 SO_2 的反应热仅 98.47kJ/mol，可见一氧化碳（CO）的反应热是二氧化硫（SO_2）反应热的 2.87 倍，同体积的一氧化碳反应放热远大于二氧化硫。

$$SO_2 + \frac{1}{2}O_2 = SO_3 \quad \Delta H = -98.47\text{kJ}$$

$$CO + \frac{1}{2}O_2 = CO_2 \quad \Delta H = -283.0\text{kJ}$$

由于二氧化硫的氧化属气－固相催化氧化反应，当无催化剂时，反应活化能是 209kJ/mol，反应不易进行。在钒催化剂上反应时，反应活化能降至 92～96kJ/mol；而一氧化碳反应活化能仅为 30～34kJ/mol。一氧化碳的反应活性远大于二氧化硫（SO_2），因此一氧化碳优先于二氧化硫与氧气进行反应，并且一氧化碳燃烧产生大量热量，能使转化器Ⅰ段温度明显升高。

二氧化硫与氧气也是放热反应，因此，一氧化碳燃烧产生的高温会抑制二氧化硫与氧气在转化器Ⅰ段的反应，使得二氧化硫反应后移，且一氧化碳燃烧消耗一部分氧气，使二氧化硫反应所需氧量不足，转化效率下降。

227. 在高温下钒催化剂活性下降的原因一般有哪几种?

（1）在高温下，催化剂中的五氧化二钒（V_2O_5）和硫酸钾（K_2SO_4）形成了比较稳定的、无催化活性的氧钒基钒酸盐，分子式为：$4V_2O_5 \cdot V_2O_4 \cdot K_2O$、$4V_2O_5 \cdot V_2O_4 \cdot 2K_2O$、$5V_2O_5 \cdot V_2O_4 \cdot K_2O$。

（2）在 600℃以上的高温作用下，催化剂中的钾和二氧化硅结合，随着活性物质中钾含量的减少，使五氧化二钒从熔融物中析出，造成催化活性下降。据研究，增加钾含量可以提高催化剂的耐热温度。目前，我国生产的钒催化剂，其耐热温度可在 620℃以下长期操作，能很好地满足工业生产的要求。

（3）在 600℃下，五氧化二钒（V_2O_5）和载体二氧化硅（SiO_2）之间会慢慢发生固相反应，使部分五氧化二钒（V_2O_5）变成了没有活性的硅酸盐。

228. 硫酸转化系统转化率突然降低的因素有哪些？

（1）转化温度没有随催化剂老化做出适当的调整，温度控制不当；

（2）二氧化硫气体浓度波动和偏高；

（3）二氧化硫气体浓度分析不准确，温度测量有误差；

（4）催化剂中毒或使用过久（超过 8 年），催化剂活性下降；

（5）催化剂层被吹成空洞，气体短路；

（6）转化器隔板漏气或箅子板倒塌，换热器漏气等；

（7）转化副线设备不合理或副线阀门关不死、关不到位，或调错了副线阀门等；

（8）各段催化剂填装量不合理。

229. 转化器结构是什么样的？

转化器用碳钢做壳体，内设多层水平安装的催化剂床，层与层之间用完全气密的隔板隔开。用金属箅子板支撑催化剂，箅子板上用惰性耐火瓷球作底层，以避免催化剂与箅子板直接接触。在催化剂床层上覆盖一层惰性耐火瓷球，以改善气体分布。催化剂床层的支撑结构，采用多支撑钢管立柱结构。在装填催化剂部分的壳体衬砌耐火砖，无衬砖部分用（如床层上部及顶盖）喷铝层保护，避免受高温烟气侵蚀。

转化器每段催化剂层进出口均装有压力表和热电偶，以及时检测各点的温度和压力。一般同水平面上安装热电偶 2 ~ 4 对。

230. 影响催化剂失活的因素包括哪些？

（1）SRG 烟气中的尘。SRG 烟气中的尘主要是活性焦粉尘，一般情况下焦粉中的焦不会对催化剂造成影响，但焦粉中的灰分会使催化剂活性表面减少。建议控制 SRG 烟气中的尘不超过 $2mg/Nm^3$ 为宜。

（2）SRG 烟气中的砷。SRG 烟气中含有三氧化二砷（As_2O_3），会使催化剂迅速中毒，这表现在两个方面。首先钒催化剂能吸附三氧化二砷并氧化成五氧化二砷（As_2O_5），它覆盖活性表面，增加反应组分的扩散阻力，使活性下降。此外，在高温下（550℃）五氧化二砷与活性组分五氧化二钒（V_2O_5）会起反应，生成挥发性物质，把五氧化二钒带走。砷净化指标，建议控制在 $0.25mg/Nm^3$ 以下。

（3）SRG 烟气中的氟化氢。氟在气体中以氟化氢（HF）、四氟化硅（SiF_4）的形态存在，随气体中湿含量不同，对钒催化剂的毒害有较大差异。氟化氢会破坏催化剂的载体［主要是二氧化硅（SiO_2）］，使催化剂活性下降，熔点降低，二氧化硅载体粉化；四氟化硅与水反应分解出水合二氧化硅（又名白炭黑），使催化剂表面形成白色的二氧化硅硬壳，严重时使催化剂黏结成块，使活性严重下降。氟净化指标，建议控制不超过0.25mg/Nm^3。

（4）水分、酸雾。单纯的水蒸气对催化剂影响不大，但水蒸气会与烟气中的三氧化硫（SO_3）结合生成硫酸蒸汽。硫酸蒸汽与含铁粉尘作用又会生成硫酸铁而导致催化剂结皮，增大了触媒层的通气阻力；而硫酸蒸汽还可能使催化剂组分中的碱金属钾盐析出，生成一种低熔点混合物，也会导致催化剂出现结块现象、系统阻力增加，影响转化效率。

此外，当转换器内温度低于硫酸蒸汽露点时，硫酸蒸汽就会在催化剂表面上冷凝，破坏催化剂的活性。温度越高，硫酸蒸汽压力越大，就越不利于生产硫酸冷凝。因此，当转化器温度高于400℃时，水蒸气（酸雾）是不会对催化剂造成太大的影响的，当转化器温度低于400℃时，生成的硫酸蒸汽在催化剂的微孔里会冷凝下来，从而使催化剂的活性成分 V_2O_5 溶解出来，导致催化剂活性降低。同时，当催化剂层温度上升之后，冷凝下来的硫酸会蒸发，生成的硫酸盐则会留在催化剂颗粒上面，导致催化剂的活性和强度降低，同时硫酸盐也会降低催化剂硅藻土的强度，使得催化剂极易粉化，见图3-13。

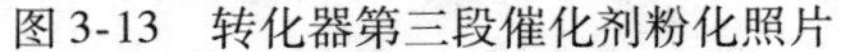

图3-13 转化器第三段催化剂粉化照片

彩图

水分、酸雾净化指标应符合化工部的规定，即进转化：水分小于0.1g/m^3；酸雾小于0.005g/m^3（二级电雾流程）或0.03g/m^3（一级电雾或文氏管除雾流程）。

231. 钒催化剂在使用过程中颜色变化的原因是什么?

（1）黄色或黄棕色。黄色表示五价钒的存在，使用前和使用过程中呈黄色或黄棕色都是活性正常的标志。

（2）绿色或蓝绿色。催化剂发绿，一般有三种情况：一是结成疤块的催化剂；二是暴露于空气中的催化剂；三是用带有SO_2气体的空气来降温后的催化剂（多硫酸系统的厂，因阀门泄漏造成）。这三种情况中以第二种情况最为常见。造成的原因，三种情况各有不同。结成疤块的催化剂，一般是由$K_2O \cdot V_2O_5 \cdot SO_3$的熔融物而呈绿色。催化剂暴露于空气中会很快从空气中吸收水分，逐渐变为硫酸氧钒（$VOSO_4$）而呈绿色。暴露在空气中时间越长，空气越潮湿，催化剂变绿情况越严重，最后粉化成淡蓝色。降温过程中，用带有二氧化硫（SO_2）气体的空气吹净或未把原催化剂中的二氧化硫（SO_2）吹净，出来的催化剂就会呈绿黄色。

处理的办法：这种催化剂中的钒含量一般都不低，活性也较好。将其烧到400℃以上时，绿色即会全部消失，故一般经过筛后留做备用。但要密闭包装好，严防再吸水受潮。

（3）白色：

1）进转化器的气体中砷含量过高，在550℃以上的操作温度下，钒催化剂中的五氧化二钒挥发（钒流失），致使催化剂因五氧化二钒的减少而丧失部分活性并使催化剂变成白色疏松状。

2）烟气中四氟化硅在高温下与水起反应而生成水合二氧化硅（又名白炭黑），使催化剂表面结成二氧化硅硬壳，活性因而降低。

3）催化剂局部过热发白，造成活性降低。

（4）黑色。黑色一般出现在二、三段催化剂层，当进转化器的气体中含砷量过高时，钒催化剂中的五价钒挥发，挥发物随后在二、三段催化剂上凝结下来，在催化剂表面结成一层硬壳（部分进入催化剂内部成黑色），使催化剂结块，活性降低，最终催化剂层阻力明显增高。

232. 为什么要更换钒催化剂?

由于催化剂中的有效成分——五氧化二钒（V_2O_5）在高温下会发生损失，而Ⅰ、Ⅱ段催化剂在反应后温度最高，因此Ⅰ、Ⅱ段催化剂中的五氧化二钒（V_2O_5）损失量也最大，转化率会随着五氧化二钒（V_2O_5）成分的减少而逐渐降低，温度也跟着降低。同时，由于Ⅲ、Ⅳ段催化剂分担了部分Ⅰ、Ⅱ段催化剂的转化任务，Ⅲ、Ⅳ段催化剂温度会逐渐升高，此时总转化率降低。当Ⅰ、Ⅱ段催化剂钒催化剂活性低于80%，五氧化二钒的含量低于6%时就不能再使用，就需要更换。

233. 更换催化剂的依据是什么?

（1）根据平时操作的具体情况而定，如催化剂层阻力大于800Pa、催化剂支撑烧损、漏催化剂等；

（2）根据平时分段转化率测定数据：转化率低于80%；

（3）根据催化剂的颜色：催化剂颜色由黄色、棕黄色或棕色变成浅黄色甚至黄白色；

（4）根据催化剂钒含量：五氧化二钒（V_2O_5）的含量低于6%；

（5）根据催化剂的活性试验数据：钒催化剂活性低于80%。

234. 催化剂的使用和维护原则是什么?

（1）在装入转化器前，要用6目的筛子过筛，把粉尘及小颗粒筛出；

（2）在装填或筛换时，要轻倒轻扒，并尽量缩短时间，禁止在阴雨天或潮湿的地方进行催化剂的筛分工作，以防吸湿而使机械强度降低和活性降低；

（3）长期停工以及停工筛换催化剂前，应用高于400℃的干燥热空气吹，将残存在催化剂微孔中的二氧化硫、三氧化硫尽可能吹净，通常要吹16h以上，分析吹出气体中末端出口的$SO_2 + SO_3$浓度小于0.03%，方可降温操作；

（4）催化剂操作温度控制在400～600℃，不得在超过600℃的温度下长期操作；

（5）催化剂使用半年后，起燃温度略有提高，应适当提高出口温度，但一年内提高不得超过5℃；

（6）要严格保证净化指标，控制进入转化塔的气体中（标况）含量：砷小于1mg/m^3、氟小于0.025mg/m^3、尘小于2mg/m^3、酸雾小于5mg/m^3、水分低于100mg/m^3，以免催化剂中毒、粉化或阻力上涨而影响转化。

在筛换催化剂时，必须坚持的原则：只允许把在较低温度下用过的，更换到将在较高温度下使用的部位（即下一段移向上一段，逐段向上移），但每次筛换后应在一段表面补充少量催化剂（一般不少于一段催化剂量的1/5），作为引燃之用。每次筛换，必须做好档案记录。

235. 转化器填装催化剂前为什么要先烘烤?

新转化器和大修后的转化器投入使用前应经过烘烤。烘烤的目的：

（1）将新转化器或经检修重新砌筑的转化器内隔热层中所含水分通过缓慢升温蒸发去除，从而保证设备投入运行不致引起隔热层开裂等不良现象的发生；

（2）未经烘烤的转化器在升温过程中，蒸发出的水分容易使催化剂受潮，降低催化剂活性。

236. 转化器的烘烤程序是什么?

转化器的烘烤采用电炉加热空气方式。转化器的烘烤程序如下:

(1) 干吸工序开机,并保持各塔正常循环;

(2) 按程序启动二氧化硫风机,并将电机频率调节到15~20Hz;

(3) 将1号电炉与2号电炉各开一组,检查电炉出口气体温度,通过调节空气阀(尾气旁路阀)控制转化器的升温速度;

(4) 在转化器的烘烤过程中,必须严格控制转化器的升温速度,具体要求见表3-12温度的控制,可以通过控制SO_2风机风量、电炉的组数,并结合副线阀进行调节;

表3-12 转化器烘烤温度控制表

序号	温度范围/℃	升温速度/℃·h^{-1}	升温时间/h	备 注
1	常温~150	≤15	8	—
2	150	保温	16	析出游离水
3	150~350	≤20	10	—
4	350	保温	16	析出结晶水
5	350~600	≤30	8	—
6	600	保温	12	—
7	600~常温	自然冷却	24	—
合计烘烤时间			96	—

(5) 在转化器烘烤的过程中,应当注意各点温度的变化情况,特别是要注意各副线阀开启后对各点温度的影响,从而熟悉和掌握各副线阀的作用;

(6) 烘烤结束,对转化器各段隔热层进行全面检查,不得有脱落、松动、贯通裂纹等缺陷;

(7) 转化器烘烤合格后,可以安排装填催化剂。

237. 转化系统升温步骤是什么?

(1) 打开干燥塔前空气阀;

(2) 通知干吸岗位开机,并保持各塔正常循环;

(3) 打开二氧化硫鼓风机冷却水,检查冷却水是否正常;

(4) 按程序启动二氧化硫鼓风机,将鼓风机转速调节到额定转速的15~20Hz;

(5) 逐步启用电炉,按表3-13的控制要求进行升温操作。可以通过风量、电炉启用数量、各副线阀的调节控制升温速度;

表 3-13 转化器升温指标控制表

序 号	温度范围/℃	升温速度/℃·h^{-1}	升温时间/h
1	常温~150	≤15	8
2	150	恒温	4
3	150~300	≤25	8
4	300	恒温	4
5	300~400	≤20	8
6	400	恒温	4
7	400~450	≤20	4
合计升温时间			40

(6) 当转化器Ⅰ段催化剂层、Ⅳ段催化剂层入口温度达到400℃，Ⅱ段催化剂层入口温度达到350℃以上，Ⅲ段和Ⅳ段出口温度达到280℃以上时视为升温成功，此时可适当引入SRG烟气；

(7) 在转化器升温的过程中，应尽量提高各换热器的温度，以便通气后各段温度能尽快正常；

(8) 在转化器升温过程中，应严格控制电炉出口温度不超过600℃，防止烧坏电炉；

(9) 按时、准确地做好岗位操作记录，包括风机风量的调节、各阀门的开启程度、电炉的投入、操作时间以及各温度点的变化。

238. 转化器降温操作步骤是什么？

转化器降温过程分为恒温吹扫、电炉降温冷却和电炉系统停止后的强制冷却三个阶段。

(1) 恒温吹扫：

1) 通知停加热炉煤气；

2) 及时开启电炉，通过调节副线阀、冷激阀控制各层催化剂温度不得低于400℃；

3) 当解析塔加热段温度降至250℃开始计时，恒温吹扫时间不得低于16h。

(2) 电炉降温：

1) 检测制酸尾气 SO_2+SO_3 浓度小于0.03%或末段压力管排出的气体看不到白烟；

2) 逐步关闭电炉，控制Ⅰ段催化剂层、Ⅳ段催化剂层出口温度降温速度为20~30℃/h；

3) 吹风时一定要确保干燥酸浓度不低于92%，吸收酸浓度不低于98%，保证转化气体中的水分和酸雾不超标。

(3) 强制冷却：

1）当Ⅰ段催化剂层、Ⅳ段催化剂层出口温度降至150℃后关闭电炉，适当增大冷却风量强制降温；

2）当Ⅰ段催化剂层、Ⅳ段催化剂层出口温度降至80℃左右时停二氧化硫风机，关闭尾气阀门，防止烟气“倒窜”。

239. 空心环支撑缩放管换热器的特点有哪些?

(1) 管程和壳程可同时强化传热；

(2) 壳程流阻小，与光滑管相比，缩放管在整体提高传热能力30%~50%时，壳侧压降仅为光滑管的50%~80%；

(3) 避免了横向折流的死角，减少结垢（酸泥），提高使用寿命；

(4) 管程介质径向流动减少了管子振动，有效地减少了因管束振动引起的换热管早期破坏；

(5) 缩放管的特定形状，在波节的过度处形成的局部湍流区对此处的换热表面有一定的冲刷作用，因而具有良好的抗垢功能；

(6) 与其他强化管对介质有很严的洁净要求相比，缩放管允许流体当中含有一定量的杂质，因而适用介质的范围更宽。

240. 在二氧化硫转化过程中为什么不把反应温度尽量降低?

二氧化硫转化成三氧化硫的过程是可逆放热化学反应过程，适当移走一部分反应热，有利于反应平衡向生成三氧化硫（SO_3）方向进行。但是在生产上不把反应温度尽量降低，而维持一定的反应温度，这主要是由以下两点因素来决定的：

(1) 随着反应温度的降低，平衡转化率虽然可以提高，但反应速度（即一定量的催化剂在一定时间内能够转化的气体量）也下降很快。这是因为反应速度随与反应温度成正比，即反应速度随温度升高而加快，在单位时间内，对于一定的转化器和一定数量的催化剂来说，提高反应温度可以大大提高转化设备的生产能力。

(2) 当反应温度降低到某一限度时，催化剂便不能继续起催化作用而使反应停止，这是由催化剂的起燃温度决定的。

241. 通常情况下，转化工序换热器的气体流向是怎样的，为什么?

转化工序换热器的气体流向：

热气（SO_3）走管程，方向：上→下；冷气（SO_2）走壳程，方向：下→上。

原因分析：

(1) 出转化器的三氧化硫（SO_3）气体易带有催化剂粉末，带出的催化剂粉煤容易黏附在管壁上造成堵塞，当三氧化硫（SO_3）气体由上到下走管内时，有利于减少粉尘堆放，方便清理，减轻换热管的堵塞；

（2）出转化器的三氧化硫（SO_3）气体温度较高，走管内可降低辐射热损失，提高传热效率，有利于转化系统热平衡；

（3）出转化器的三氧化硫（SO_3）气体对设备腐蚀性强，走管内只会腐蚀管内壁，对器壁无腐蚀，并且容易排出冷凝酸。

242. 如何判断转化工序换热器窜漏?

在转化温度、进气浓度和催化剂层阻力没有明显变化的情况下，转化率降低大于2%，这种现象往往是由换热器窜漏所致。由于换热器的换热管内外压力不相等（壳程压力高于管程），如果有窜漏，管外未转化的气体必然会漏入管内，则会导致转化率下降。

确认的方法是同时在该换热器的管程（热侧）进出口管道上取样分析二氧化硫（SO_2）浓度，经多次分析对比后，若气体中二氧化硫含量有明显上涨，则可证实该换热器窜漏。

243. 哪些因素会导致转化工序换热器窜漏?

导致换热器窜漏的根本原因是换热器内有酸雾冷凝。具体原因如下：

（1）转换前 SRG 烟气水分大于0.1%。当进干燥塔的93%酸浓度不能控制在技术范围之内或循环量不足时，均会造成 SRG 烟气干燥效果差；若干燥塔到SO_2风机管道、阀门、法兰存在泄漏，就会把外界湿空气吸入到 SRG 烟气中，也会造成 SRG 烟气水分大于0.1%。而当 SRG 烟气水分大于0.1%时，烟气中的水分极容易与转化生成的SO_3反应生成过量的硫酸雾，升高了SO_3气体露点温度。

（2）换热器操作温度低。在正常生产条件下，进塔 SRG 烟气不是绝对干燥的，一般都含有0.1%的水分。当出换热器的SO_3气体温度低于硫酸露点温度时，则会在换热器内生成酸雾。

（3）吸收塔操作不当。吸收酸温、酸浓、循环量不能控制在合理的范围内时，在吸收塔出口均会产生大量的酸雾，而酸雾又难被彻底去除，因此会有部分酸雾被带入到换热器内。

（4）干燥塔、吸收塔除雾器除雾效果差。干燥塔、吸收塔除雾器腐蚀，导致除雾效果降低，大量的酸雾被烟气直接带入到换热器内。

（5）开工后未排放换热器底部的冷凝酸或正常生产时未定期排放冷凝酸。

244. 如何判断转化工序换热器窜漏?

在转化温度、进气浓度和催化剂层阻力没有明显变化的情况下，转化率明显下降，这种现象往往是由换热器窜漏所致。由于换热器的换热管内外压力不相等（壳程压力高于管程），如果有窜漏，管外未转化的气体必然会漏入管内，则会导致转化率下降。

确认的方法是同时在该换热器的管程（热侧）进出口管道上取样分析二氧化硫（SO_2）浓度，经多次分析对比后，若气体中二氧化硫含量有明显上涨，则可证实该换热器窜漏。

245. 转化正常操作注意事项有哪些？

（1）严格控制风机出口 SO_2 浓度在7%~9%之间，氧/硫（O_2/SO_2）比不得小于1.0；

（2）随时注意观察各点温度情况，一旦发现变化，应及时查明原因并做相应调节。

1）Ⅰ段、Ⅳ段触媒入口温度不得低于410℃，Ⅲ段触媒入口温度不得低于400℃，必要时开启加热电炉；

2）新装填的触媒Ⅰ段出口温度禁止超过600℃。

（3）随时调整进一吸塔、二吸塔的 SO_3 气体温度在工艺范围之内。

（4）定期根据各段触媒层进出口温度，计算各段的转化率，一旦发现有较大变化，应及时查明原因并做相应调整。

（5）定期根据各段触媒层、换热器进出口压力，计算各自分段阻力，一旦发现有较大变化，应及时查明原因并做相应处理。

（6）定期排放换热器底部的冷凝酸，一旦发现冷凝酸明显增多，应及时查明原因。

（7）定期检查一吸塔、二吸塔出口管道排气情况，一旦发现有明显“大白烟”，应及时查明原因并做相应调整。

（8）定时进行巡回检查，留意鼓风机油量、轴承温度、电流、压力、振动等运行指标的变化，并准确记录。发现设备泄漏，及时停机处理。

246. 二氧化硫（SO_2）风机振动的一般原因和处理办法是什么？

（1）风机转子不平衡，轴瓦间隙扩大，影响轴承振动。联系维修工检修或委外检修。

（2）转子沾酸泥或橡胶泥（风机入口补偿器橡胶材质），以致失去平衡，而使 SO_2 风机突然产生较大振动。这种现象一般在二氧化硫（SO_2）风机停后再开时比较常见。遇到此现象时，需立即停车冲洗转子，不得延误。

（3）管路、设备内有积液（酸液）或被酸泥堵塞，造成风机振动。排查堵塞部位，定时放尽设备、管道内的积液（酸液）。

（4）断油、轴承烧坏。二氧化硫（SO_2）风机除突然发生特别大的振动外，还在轴承处冒烟。发现后应紧急停车、检修油循环系统和更换轴承。

（5）轴承破损，在该轴承处振动较大。如温度未超过要求，并且温度是稳定的，不必立即停下SO_2风机，还可以开一段时间。如轴承温度发生波动，说明轴承损坏已经比较严重，这时需按正常倒换手续换开备用鼓风机，然后修换已损坏的轴承。轴承间隙过大或轴衬垫损坏，会慢慢发生一般性振动现象。检查清楚后可短期停下调。

（6）调整轴承间隙和修补轴衬：

1）联轴节（靠背轮）找正不好，电机和二氧化硫（SO_2）风机都振动，靠近联轴节的一端振动较大，应停下重新找正后再开。

2）地脚螺丝和轴承等处螺丝松动，振动程度随螺丝松动程度的发展而逐步增大，查出后应立即把螺丝紧固。

3）电动机发生轴承损坏等故障也会影响二氧化硫（SO_2）风机振动，须视情况检修电机。

247. SO_2风机壳轴封处漏气的原因及处理办法是什么？

风机运行时，由于排气侧压力呈正压，因此排气侧轴封容易发生二氧化硫（SO_2）气体泄漏；当备用风机出口阀不能完全关闭时，也容易造成备用风机机体内正压，导致备用风机轴封处泄漏。

解决的办法如下：

（1）在风机轴封两端增设抽气管，形成密封的抽气室，控制抽气室内负压 $-50 \sim -250$Pa，将泄漏出的SRG抽至风机前吸入管道内。为防止空气被抽入，造成烟气水分不达标，抽气室必须与空气严密隔绝（二硫化钼或锂基脂），也可将抽漏管线由二氧化硫（SO_2）风机进口改接到干燥塔进口，可以提高操作负压，更好解决漏气呛人问题。

（2）在风机轴封两端增设密封氮气。

248. SO_2 风机突发“跳机”应立即采取哪些处置措施？

SO_2 风机“跳机”联锁条件：

（1）一级动力波两台泵同时跳停；

（2）干燥酸循环泵、一吸酸循环泵或二吸酸循环泵跳停；

（3）SO_2 风机故障，如油压低、振动大等。

SO_2 风机“跳机”后，应立即采取如下措施：

（1）立即打开SRG烟气旁路阀[1]；当确认旁路阀开启后，立即关闭进制酸的

---

[1] 若解析出的SRG烟气直接回流至增压风机前，应及时控制吸附塔入口烟气温度小于110℃，防止造成床层“飞温”。

SRG 烟气阀；

（2）立即开启备用设备，当制酸设备运行稳定后，SRG 烟气逐步切入制酸；

（3）若故障短时间内无法解决，立即通知热风炉熄火，并及时采取以下操作：

1）关闭转化尾气阀，防止烧结烟气反窜；

2）关闭二氧化硫（SO_2）风机进出口阀门；

3）关闭转化各段冷激阀（或副线阀），转化器保温；

4）立即停止产酸，关闭加水阀，并随时注意循环槽液位波动；

5）立即查明原因，根据实际情况确定是否要重新启动风机或倒换风机。

249. 转化工序异常现象、原因分析及处理办法有哪些？

表 3-14 转化工序异常现象、分析及处理

序号	异常现象	原因分析	处理方法
1	转化器后段温度低，不起反应	（1）临时性：SO_2 的体积分数低，旁路阀开得过小或调节不当； （2）气量小； （3）长期性：催化剂中毒、活性降低；保温层开裂脱落； （4）换热器换热效率下降	（1）提高 SO_2 气浓，改善调节； （2）增加风量；开启电炉提高后段温度； （3）更换催化剂；整修保温； （4）扩大进气口面积，清理酸泥、氧化皮、催化剂粉等杂物
2	转化器首段或一、二段温度低，反应后移	（1）SO_2 浓度过高，O_2 不足，催化剂起燃温度相应升高，导致温度下降； （2）SO_2 浓度过低，旁路阀关不及时或调节不当，造成一层催化剂入口温度低于起燃温度	（1）稳定 SRG 烟气中 SO_2 的浓度，尽可能控制在指标范围之内； （2）迅速关闭旁路阀，提高一层入口温度
3	转化率降低	（1）进气波动大； （2）温度调节不当； （3）催化剂活性降低； （4）段间窜漏； （5）换热器内漏	（1）稳定 SRG 烟气硫浓度； （2）调节各段温度； （3）分段做转化率分析； （4）取样分析各气室浓度，进行判断处理； （5）取样分析各换热器进出口浓度，进行判断处理
4	SO_2 风机出口压力增大	（1）SRG 烟气量大、空气阀开度大； （2）风机前设备泄漏； （3）干燥塔、一吸、二吸丝网捕雾器阻力大； （4）催化剂粉化或板结； （5）换热器底部酸液多； （6）转化后尾气管道堵塞	（1）适当降低 SRG 烟气量、适当减小补空气量； （2）排除设备泄漏处； （3）分析判断丝网捕雾器阻力，若超过 1.5kPa 时，应准备更换； （4）检查催化剂，若有问题准备筛分或更换； （5）及时排放换热器底部酸液； （6）及时疏通堵塞部位

续表 3-14

序号	异常现象	原 因 分 析	处 理 方 法
5	SRG 烟气中的 SO_2 浓度偏低	（1）解析塔解析温度低，活性焦循环量小或烧结烟气中的 SO_2 浓度长期低； （2）解析塔保护氮气大； （3）负压段管道或设备有泄漏大； （4）解析塔到一级洗涤塔（一级动力波）的管道堵塞，造成尾气管吸入空气量增大； （5）补空气阀开度大	（1）提高解析塔解析温度、活性焦循环量； （2）适当关小保护氮气阀； （3）排除泄漏点； （4）生产时关小尾气阀，停工时清通管道； （5）适当关小补空气阀门开度

第四节　干燥与吸收

250. 干燥与吸收基本任务是什么？

（1）用 93% 的硫酸干燥净化后的 SRG 烟气，使 SRG 烟气中的水分含量控制在 0.1g/Nm^3 以下；

（2）用 98% 的硫酸吸收转化后的三氧化硫（SO_3）气体，生产 93% 或 98% 浓硫酸。

251. SRG 烟气进转化器前为什么要先干燥？

（1）净化后的 SRG 烟气中含有的水分越高，就越容易与烟气中的三氧化硫（SO_3）气体生成酸雾；

（2）生成的酸雾沉积在管道及设备壁上，会产生腐蚀，严重时腐蚀生成的酸泥又容易堵塞设备；

（3）净化后的 SRG 烟气水分不经干燥，会直接与转化生成三氧化硫（SO_3）气体形成大量的硫酸蒸汽，当转化器内的温度降低时，硫酸蒸汽容易冷凝在催化剂表面，降低催化剂活性；

（4）生成的硫酸蒸汽进入吸收塔时，又会变成难以吸收的酸雾，降低了吸收率。

252. 为什么要把干燥和吸收放在一起？

（1）SRG 烟气中的水分以气态形式存在，当烟气通入有浓硫酸喷洒的填料塔中后，烟气中的水分被浓硫酸吸收，烟气被干燥，同时干燥酸浓度降低；

（2）转化工序送出的含三氧化硫（SO_3）气体通入有浓硫酸喷洒的填料塔后，三氧化硫（SO_3）气体被浓硫酸吸收，同时吸收酸浓度升高；

（3）SRG烟气的干燥和三氧化硫（SO_3）气体的吸收是硫酸生产中两个不相连的步骤，但这两个步骤都是使用浓硫酸作吸收剂，采用的设备和操作方法也基本相同。为了保证各自的水平衡（酸浓稳定），就将干燥和吸收放在一起，方便干燥酸和吸收酸互串。生产管理上将干燥和吸收归属于一个工序，称作干吸工序。

253. SRG烟气干燥为什么要用93%~95%的浓硫酸？

（1）浓硫酸具有强烈的吸水性，在同一温度下硫酸的浓度越高，其液面上的水蒸气的平衡分压也就越小，浓硫酸的吸水性也就越强。仅从水蒸气含量考虑，硫酸越浓越好，当浓硫酸的浓度达到98.3%时，液面上几乎没有水蒸气。但是，硫酸含量高于94%时，硫酸液面上的硫酸（H_2SO_4）蒸汽、三氧化硫（SO_3）蒸汽增多，易与烟气中的水分生成酸雾，而且硫酸含量越高，温度越高，生成的酸雾就越多。选择93%~95%的硫酸作为吸收剂，是兼顾了上述两个特性。在此浓度下，SRG烟气中的大部分水分被硫酸吸收，且又不容易生成酸雾。

（2）硫酸浓度高于86%以后，溶解的SO_2也随之增多。当干燥酸作为产品酸引出或者窜入吸收系统循环酸槽时，SO_2也随着被带走，会引起SO_2损失。

（3）93%~95%的硫酸（H_2SO_4）具有结晶温度较低的优点，可以避免冬季低温下因结晶带来操作和储运上的麻烦。

综合以上因素，干燥酸用93%~95%的浓硫酸比较适宜。

254. 什么是干吸水平衡及影响因素？

系统内转移的水分维持一定的干燥，吸收酸浓度恒定不变，称为干吸水平衡。干吸水平衡是影响干燥、吸收正常生产，确保产品酸浓度合格的重要因素。

即

$$W_0 = W_1 - W_2 \tag{3-5}$$

式中　W_0——理论上维持一定的干燥、吸收酸浓所需要的水分；

W_1——进入干吸系统的水分；

W_2——出干吸系统尾气中带走的水分。

由干吸水平衡式（3-5）可知：

当$W_0 > W_1 - W_2$时，干燥、吸收酸浓度将会持续升高，最终会高于所需要的干燥、吸收酸浓度；

当$W_0 < W_1 - W_2$时，干燥、吸收酸浓度将会持续降低，最终会低于所需要的干燥、吸收酸浓度。

影响干吸系统水平衡的影响因素有：进入干吸系统的水量（净化后的SRG

烟气中水分、稀释空气中的水分和补充新水)、SRG 烟气中二氧化硫（SO_2）气体的数量和转化率以及转化尾气带走的水分。

255. 干吸系统生成的酸雾有哪些危害?

首先，酸雾因受机械力（惯性力和离心力等）的作用，沉积在管道及设备壁上或凝聚成较大的颗粒—酸沫，酸沫也更易聚集于管道和设备壁上，从而产生腐蚀，导致设备泄漏，而且腐蚀生成的酸泥又容易造成设备堵塞；其次，三氧化硫（SO_3）、焦粉尘等杂质是生成酸雾雾滴的核心，与酸雾一起进入催化剂层中，引起催化剂中毒或覆盖催化剂表面，使催化剂层结疤，阻力增大，转化率下降。因此在生产过程中，必须要控制酸雾的生成。

256. 干吸工序控制酸雾产生有哪些措施?

(1) 控制干燥塔后 SRG 烟气水分不得超过 0. 1g/Nm^3。

由酸雾的成因可知，降低 SRG 烟气中的水分和三氧化硫（SO_3）浓度是降低烟气中酸雾生成的有效措施。烟气中的水分越低，生成的酸雾也就越少。因受工艺条件的限制，一般用 93%~95% 的浓硫酸将 SRG 烟气中的水分控制在 0. 1g/Nm^3 提高吸收塔吸收效率，可以降低酸雾的生成（表 3-15）。

表 3-15　SRG 烟气中水分含量与生成的酸雾量对照表

SRG 干燥后水分/g · Nm^{-3}	0. 05	0. 10	0. 15	0. 20
水分全生成酸雾量/g · Nm^{-3}	0. 306	0. 605	0. 908	1. 21

(2) 控制吸收塔的烟气温度高于酸露点温度。

由酸雾的成因可知，当烟气温度低于酸露点温度时，硫酸蒸汽容易冷凝，生成酸雾。因此，在转化、吸收过程中应控制各点温度高于酸露点温度。如一吸塔入口烟气温度不得低于 200℃；二吸塔酸入口温度不得低于 160℃；入塔吸收酸温不得低于 60℃。

(3) 塔顶设置酸雾捕集装置。

由于受工艺条件的限制难以做到完全消除酸雾，因此应在酸雾容易生成的部位增设酸雾捕集装置。如干燥塔出口设丝网除雾器；吸收塔出口设纤维除雾器；分酸器宜埋设在填料中。

257. 影响 SRG 烟气干燥的主要因素有哪些?

(1) SRG 烟气温度。SRG 烟气经过净化后，烟气中的水分已饱和，烟气终冷温度越高，烟气中的水分也就越多，干燥塔的负荷也就越大。

为了使经干燥后的 SRG 烟气中水分小于 0. 1g/Nm^3，一般要求干燥塔的入口烟气温度不高于35℃。

（2）干燥酸的浓度。宜将干燥酸浓控制在93%~95%，有利于水分吸收，同时可抑制酸雾生成。

（3）干燥酸温度。正常生产时干燥酸温应控制在35~45℃。干燥酸温过低，酸黏度大，不利于酸在填料表面的分布；酸温过高，提高了干燥酸表面的水蒸气分压，不利于吸收。

（4）干燥酸循环量。酸循环量小，干燥塔内的填料就不能充分湿润，烟气与干燥酸就不能充分在填料表面接触，降低了吸收效果。因此，正常生产中应对循环泵及时巡检，检查电流是否符合技术规范。

（5）干燥塔至风机进口管线泄漏。生产中干燥塔至风机入口的管道有泄漏，往往是造成SRG烟气水分超标的重要因素。因此，巡检中一旦发现有泄漏的声音或用火把检测到泄漏，应及时通知维修工处理。

258. 三氧化硫（SO_3）吸收率的定义是什么及如何计算？

转化后的气体通过吸收塔后，气体中大多数的三氧化硫被吸收，未被吸收的三氧化硫随气体排出塔外。通常将被吸收的三氧化硫数量和原来气体中三氧化硫的总数量百分比称为吸收率。

$$\alpha = \frac{n_1 - n_2}{n_1} = \left(1 - \frac{n_2}{n_1}\right) \times 100\% \qquad (3\text{-}6)$$

式中　n_1——吸收塔前过程气中三氧化硫（SO_3）浓度，%；

　　　n_2——吸收塔后过程气中三氧化硫（SO_3）浓度，%。

259. 三氧化硫（SO_3）气体的吸收原理是什么？

三氧化硫（SO_3）被浓硫酸吸收后与其中的水化合成硫酸，其反应式为：

$$nSO_3 + H_2O \longrightarrow H_2SO_4 + (n-1)SO_3$$

由此反应可知，随着三氧化硫（SO_3）与水比例的改变，可以生成各种浓度的硫酸。若$n>1$，则生成发烟硫酸；$n=1$，则生成无水硫酸；$n<1$，则生成含水硫酸。事实上，气体中的三氧化硫不可能百分之百被吸收，只吸收气体中超过与硫酸相平衡的那一部分三氧化硫，超过的越多，吸收过程的推动力就越大，吸收速度就越快。

260. 影响三氧化硫（SO_3）吸收率的操作因素包括哪些？

影响三氧化硫（SO_3）吸收率的操作因素主要有：吸收酸浓度、吸收温度、循环酸量、气流速度等。

（1）吸收酸浓度。在吸收三氧化硫（SO_3）的过程中，既要求吸收速率要快、吸收要完全，又不能生成或尽量少生成酸雾，还要保证能够得到一定浓度的硫酸成品，因此只能用98.3%左右的浓硫酸。

这是因为当硫酸浓度高于98.3%时，以98.3%的硫酸液面上的三氧化硫（SO_3）平衡分压最低，吸收速率最快、最完全；当硫酸浓度低于98.3%时，以98.3%的硫酸液面上的水蒸气分压最低，生成的酸雾也最少。选择98.3%的硫酸作吸收剂，兼顾了这两个特性。

生产中一般通过补水或串酸控制吸收酸浓在98.2%~98.8%。酸浓低于98.2%时，酸雾增多；酸浓高于98.8%时，吸收效率降低。

（2）吸收温度。任何浓度的浓硫酸，随着酸温的升高，液面上的三氧化硫、水蒸气、硫酸蒸汽的平衡分压都相应增加。因此在进塔气体条件不变的情况下，随着酸温的增加，吸收率会越来越低。当浓硫酸的温度升高到一定时，水从硫酸中蒸发的速度也增加，当蒸发的速度大到足以使水蒸气和气相中全部三氧化硫相结合时，这将导致吸收过程无法进行。

吸收温度也不是越低越好，这是因为：

1）在正常生产条件下，进塔SRG烟气不是绝对干燥的，一般都含有一定的水分（干燥塔后SRG烟气含水不高于0.1g/m^3）。即使进塔SRG烟气温较高，如果酸温过低，在吸收过程中，局部温度也会低于露点，生成酸雾、导致吸收率降低。

2）为保持较低的酸温，需要庞大的冷却设备和大量的冷却水，造成生产成本升高。

生产中一般控制进吸收塔的酸温不高于65℃、出塔酸温不高于80℃；进塔SRG烟气温度不高于200℃，出塔气温度不高于75℃。

（3）吸收酸循环量。为了较为完整地吸收三氧化硫，必须要有足够的循环酸作为吸收剂，而且循环酸量过多或过少都不适宜。若酸量不足，在吸收过程中，酸的浓度、温度增长的幅度就会很大，在超过规定的指标后，吸收率下降。吸收塔是填料塔，由于循环量不足，填料表面不能充分润湿，传质状况就会显著恶化。循环酸量过多同样对提高吸收率无益，而且还会增加流体阻力，增加动力消耗，还会造成酸液泛现象。因此，酸循环量应适当控制。酸循环量的大小在设计时是根据液气比选定的，生产中控制酸循环量，是通过控制酸循环泵的电流数或阀门开度实现的。

上塔循环酸量通常以喷淋密度表示。中间吸收塔（一吸塔）采用的喷淋密度比干燥塔大，而最终吸收塔（二吸塔）由于吸收过程的热效应比中间吸收塔小得多，所以采用的喷淋密度比干燥塔小。

生产中吸收塔的喷淋密度一般控制在15~25m^3/(m^2·h)，塔内硫酸温度的升高数一般为5~15℃，吸收塔的进口酸温与出塔气温的差值一般在0~6℃范围内。若气温、酸温差增大较多时，一般表明酸分布不均匀或填料污秽、酸量不足，必须进行清理和调整。

261. SRG 烟气干燥与三氧化硫（SO_3）吸收的工艺流程是什么?

“两转两吸”干燥吸收工艺流程见图 3-14。

首先，来自净化工序的 SRG 烟气，通过空气调节阀控制二氧化硫（SO_2）浓度在 7%~9%。其次，SRG 烟气由干燥塔底部进气口被吸入，在干燥塔内与从塔顶喷洒的 93%~95% 的浓硫酸逆流接触，SRG 烟气中的水分被硫酸吸收、干燥至 0.1g/Nm^3以内，干燥了的 SRG 烟气经干燥塔顶金属丝网除沫器除去酸雾沫后，被二氧化硫鼓风机加压送入转化工序。

从转化Ⅲ换热器出来的约 200℃的一转烟气进入一吸塔，在一吸塔内与从塔顶喷洒的 98.2%~98.8% 的浓硫酸逆向接触，烟气中的三氧化硫（SO_3）被吸收，此时 SRG 烟气完成“一转一吸”；从一吸塔出来的烟气再次被送入转化工序继续转化，转化后的二转烟气经转化Ⅳ换热器后送入二吸塔，在二吸塔内与从塔顶喷洒的 98.2%~98.8% 的浓硫酸逆向接触，烟气中的三氧化硫（SO_3）被吸收，此时 SRG 烟气完成“二转二吸”，从二吸塔排出的转化尾气被送回到脱硫吸附塔前与烧结烟气混合。

吸收了 SRG 烟气中水分的干燥酸从干燥塔底自流入干燥循环槽，与来自一吸塔的硫酸互串，干燥酸浓维持在 93%~95% 之间；循环槽内的干燥酸经循环泵加压后送至干燥酸冷却器进行冷却至 35 ~45℃，冷却后的干燥酸被送入干燥塔顶部进行循环喷洒；干燥循环槽内多余的酸通过串酸阀送到一吸收循环槽中。

吸收了一转烟气中三氧化硫（SO_3）的吸收酸从一吸塔底自流入一吸循环槽，与来自干燥塔的干燥酸互串，并通过补水阀调节吸收酸浓在 98.2%~98.8% 之间；一吸循环槽内的吸收酸经循环泵加压后送至一吸酸冷却器进行冷却，温度降至 65 ~75℃之间，冷却后的吸收酸被送入一吸塔顶部进行循环喷洒；吸收循环槽内多余的酸通过产酸阀送至成品酸槽中。

吸收了二转烟气中三氧化硫（SO_3）的吸收酸从二吸塔底自流入二吸循环槽，通过补水阀调节吸收酸浓在 98.2%~98.8% 之间；二吸循环槽内的吸收酸经循环泵加压后送至二吸酸冷却器进行冷却，温度降至 65 ~75℃之间，冷却后的吸收酸被送入二吸塔顶部进行循环喷洒；二吸收循环槽内多余的酸通过串酸阀送至一吸循环酸槽中。

干燥和吸收酸冷却器均采用板式换热器（材质 C-276），利用循环水进行间接换热冷却，冷却水来自循环水上水总管，被加热后的循环水通过回水总管回送到循环凉水架冷却。干燥、吸收酸管道材质均为 316L，并设有阳极保护。

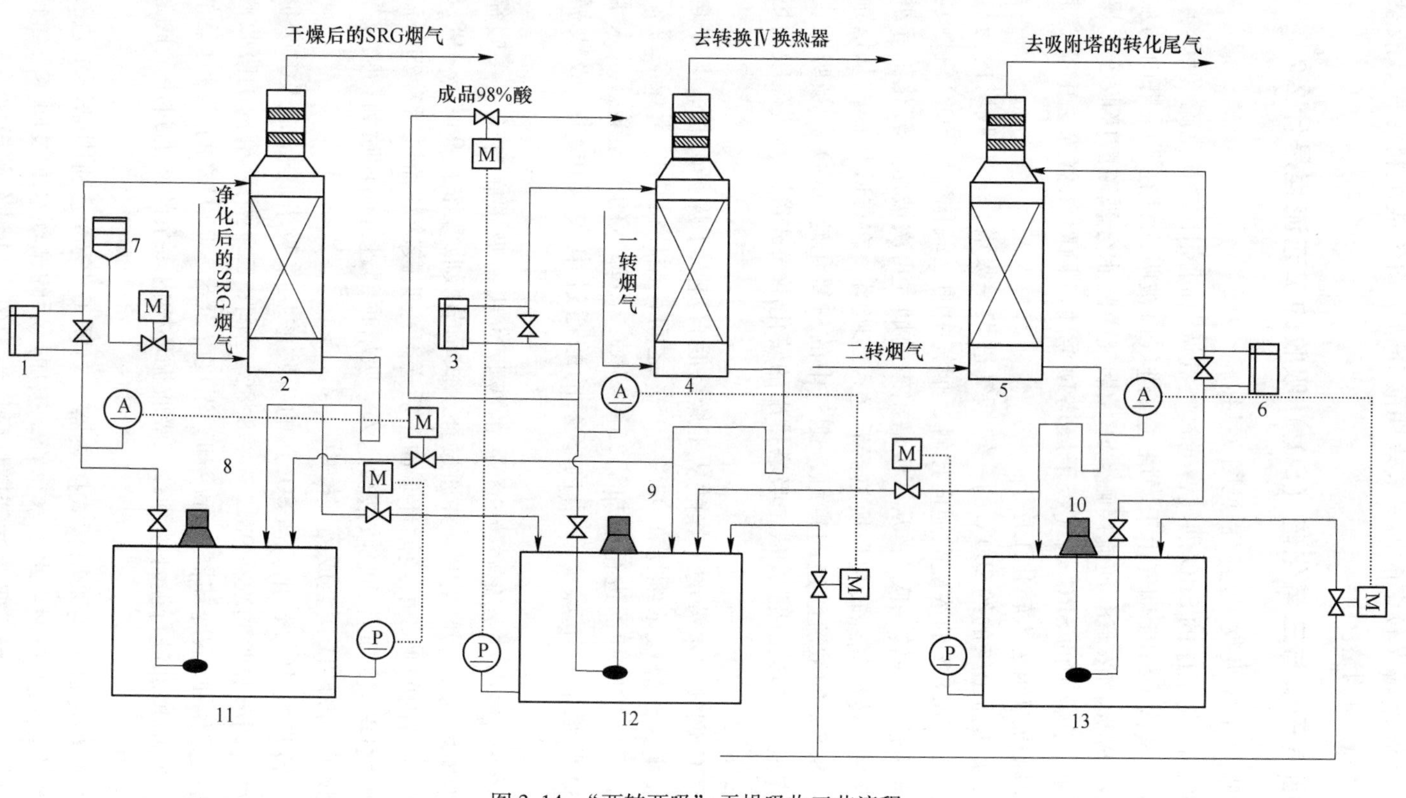

图3-14 “两转两吸”干燥吸收工艺流程

1—干燥酸冷却器；2—干燥塔；3—一吸酸冷却器；4—一吸塔；5—二吸塔；6—二吸酸冷却器；7—空气过滤器；8—干燥循环泵；9—一吸循环泵；10—二吸循环泵；11—干燥酸循环槽；12—一吸酸循环槽；13—二吸酸循环槽

262. SRG烟气干燥与三氧化硫（SO_3）吸收的主要操作技术指标有哪些？

（1）酸浓：干燥酸浓度93%~94%；吸收酸浓度98.2%~98.8%；

（2）酸温：干燥塔进塔酸温小于45℃；吸收塔进塔酸温60~75℃；

（3）气温：干燥塔进塔气温小于40℃；吸收塔进塔气温小于200℃；

（4）吸收率：99.95%；

（5）干吸塔压降：1000Pa；

（6）尾气排放要求：二氧化硫浓度不高于500mg/m^3；不能看见明显"有色烟羽"。

263. 干吸串酸的原理是什么？

在干燥塔中，由于吸收原料气中的水蒸气使喷淋干燥酸的浓度降低，为维持其酸浓度，必须串入98.3%的吸收酸。而在吸收塔中由于吸收了转化气中的三氧化硫，使喷淋的吸收酸浓度增加，需要串入93%的干燥酸以维持酸浓度。如果进入干燥塔原料气中水分少，不足以用来制造规定浓度的硫酸，则需在吸收塔循环槽中补充水。操作中尽量避免在干燥塔循环槽中补充水，不然会造成串酸量的增加。

264. 如何调节干吸系统的水平衡？

SRG烟气进入干燥塔后，烟气中的水分被干燥酸吸收，稀释了干燥酸浓，需要补充吸收酸来提高浓度；吸收酸吸收三氧化硫（SO_3）后浓度升高，需要干燥酸或水来稀释，从而维持吸收酸、干燥酸的浓度稳定，本质上是进行水平衡调节。

干吸系统水平衡调节的主要手段有：

（1）控制SRG烟气终冷温度不高于35℃；

（2）控制SRG烟气入转化塔前SO_2浓度7%~9%；

（3）通过调节一吸串干燥的串酸阀，控制干燥酸浓度93%~95%；

（4）通过调节干燥串一吸的串酸阀、一吸补水阀，控制一吸收酸浓度98.2%~98.8%；

（5）通过调节二吸补水阀，控制吸收酸浓度98.2%~98.8%。

265. 造成98%吸收酸冒"大白烟"的原因是什么？

吸收酸冒"大白烟"的根本原因是酸浓达到或超过100%。造成98%吸收酸浓上升的原因分析如下：

（1）富硫焦全硫高或解析循环量大，造成解析出的 SRG 烟气中二氧化硫（SO_2）浓度高，同时转化生成的 SO_3 浓度也高，而吸收补水或串酸不足，造成酸浓升高。

（2）酸泵操作不正常：

1）酸泵出口阀开度小，导致循环酸量不足，进而造成出塔酸浓升高；

2）循环酸槽液面控制低，导致酸泵吸入气体，循环酸量不足，造成出塔酸浓升高。

（3）干燥塔干燥效率低或 SO_2 风机进口管道有空气泄漏，造成酸雾增多。

266. 什么是尾气冒“大烟”，引起尾气冒“大烟”的因素有哪些？

泄漏出的制酸尾气呈“白色烟雾”的现象，称为尾气冒“大烟”。其本质是尾气中的三氧化硫（SO_3）与水分结合，凝聚成了硫酸雾，尾气冒“大烟”是一种不正常现象。

通常情况下造成尾气冒大烟的情况有：

（1）干燥后的 SRG 烟气水分超标，水分与转化后气体中的三氧化硫（SO_3）在低温下形成酸雾。水分越高，形成的酸雾也就越浓，冒烟也就越大；

（2）吸收酸浓度高，吸收塔吸收效率降低，造成尾气中残存的三氧化硫（SO_3）浓度升高。当尾气漏入大气时残存的三氧化硫（SO_3）与大气中的水分结合，凝聚形成酸雾，引起烟囱冒大烟。

（3）当水分控制在 $0.1g/Nm^3$ 以下，吸收率在 99.90% 以上时，尾气的烟气比较清淡透明。

267. SRG 烟气中的 NO_x 对制酸干吸工序有哪些影响？

活性焦在解析塔内加热解析时，吸附在活性焦中的 NO_x 也同时被解析出来。若解析出来的 NO_x 浓度越高，则对后续制酸干吸工序的影响也就越大。

（1）影响浓硫酸的色度和透明度。当 SRG 烟气进入干吸工序时，SRG 烟气中的 NO_2 会以分子的形式溶解在浓硫酸中（浓硫酸物理吸收 NO_2）。当溶解在浓硫酸中的 NO_2 分子达到一定浓度后，浓硫酸就容易被染色[1]。

根据生产经验：随着浓硫酸中 NO_2 气体分子浓度的增加，浓硫酸的颜色会逐渐由浅色变为深色：无色透明→淡棕色透明→红棕色透明→褐色半透明→黑褐色不透明（图 3-15）。

（2）与浓硫酸反应生成亚硝基硫酸。当 SRG 烟气进入干吸工序时，SRG 烟气中的 NO_x 还会与浓硫酸发生化学反应生成亚硝基硫酸。严重时生成的亚硝基硫酸会

---

[1] NO_2 是一种有刺激气味的红棕色有毒气体。

(a) 浅棕色浓硫酸

(b) 红棕色浓硫酸

(c) 褐色浓硫酸

(d) 黑褐色浓硫酸

彩图

图 3-15　SRG 烟气中 NO_x 对浓硫酸色度的影响

结晶在丝网除雾器或纤维除雾器表面上，造成除雾器堵塞（图 3-16）。当用水冲洗除雾器上晶物时，则会释放出大量的红棕色气体（NO、NO_2混合气，见图 3-17）。

反应方程式如下：

$$NO + NO_2 + 2H_2SO_4 = 2NOHSO_4 + H_2O$$

$$2NOHSO_4 + H_2O = NO\uparrow + NO_2\uparrow + 2H_2SO_4 + Q$$

图 3-16　纤维除沫器上的亚硝基硫酸结晶

彩图

图 3-17　水冲洗纤维除沫器上的亚硝基硫酸结晶

彩图

268. 酸泥对浓硫酸透明度、颜色有何影响?

酸泥是浓硫酸在生产或贮存过程中生成的，主要成分是硫酸铁［$Fe_2(SO_4)_3$］和硫酸亚铁（$FeSO_4$）。由于浓硫酸对硫酸铁和硫酸亚铁的溶解度较小，因此过量的硫酸铁盐会以细小的胶体颗粒悬浮在浓硫酸溶液中，使浓硫酸透明度变差，呈白色的“乳浊液”。又因为硫酸铁在浓硫酸中的溶解度随硫酸浓度的升高而降低，所以 98% 酸比 93% 酸更容易变浑浊。

一般制酸系统重新开工后，均会出现 98% 酸透明度变差的现象，这是因为在开停工过程中设备腐蚀产生的酸泥导致的。生产稳定3~4天后，酸的透明度会逐步好转。

269. 成品酸带颜色的预防控制措施有哪些？

（1）生产出的浓硫酸有黑色沉淀物主要是由于净化设备操作不正常，有粉尘进入干吸系统或系统刚开工，系统杂质较多。处理措施：排查动力波、填料塔喷头是否脱落、堵塞；排查动力波“泡沫柱”高度是否满足要求、填料塔填料是否堵塞；排查斜管沉降器操作是否正常；排查电除雾器二次电压、二次电流是否正常；系统初次开工正常后是否及时更换设备内不合格的浓硫酸。

（2）生产出的浓硫酸呈浅棕色、棕褐色或棕黑色根本原因是浓硫酸吸收了SRG烟气中的NO_x。因此降低硫酸色度的有效措施为：

1）降低富硫焦吸附的NO_x数量：

① 通过使用低氮燃料，控制烧结烟气中的NO_x浓度不大于250mg/Nm^3，进而达到降低富硫焦吸附的NO_x数量；

② 通过调整喷氨量和喷氨方式，适当提高富硫焦吸附的氨气数量，从而会促进活性焦SCR脱硝反应速度提高，有利于降低富硫焦吸附的NO_x数量；

③ 使用合格的活性焦（脱硝率不小于45%）和控制适当的循环量，均有利于提高吸附塔脱硝反应能力，降低富硫焦吸附的NO_x数量。

2）降低SRG烟气中NO_x的浓度：

① 通过调整喷氨量和喷氨方式，适当提高富硫焦中的氨盐数量，会促使活性焦Non-SCR脱硝反应，有利于降低SRG烟气中的NO_x数量；

② 控制净化工序SRG烟气的冷却终温不大于32℃，连续更换部分稀酸溶液（净化工序连续补充新水）或适当增大脱气塔空气量，均有助于降低SRG烟气中NO_x的浓度[❶]。

（3）浓硫酸呈乳白色或透明度变差（图3-18（b）），一般是由设备腐蚀原因造成的，处理措施有：

1）采取措施防止干吸系统停机后有空气或烟气（尾气管倒窜）进入系统，导致设备被腐蚀；

2）严格控制干燥塔后SO_2气体中水分含量不大于0.1g/m^3（发现换热器冷凝酸增多，应及时排查干燥塔后至风机是否有空气泄漏），防止设备腐蚀；

3）换热器内排出的冷凝酸禁止倒入干洗系统；

4）成品酸罐应倒换使用。

---

❶ 利用NO_x容易被氧化、与水反应生成硝酸的特性：$4NO + 3O_2 + 2H_2O = 4HNO_3$；$4NO_2 + O_2 + 2H_2O = 4HNO_3$。

（4）浓硫酸呈蓝绿色的根本原因是不锈钢管道、酸冷却器被腐蚀，腐蚀生成的铬离子、镍离子导致浓硫酸呈现蓝绿色（图 3-18（a））。处理措施如下：

1）定期校验酸浓表，严格控制干燥酸浓不低于 91.5%、吸收酸浓不低于 97.0%；

2）严格控制酸温在技术规定范围之内；

3）定时检查阳极保护装置，发现问题及时处理。

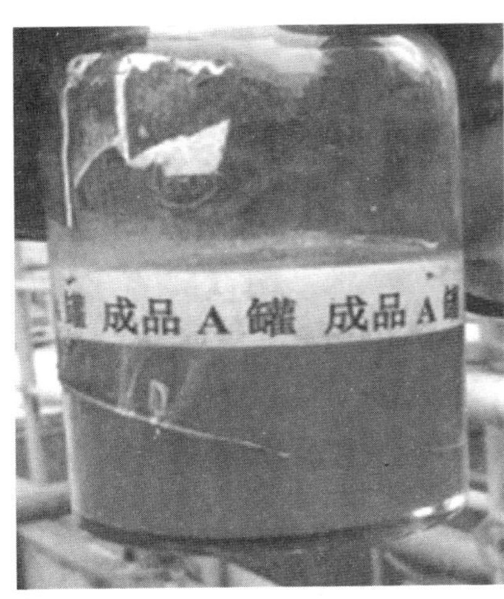

(a) 蓝绿色

(b) 乳白色

彩图

图 3-18　设备腐蚀对浓硫酸色度、透明度的影响

270. 升华硫生成的原因、危害有哪些，对其防范措施是什么？

升华硫的生成原因：

活性焦在高温解析过程中会产生强烈的还原氛围——在活性焦表面氨气、碳与二氧化硫发生氧化还原反应，生成硫蒸气。反应如下：

$$4NH_3 + 3SO_2 \xlongequal{} 3S + 6H_2O + 2N_2$$

$$C + SO_2 \xlongequal{} S + CO_2$$

在解析塔内生成的硫蒸气随 SRG 烟气进入到净化洗涤系统。由于 SRG 烟气在净化过程中温度急剧降低，因此部分硫蒸气被冷凝下来进入到稀酸液中，而剩余的硫蒸气则会随 SRG 烟气进入到干吸和转化系统内转化。

升华硫的危害：

（1）净化系统冷凝的硫蒸气进入到稀酸液后，增加了外排污酸的处理难度；

（2）在转化器内硫蒸气会消耗一部分氧气，容易造成 SO_2 气体转化率降低；

（3）过量的硫蒸气还容易在纤维除沫器上结晶成单质硫，增大了吸收塔阻力，严重时会造成停产（图3-19）。

图3-19 纤维除沫器上的升华硫

防范措施：

（1）控制脱硝段喷氨量在合理的范围之内，并使用合格的活性焦（脱硝效率高的活性焦）；

（2）严格控制净化后的SRG烟气温度不大于35℃；

（3）控制进转化前的气体氧/硫（O_2/SO_2）摩尔比不小于1.2。

271. 硫酸装置中纤维除雾器和金属丝网除沫器有什么不同之处？

纤维除雾器和金属丝网除沫器都属于除雾、除沫设备，纤维除雾器可以捕集小于3μm的雾粒，而丝网除沫器只能捕集不小于3μm的雾沫。生产中，丝网除沫器用于干燥塔出口气体的捕沫效果较好，但用于吸收塔出口气体的除雾效果不太好。纤维除雾器专门用于捕集吸收塔出口气体的酸雾，以减少吸收塔出口烟气的雾沫夹带量。

272. 如何装填干燥、干吸塔填料？

（1）清洗干吸塔内取出的瓷环，剔除碎瓷环，准备补充的新瓷环也要清洗干净，一并晒干堆放待用；

（2）用干燥清洁的面纱擦净塔内瓷环、塔底等处（绝不可水冲洗）；

（3）从塔下部开始安装填料。

1）整砌的瓷环要从中间排起，上下错开1/2，到塔边的空隙要用破瓷环塞实；

2）乱堆的填料（瓷环）分层次装填。每层均选3~5个点，每点堆放瓷环高度不超过500mm，待每个点都堆放好后，用铲子轻轻地将其摊平，这一层即装填完毕。按此法，错开倒堆点，一层一层地往上装填，直至达到要求的高度。

273. 吸收塔使用瓷球供填料支撑结构有何优点？

（1）开孔率可以达到60%，流体阻力小；

（2）由于球拱具有支撑的特点，结构可靠，没有坍塌的危险；

（3）塔底衬砌层不受压力，可以防止塔底漏酸，延长塔的使用寿命；

（4）气体分布均匀，可以提高填料效率；

（5）塔底空间大，便于塔内部清理。

274. SRG烟气制酸干吸工序为什么要设尾气循环旁路管？

（1）确保干吸开工水平衡。受烧结机设备定期检修原因，活性焦脱硫脱硝装置也同步检修，因此SRG烟气制酸系统开停机较为频繁。

当转化系统的热吹、冷吹介质使用空气时，由于空气中含有一定的水分，会造成干燥、吸收酸浓度不同程度地降低。为了确保干吸系统水平衡，需要不断地倒换母酸。而转化尾气属于干气（已不含水分），用转化尾气对转化系统进行热吹或冷吹，可以确保干吸系统的水平衡，且简化了操作，更加安全。

（2）有利于降低尾气中的二氧化硫和三氧化硫浓度，提高硫酸产率。出解析塔的SRG烟气中二氧化硫（SO_2）的浓度一般均大于15%，当完全使用外界空气将SRG烟气中的二氧化硫的浓度稀释到7.0%~9.0%之时，转化前的SRG烟气中氧/硫摩尔比（O_2/SO_2）不小于1.2，此时尾气中的氧浓度不低于10%。即使使用部分尾气代替稀释空气，也可满足氧和二氧化硫摩尔比要求[1]，还可以减少尾气，提高转化率。

275. 制酸新系统的开车步骤是什么？

制酸系统初次开车条件：

（1）现场设备调试合格；

（2）开工人员经培训，熟悉开工方案；

（3）水、电、气、开工母酸、水玻璃等介质准备到位，其中母酸贮备量不得少于干吸系统循环槽有效容积的3倍，水玻璃不得低于7天的用量；

（4）按技术要求催化剂准备到位，并应放置在干燥的仓库中。

开工步骤如下：

（1）干吸工序进母酸：

1）接到通知后，按照以下流程向干吸工序补母酸：产品酸槽A→二吸循环槽→（二吸向一吸串）一吸循环槽→（一吸向干燥串）干燥循环槽→（当干燥

[1] 氧硫比（O_2/SO_2）不小于0.75。

酸浓低于91.5%时）产品酸槽B；

2）当干燥酸液位低于1000mm时，重复以上补酸操作。

（2）转化器烘烤：

1）当干吸工序运行正常后，开始按照《转化器烘烤方案》组织烘烤转化器；

2）转化器烘烤过程中应及时串酸，确保干燥酸浓不得低于91.5%；

（3）装填催化剂：

1）当转化器烘烤结束并将内部温度降至60℃以内，才可安排装填催化剂；

2）装填催化剂由专人负责，严格按照《催化剂装填方案》装填；

3）催化剂装填结束后应及时重新封闭人孔，防止催化剂受潮。

（4）干吸系统开工：

1）按照《操作规程》启动浓酸泵；

2）当酸温大于40℃时，开启循环水冷却泵；

3）当酸温大于45℃时，开启阳极保护。

（5）净化系统开工：

1）开启电除雾器电加热器，并清洗电除雾器的沉降管；

2）各塔、槽补水，水位不得低于正常水位的1/2；

3）按照《操作规程》启动稀酸洗涤循环泵，调节泵出口压力到规定值；

4）按照《操作规程》电除雾器送电，调节二次电压到规定值；

5）根据要求配置水玻璃溶液，并调节水玻璃流量满足24h连续加入。

（6）转化升温：

1）按照《操作规程》启动SO_2风机；

2）按照《操作规程》电炉送电，开始升温；

3）按照《转化器升温方案》，及时调整升温曲线。

4）当转化器一层催化剂入口温度达到400℃时，解析系统加热炉开始点火升温；

5）当解析塔解析段活性焦温度上升到约200℃时，转换器开始有反应热释放出来；

（7）转化器催化剂“预饱和”：

1）当解析塔有SRG烟气解析出来时，转化器进入“预饱和”操作；

2）严格按照《预饱和操作方案》操作，及时控制Ⅰ段触媒出口温度不得超过570℃；

3）当Ⅰ段触媒出口温度不再升高或当温度上升到最高点开始回落后，说明预饱和已经结束，生产逐步转入正常。调整各点温度，气浓逐步转入正常生产。

根据实际情况及时调节净化、干吸、转化各控制点的温度、压力、液位及酸浓，满足《操作规程》规定的技术要求。

（8）制酸系统初次开工注意事项：

1）干吸系统补酸、倒酸操作，应注意安全，现场必须有人监护；

2）电除雾器送电前必须经过冲洗，并且绝缘箱加热温度不得低于110℃；

3）开工过程中，干燥酸浓严禁低于92.5%；

4）转化器烘烤初期，尽可能使用大风量，防止水分在下段触媒层冷凝；

5）转化器填装催化剂后升温速度不得超过30℃/h；

6）转化器催化剂“预饱和”过程中，严禁Ⅰ段触媒出口温度超过570℃；

7）开工过程中，应及时排放换热器内的冷凝酸。

276. 制酸系统长期停工后的开车步骤是什么？

（1）干吸工序开工：

1）按照《操作规程》启动浓酸泵；

2）当酸温大于40℃时，开启循环水冷却泵；

3）当酸温大于45℃时，开启酸冷却器阳极保护。

（2）净化工序开工：

1）提前2h开启电除雾器电加热器，并用清水冲洗电除雾器的沉降管；

2）各塔、槽补水，水位不得低于正常水位的1/2；

3）按照《制酸操作规程》启动稀酸洗涤循环泵，调节泵出口压力达到规定值；

4）按照《制酸操作规程》电除雾器送电，调节二次电压到规定值；

5）根据要求配置水玻璃溶液，并调节水玻璃流量满足24h连续加入。

（3）转化系统升温：

1）按照《操作规程》启动SO_2风机；

2）按照《操作规程》电炉送电，开始升温；

3）按照《转化器升温方案》，调节升温速度，尽可能满足升温曲线要求；

4）当转化器一层催化剂入口温度达到400℃时，加热炉开始点火升温；当解析塔加热段活性焦出口温度上升到200℃时，转换Ⅰ段触媒开始有明显反应热；

5）转化升温过程中，应定时排放换热器底部的冷凝酸。

（4）当SO_2风机出口气浓达到6%或Ⅰ段触媒出口温度达到500℃时，逐步关闭电炉。

（5）调整温度、气浓逐步进入正常生产。根据实际情况及时调节净化、干吸、转化各控制点的温度、压力、液位及酸浓，满足《操作规程》规定的技术要求。

277. 转化系统短时间停车保温后的开车步骤是什么？

（1）如果停车时间较短，Ⅰ段进口温度不低于400℃，可直接开车而不进行升温操作。

（2）如果停车时间较长，Ⅰ段进口温度低于380℃，在系统开车前应进行升温。按转化系统的升温程序进行操作，将Ⅰ段温度提高到400℃以上。

（3）升温合格后，可以通知加热炉点火。

278. 制酸系统长期停车的操作步骤是什么？

（1）转化器热吹：

1）接到停车通知后，做好各项停车准备，配合解析塔做好停工降温工作；

2）根据气浓变化调节补充空气阀，及时调节各副线阀，保证各段温度基本正常；

3）及时启用电炉，控制转化器Ⅰ段进口气温不低于420℃、Ⅳ段进口气温不低于415℃，对转化系统进行热吹；

4）热吹约16h（热风炉熄火开始计时），检测转化器Ⅴ段出口气体中SO_x（SO_3+SO_2）浓度小于0.03%，可转入冷吹。

（2）转化器冷吹：

1）逐步停用电炉，保持小于30℃/h的速度对转化器进行降温，在此过程中，可通过二氧化硫鼓风机风量和各副线阀的调节，控制转化器各段的降温速度；

2）当转化器Ⅰ段、Ⅱ段温度降低到200℃以下时，将二氧化硫鼓风机风量开到最大急吹；

3）当转化器各段温度均低于80℃时，冷吹结束，停二氧化硫鼓风机；

4）在转化系统进行热吹、冷吹的过程中，必须保持干吸工段各塔正常循环；

5）关闭二氧化硫鼓风机进出口阀、关闭补空气阀和尾气阀，防止窜入空气；

6）打开各换热器上的排冷凝酸阀，排净冷凝酸后关闭；

7）在转化系统检修时，应及时关闭各设备的人孔等，防止窜入潮湿空气使催化剂吸潮。

（3）净化工序停车：

1）当解析塔冷却段入口温度低于150℃时，净化工段具备停工条件；

2）通知脱硫解析工序关闭解析塔运载氮气；

3）停止加水玻璃；

4）按照《操作规程》停稀酸循环泵，并打开塔（稀酸槽）底排放阀3～5min，将塔底沉淀物排净（防止下次开工时，管道、泵等被焦粉堵塞）；

5）按照《操作规程》停电除雾器，并用清水冲洗 5 ~ 10min；

6）停工时间较长，关闭电除雾器绝缘箱加热电源。

（4）干吸、转化工序停车：

1）冷吹结束后，干吸、转化具备停车条件；

2）按照《操作规程》停 SO_2 风机，并关闭转化尾气阀门；

3）干燥、一吸、二吸酸温低于 40℃时，停浓酸循环泵（冬季停工时应将一吸、二吸管道中的浓酸排空或将酸浓控制在 96%~97% 之间，防止酸结晶堵塞管道）；

4）关闭阳极保护电源；

5）停循环水冷却泵。

279. 制酸系统紧急停车操作步骤是什么？

制酸系统紧急停机条件：

（1）运转设备出现故障且备用泵不能及时倒换或无备用设备，如：一级动力波泵、SO_2 风机、干燥泵、一吸泵、二吸泵等运转设备；

（2）现场出现较大泄漏，影响人身、设备安全，如：稀酸、浓酸喷溅；

（3）系统阻力突然增大，造成烟气泄漏或转化系统烟气泄漏；

（4）突然停电或因其他原因造成突然停机。

制酸系统紧急停车操作步骤：

（1）立即打开 SRG 烟气回流阀❶，并通知脱硫工序热风炉立即熄火；

（2）当确认回流阀开启后，立即关闭进制酸的 SRG 烟气阀；

（3）若是制酸净化设备发生故障，断开联锁后可直接关闭故障设备，干吸、转化不停机；

（4）若干吸或转化设备出现故障，净化设备可不停机，SO_2 风机停机后，停干燥、转化设备并及时关闭制酸尾气阀；

（5）故障解除后，立即恢复制酸生产，若转化降温较为明显，适当开启电炉确保“Ⅰ段、Ⅳ段”触媒入口温度不低于 400℃；

（6）制酸设备运行正常后，开启进制酸的 SRG 烟气阀门，同时关闭 SRG 烟气回流阀。

280. 为什么制酸系统阻力会增大，阻力增大后有什么危害？

干吸系统阻力增大的主要原因有：

（1）填料塔液位高或溢流管高度设计不合理，造成“淹塔”❷；

---

❶ 开启 SRG 烟气回流阀后，应控制吸附塔入口烟气温度小于 110℃，防止造成床层“飞温”。

❷ 塔内洗涤液超过了气体入口高度。

（2）净化后SRG烟气温度高、水分高。导致丝网除雾器、管道、换热器腐蚀堵塞；

（3）转化器操作不正常，造成触媒结块或粉化，阻力增大；

（4）SRG烟气中硫蒸气浓度高，导致纤维除雾器上有升华硫结晶物生成，阻力增大；

（5）SRG烟气中NO_x化合物浓度高，导致纤维除雾器上有亚硝基硫酸结晶物生成，阻力增大；

（6）干燥、吸收酸浓不稳定且未及时排放，换热器底部的冷凝酸增加；

（7）制酸尾气故障或未全开。

制酸系统阻力增大的危害性：

（1）难以保证解析塔中部负压，长此以往会造成解析塔严重腐蚀；

（2）制酸系统负压阻力大，容易造成负压设备损坏；

（3）制酸系统正压阻力大，容易造成吸收酸冲破“U”型液封，SO_3气体泄漏；

（4）制酸系统阻力大，容易造成设备泄漏，不利于安全生产。

281. 如何处理冷却水或系统补水突然中断？

（1）立即与有关方面联系，若能在短时间内恢复时，可以继续维持生产。

（2）若冷却水断水时间较长、循环酸温已超过75℃，则要通过转化岗位系统减负荷或系统停车处理。若为循环酸加水中断，由于酸浓度升高，吸收率下降，98%硫酸吸收塔已严重冒烟时，也要联系转化岗位系统停车处理。

（3）待水量恢复供应以后，即可通知转化岗位进行系统开车。

（4）属于加水中断停车后的开车，加水量可比正常操作时稍大，但不可太大。待浓度恢复到接近指标时，要及时减少水量，逐步转入正常控制状态。

282. 干吸工序异常现象、原因分析及处理方法有哪些？

表3-16　干吸异常现象、原因分析及处理方法

序号	异常现象	原因分析	处理方法
1	吸收率低，尾气冒“大烟”	（1）循环泵电流低，且运转不正常； （2）入塔酸温度太高； （3）入塔烟气温度高； （4）吸收酸浓度低或太高； （5）干燥效果差，水分超标； （6）干燥至SO_2风机管线漏气； （7）分酸不均匀	（1）调整泵出口阀，或停车检修泵； （2）调节水量、水温，降低酸温； （3）降低SRG烟气温度； （4）调整吸收酸浓度； （5）调整干燥塔，提高干燥效果； （6）检查泄漏处，并及时处理； （7）停车检查处理

续表 3-16

序号	异常现象	原因分析	处理方法
2	干燥酸浓度提不起来	(1) 仪表问题; (2) 进干燥塔的 SRG 烟气温度高; (3) 串酸量小; (4) 吸收酸浓度低; (5) SRG 烟气中 SO_2 浓度低，补空气阀开度大; (6) 干燥补水阀关不死或补水量多	(1) 通知仪表工处理; (2) 降低 SRG 烟气温度; (3) 提高串酸量; (4) 提高吸收酸浓度; (5) 提高 SRG 烟气中的 SO_2 浓度，关小补空气阀开度; (6) 检查干燥补水阀
3	吸收酸浓度提不起来	(1) 仪表问题; (2) 补水量多; (3) 干燥往吸收串酸量大; (4) 干燥酸浓过低; (5) SRG 烟气中 SO_2 浓度低	(1) 通知仪表工处理; (2) 关小补水阀; (3) 关小串酸阀; (4) 提高干燥酸浓度; (5) 提高 SRG 烟气中的 SO_2 浓度
4	生产出的浓硫酸呈淡棕色或棕褐色	(1) 洗涤净化效果差; (2) 吸附塔入口 NO_x 浓度高; (3) 活性焦脱硝质量不合格; (4) SRG 烟气中的 NO_x 数量多	(1) 提高净化效果，SRG 烟气的冷却终温不大于 35℃; (2) 烧结使用低氮燃料，降低机头烟气中的 NO_x 浓度不高于 $250mg/m^3$; (3) 使用合格的活性焦，脱硝率不低于 45%; (4) 控制 SRG 烟气中的 NO_x 数量，如及时调节喷氨量，确保脱硝反应彻底；适当降低活性焦循环量，延长脱硝反应时间等
5	生产出的浓硫酸呈“乳白色”且透明度差	(1) 干吸停工时间长，设备腐蚀; (2) 停工后烟气“反窜”至二吸塔内，造成二吸酸透明度差，进而造成一吸酸透明度差; (3) 酸浓低，设备腐蚀	(1) 开工 3～4 天后会逐渐变清澈; (2) 尾气管道增设“U”水封或衬氟快切阀; (3) 提高酸浓至正常
6	生产出的浓硫酸有黑色沉淀物	(1) 净化效果差，有粉尘进入干燥塔中; (2) 初期开启，设备、管道内有杂质。	(1) 提高净化效果; (2) 开工 2～5 天后会逐步变得清澈透明
7	生产出的浓硫酸呈蓝绿色	(1) 酸浓过低或过高; (2) 阳保故障	(1) 定期校验酸浓表; (2) 阳保出现问题及时处理
8	酸循环槽顶腐蚀	(1) 酸浓仪表回酸压力大，造成酸“反溅”，腐蚀槽顶; (2) 酸泵酸管腐蚀，造成部分酸直接喷射到槽顶	(1) 关小进仪表酸阀门; (2) 更换酸泵

续表 3-16

序号	异常现象	原 因 分 析	处 理 方 法
9	酸循环槽溢流酸	（1）操作事故，操作工阀门调节不当导致干燥循环槽漫酸； （2）液位计失灵，不能正确及时反馈干燥循环槽的液位，或因液位计反馈信息错误，导致员工误操作造成干燥循环槽漫酸； （3）串酸阀失灵或损坏，影响正常操作； （4）循环槽液位控制较高，当泵出现故障或突然停电时塔和酸管内的酸回到循环槽内发生漫酸	（1）立即关闭吸收酸串干燥循环槽的阀门，防止进一步漫酸； （2）查看地坑液位，及时排走地坑内的污酸，避免外漏造成污染事故； （3）关闭吸收循环槽的加水阀，根据吸收酸的浓度适当增大干燥串吸收的阀门开度，降低干燥循环槽的液位，同时注意吸收循环槽的液位； （4）查明漫酸原因，及时处理； （5）清理地面残酸
10	酸泵电流不稳定	（1）供电系统故障； （2）酸泵出口阀开度小； （3）酸泵入口堵塞； （4）酸泵叶轮损坏	（1）通知电工检查、处理； （2）适当开打酸泵出口阀； （3）停车处理； （4）停车处理
11	塔阻力大	（1）仪表问题； （2）除雾器被酸泥堵塞； （3）烟气管道堵塞； （4）纤维除雾器上有亚硝基硫酸结晶或升华硫； （5）填料碎，透气性差； （6）吸收塔底部“淹塔”； （7）换热器冷凝酸排放不及时	（1）通知仪表工处理； （2）停工拆除丝网除雾器，塔外清洗； （3）清理烟气出口垂直管段下弯头处酸泥，排放进口垂直管段下弯头处酸液； （4）停工清洗除雾器； （5）扒填料，重新挑选后再装填； （6）拆底部人孔，清理底部杂物，确保回酸管畅通； （7）定期排放冷凝酸或开工后及时排放冷凝酸

第四章 污酸治理

第一节 污酸预处理

283. 什么是污酸?

SRG烟气制酸净化工序采用全封闭稀酸洗涤流程。烟气中焦粉、氟化物、二氧化硫（SO_2）、三氧化硫（SO_3）、水蒸气、重金属等在净化过程中会进入到稀酸洗涤液中。随着洗涤过程的进行，稀酸液越来越多，为了保证净化工序水量平衡，需要排出部分稀酸溶液，排出系统的这部分稀酸液称为污酸。

284. 污酸特点和组成是什么?

污酸中污染物主要为稀硫酸、氨氮、悬浮物、氯化物、重金属等，处理难度极大。

（1）特点：

1）污酸量一般较低，一般为活性焦循环量的4%~5%；

2）通常污酸pH值小于1，酸度较高，一般不低于4%（以H_2SO_4计），并有很重的二氧化硫（SO_2）刺激性气味；

3）污酸中COD（化学需氧量）值通常不低于5000；

4）活性焦粉泥渣量大，容易堵塞管道、设备；

5）固定铵盐浓度高，氯离子浓度高，对不锈钢设备腐蚀性强；

6）毒性大，含有重金属、氟化物等有毒物质。

（2）组成见表4-1。

表4-1 国内某企业烧结烟气酸污酸中的污染物平均浓度 （mg/L）

项目	氯化物	硫酸根	氨氮	悬浮物	COD	氟化物	总铁	总铅	总汞	砷化物	pH值（—）
指标	52000	17000	20000	5000	2000	150	50	1.8	0.25	0.11	1

285. 污酸的危害有哪些?

（1）对人体有毒害作用：污酸中含有大量的重金属、氯化物、COD等有毒物质，它与细胞原浆中蛋白质接触时，发生化学反应，形成不溶性蛋白质，而使细胞失去活力，引起人体组织损坏或坏死。长期饮用被污染的水会引起头晕、贫血及各种神经系统病症。

（2）对水体和水生物有毒害作用：污酸排水体内，可直接导致鱼类、水生物死亡。

（3）对农作物有毒害作用：用污酸污染过的水灌溉农田，将导致土壤酸化，使农作物减产，甚至枯死。

（4）污染空气：污酸中溶解了大量的有毒物质，如二氧化硫气体（SO_2）、挥发性有机物等。未经处理的污酸会散发出恶臭。

286. 当前钢铁企业活性焦脱硫脱硝污酸处理存在哪些问题？

当前钢铁企业烧结脱硫脱硝制酸生产出的污酸一般经过简单液碱（片碱）中和后，直接用于烧结机混料或高炉冲渣。该方式存在以下问题：

（1）达不到国家环境保护部及国家质量监督检验检疫总局规定的《钢铁工业水污染物排放标准》（GB 13456—2012）；

（2）需要消耗大量的液碱。一台450m^2烧结机每天烟气净化产生的污酸需要消耗约3吨的液碱（浓度32%的NaOH），增加了企业的生产成本；

（3）中和后的污酸含有大量的硫酸钠（Na_2SO_4、NaCl、铵盐和重金属）。若用于烧结混料，则提高了烧结矿的钠、硫、氯等危害元素的含量，不利于高炉炉况的稳定；若用于高炉冲渣，则会腐蚀设备，污染环境。

287.《钢铁工业水污染物排放标准》（GB 13456—2012）中烧结（球团）内容有哪些？

表4-2　新建企业水污染浓度排放限值　（mg/L）

序号	污染项目	排放限值		污染物排放监控位置
		直接排放	间接排放	
1	pH值（—）	6～9	6～9	企业废水总排放口
2	化学需氧量（COD）	50	200	
3	悬浮物	30	100	
4	石油类	3	8	
5	氨氮	—	15	
6	总氮	—	35	
7	总铁	—	10	
8	氟化物	—	20	
9	总汞	—	0.05	车间或生产装置排放口
10	总砷	0.5		
11	总铅	1.0		
单位产品基准排水量/$m^3 \cdot t^{-1}$		0.05		排水量计量位置与污染物排放监控位置相同

表 4-3　水污染物特别排放限值　(mg/L)

序号	污染项目	排放限值		污染物排放监控位置
		直接排放	间接排放	
1	pH 值（—）	6～9	6～9	企业废水总排放口
2	化学需氧量（COD）	30	200	
3	悬浮物	20	30	
4	石油类	3	8	
5	氨氮	—	8	
6	总氮	—	20	
7	总铁	—	10	
8	氟化物	—	10	
9	总汞	—	0.01	车间或生产装置排放口
10	总砷	0.1		
11	总铅	0.1		
单位产品基准排水量/$m^3 \cdot t^{-1}$		0.05		排水量计量位置与污染物排放监控位置相同

288. 目前可行的污酸处理技术有哪些？

常规的污酸处理工艺因会产生大量的废渣难以回收利用，存在二次污染，因此难以满足现行的环保要求。当前够满足现行环保要求的烟气制酸污酸处理工艺主要有以下几种：

（1）焦化生产硫酸铵。制酸工序产生出的污酸去除沉淀物、悬浮物后，送往焦化硫铵工段，生产硫酸铵。

（2）蒸发结晶工艺。制酸工序产生的含酸污酸经过预处理后，送往蒸发结晶工序生产钠盐或铵盐。

（3）浓缩工艺。制酸工序产生出的污酸经过预处理后，送往蒸发浓缩工序生产工业浓硫酸。

污酸处理工艺比较见表 4-4。

表 4-4　污酸处理工艺比较

工艺		产品	综合分析
焦化生产硫酸铵		生产硫酸铵	工艺简单，效益最高，建有焦化的企业应优先考虑
蒸发结晶	用氢氧化钠中和预处理	生产工业氯化钠和硫酸钠	污酸处理成本高，生产出的钠盐难以销售
	用浓氨水或氨气中和预处理	生产农业氯化铵和硫酸铵	污酸处理成本相对较低，生产出的铵盐质量合格，容易销售
浓缩		生产 92%～95% 的浓硫酸	设备腐蚀严重，生产出的浓硫酸质量较差

289. 污酸预处理的目的是什么？

制酸污酸预处理的目的就是使污酸满足蒸发结晶的要求，即：

（1）通过加入碱性物质中和污酸，使污酸转变为弱酸性或中性含盐废水；

（2）去除污酸中的悬浮物和重金属，确保结晶盐产品合格，防止蒸发设备堵塞。

290. 用氨中和污酸比用液碱中和污酸有何优势？

氨和液碱均可以作为污酸中和药剂，但使用氨中和污酸要明显优于液碱。具体分析如下：

（1）流程短、建设成本低。当采用氨气中和污酸时，省去了污酸汽提氨装置（使用汽提分离污酸中的氨），因此降低了建设成本。

（2）整体工艺运行稳定。氨气中和污酸后溶液呈弱酸性，液碱中和污酸后需要呈碱性（汽提氨），碱性溶液在蒸发结晶时更容易结垢堵塞设备。

（3）生产成本低。每中和1t的硫酸，消耗的液碱质量是液氨质量的7.8倍，并增加约2t的水[1]，因此每中和1t的硫酸，消耗的液碱成本是液氨成本的2.34倍[2]。

（4）生产出的产品好销售。氨气中和生产出的产品氯化铵和硫酸铵可作为化肥销售；液碱中和生产出的氯化钠和硫酸钠销售困难，一旦销售受阻，容易产生二次污染。

表4-5　两种工艺对比

项　目	氨 气 中 和	液 碱 中 和
工艺流程	预处理 + 蒸发结晶	预处理 + 汽提氨 + 蒸发结晶
建设成本	省去汽提装置，投资成本低	设氨汽提装置，增加建设成本约150万元
工艺稳定性	系统呈弱酸性，不宜结垢，因此工艺运行相对稳定	系统呈碱性，设备容易结垢，需定停工期清洗
运行成本	原料成本低	原料成本高（2.3倍），蒸气消耗量大
产品销路	硫酸铵、氯化铵混盐可以作为化肥使用，销路广，有一定收益	硫酸钠、氯化钠混盐，使用范围窄，销售困难，需要贴钱处理

291. 氨中和污酸预处理工艺是什么？

污酸预处理工艺流程见图4-1。

[1] 30%的液碱（NaOH）；

[2] 30%的液碱（NaOH）1200元/t；液氨4000元/t。

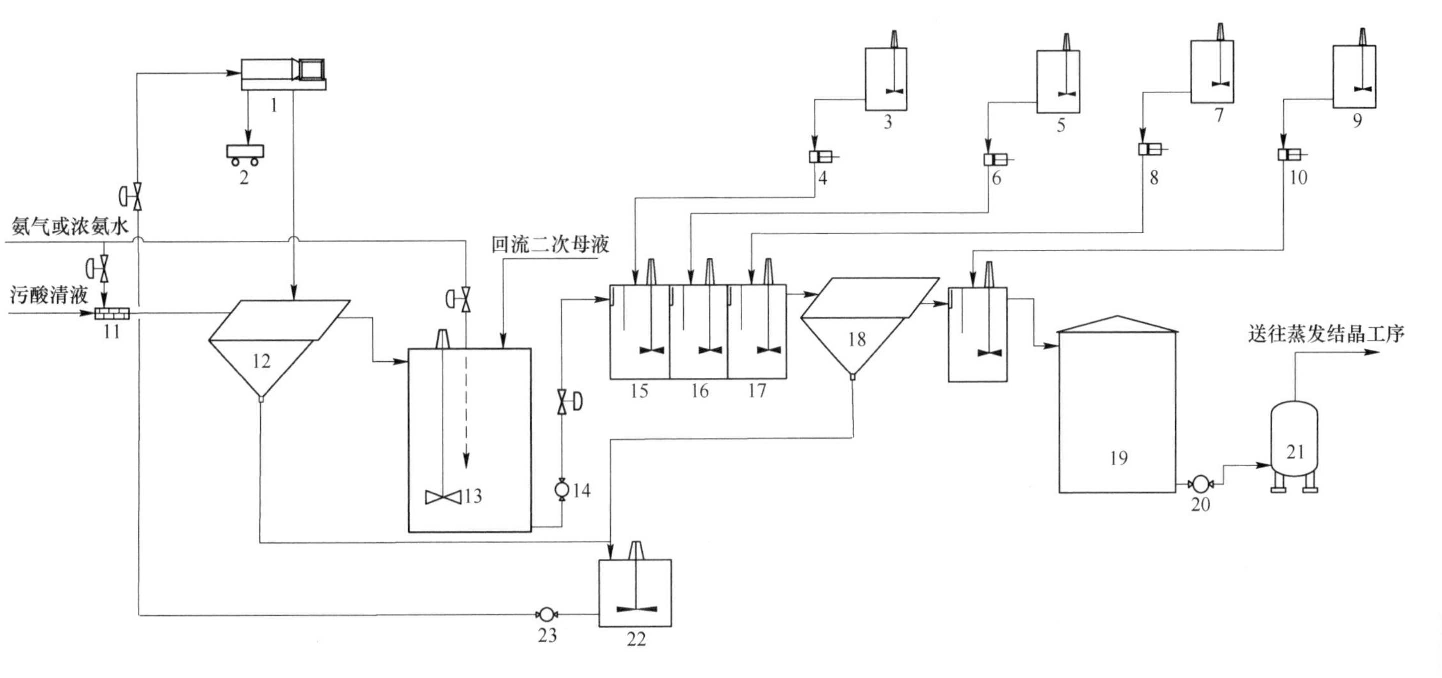

图 4-1　污酸预处理工艺流程图

1—卧式离心机；2—污泥小车；3—(Jx—202) 加药罐；4—(Jx—202) 计量泵；5—(PFS) 加药罐；6—(PFS) 计量泵；7—(PAM) 加药罐；8—(PAM) 计量泵；9—(H_2O_2) 加药罐；10—(H_2O_2) 计量泵；11—混合中和器；12—一级斜管沉降器；13—污酸调节槽；14—污酸提升泵；15—一级混合反应池；16—二级混合反应池；17—三级混合反应池；18—二级斜管沉降器；19—清液槽；20—清液提升泵；21—耐酸陶瓷管过滤器；22—污泥沉淀池；23—污泥提升泵

首先，制酸工段排出来的污酸在中和反应器内被液氨或浓氨水中和 pH 值至 3 ~ 4，中和后的污酸进入一级斜管沉降器；从一级斜板沉降器上部分离出的污酸自流入调节池；从一级斜板沉降器底部分离出的污泥定期排入污泥浓缩池。

其次，调节池中的污酸经污酸提升泵加压后依次进入三联混合反应池，在三联混合反应池内分别加入重金属捕捉剂（Jx-202）、聚合铁（PFS）和聚丙烯酰胺（PAM）药剂。加药后的一次清液自流入二级斜板沉淀器，去除水中的重金属和悬浮物：从二级斜板沉淀器上部分离出的二次清液进入单级混合反应池与双氧水（H_2O_2）反应去除水中 COD 后进入清液槽；从二级斜板沉降器底部分离出的沉淀物定期排入污泥浓缩池。

最后，清液经提升泵加压后经陶瓷膜过滤器过滤、进一步除去悬浮物，被送往后续蒸发结晶工序或焦化厂硫铵工序生产铵盐。

浓缩池中的污泥经过污泥提升泵后进入污泥离心机，从离心机分离出的脱水污泥（含水 70%~80%）定期送往原料厂，混入到烧结原料中；分离出的清液回流到一级斜管沉降器。

292. 污酸预处理指标有哪些?

表 4-6 污酸预处理指标 (mg/L)

项目	悬浮物	COD	铅	汞	pH 值（—）
指标	20	≤100	≤0.1	≤0.01	4 ~ 6

293. 污酸预处理加入重金属捕捉剂的作用机理及使用方法?

重金属捕捉剂（Jx-202）是利用化学法与污水中的重金属螯合形成絮状沉淀，实现重金属去除的水处理药剂，简称重捕剂。

使用方法如下：

（1）首先，根据重金属含量和络合剂种类计算重金属捕捉剂的用量。根据重金属离子用量列表计算，实际用量依具体情况而定。

（2）用自来水将重金属捕捉剂溶解成 2% 的溶液。

（3）调整污酸的 pH 值至 5 ~ 6。

（4）在快速搅拌下（大于 150r/min），加入计量的重金属捕集剂溶液，反应时间 4 ~ 8min。

（5）调整重金属捕捉剂用量：

1）取反应后的少许污酸过滤。

2）定性检测滤液重金属的去除情况。检测方法：在滤液中加入重金属捕捉剂溶液，如变色或有沉淀产生，说明重金属离子尚未除尽，继续在污酸中加重金属捕捉剂溶液；如不变色或无沉淀产生，证明重金属已除尽。

3）定性检测重金属捕捉剂是否过量。方法：在滤液里加入原始的污酸，变色或有沉淀产生，说明重金属捕捉剂过量；如不变色或无沉淀产生，证明重金属捕捉剂用量刚好。

294. 污酸预处理加入聚合硫酸铁的作用机理是什么？

聚合硫酸铁（PFS）是介于硫酸铁和氢氧化铁之间的中间水解产物。分子中含有数量不等的羟基，属于电荷数较少而聚合度较高的无机高分子化合物。其化学通式为 $[Fe_3(OH)_n(SO_4)_{3-n/2}]_m$。聚合度 m 为几十。在适宜的条件下，将其投入水中，可使水中的微小悬浮物通过电性中和、桥架凝聚作用变为较大的絮体沉降而与水分离。

295. 污酸预处理加入聚丙烯酰胺的作用机理是什么？

聚丙烯酰胺（PAM）是高分子聚合物，其相对分子质量在几十万到千万之间，在长碳链上有许多活性官能团，能吸附多个微粒，起到桥架、网捕和卷带的作用，将许多微粒连接在一起形成较大的絮团，而加快其沉降速度。

296. 混合反应池运行中应该注意哪些问题？

（1）混凝剂的用量。用量过多在水中溶解效果差，高分子聚合物的分子链不能充分伸展开，活性基团不能充分暴露，影响处理效果，同时也是不必要的浪费。适宜的用量是通过实验确定的。一般 PFS 控制在 600mg/L 左右，PAM 控制在 0.5 ~ 1mg/L。

（2）搅拌强度和搅拌时间。

搅拌强度和搅拌时间与混合反应过程有密切关系。混合反应分两步进行，首先是混合，然后是反应。

混合是指药剂迅速而均匀地扩散到污水中，并形成微絮凝的过程。此过程要求搅拌强度要大，搅拌时间要短。一般控制混合速度梯度不小于 $1000s^{-1}$，混合时间约为 1min。搅拌方式有机械搅拌和空气搅拌等。

反应是指加药形成的细小微粒（1nm ~ 0.2μm 的胶体和 0.2μm ~ 1mm 的悬浮物）凝聚成较大的絮凝体的过程。此过程要求搅拌强度适中，使微粒间相互碰撞形成大的絮体，但又不被水的剪切力打碎。各种絮凝反应池的反应速度是不同的，但是要遵循水流速度递减的原则。一般速度梯度在 $10 \sim 200s^{-1}$，反应时间约 30min。

（3）pH 值。pH 值影响药剂水解产物的性质，影响处理效果。一般控制在中性，必要时投加石灰类助凝剂调节。

287. 污酸芬顿（Fenton）氧化的目的是什么？

芬顿（Fenton）氧化的主要目的：利用双氧水（H_2O_2）在 Fe^{2+}催化剂的作用下生成羟基自由基（OH·），再由生成的羟基自由基氧化污酸中难以降解的有机物，使污酸中的有机物生成二氧化碳（CO_2）和水（H_2O），从而降低污酸的化学需氧量（COD）。

298. 影响芬顿（Fenton）氧化的因素有哪些？

（1）pH 值。芬顿试剂是在酸性条件下发生反应的，在中性和碱性的环境中 Fe^{2+}不能催化氧化 H_2O_2产生羟基自由基（OH·），而且会产生氢氧化铁沉淀而失去催化能力。但是当溶液中的 H^+浓度过高时，Fe^{3+}不能顺利地被还原为 Fe^{2+}，催化反应受阻。污酸 pH 值控制在 3 ~ 5 时有机物能够在较短时间内被降解。

（2）温度。温度是芬顿反应的重要影响因素之一。温度升高会加快羟基自由基（·OH）的生成速度，有助于羟基自由基与有机物反应，提高氧化效果和 COD 的去除率。但是，对于芬顿试剂这样复杂的反应体系，温度升高，不仅加速正反应的进行，也加速副反应，温度升高也会加速 H_2O_2的分解，分解为 O_2和 H_2O，不利于羟基自由基（·OH）的生成。

（3）双氧水（H_2O_2）投加量。双氧水（H_2O_2）的投加量大，废水 COD 的去除率会有所提高，但是当双氧水投加量增加到一定程度后，化学需氧量（COD）的去除率会慢慢下降。因为在芬顿反应中双氧水投加量增加，羟基自由基产量会增加，则 COD 的去除率会升高，但是当双氧水的浓度过高时，双氧水会发生分解，并不产生羟基自由基。

污酸中 COD 值越高，所消耗的双氧水（H_2O_2）也就越多，一般双氧水的投加量为污酸量的 1‰ ~ 2‰。

（4）硫酸亚铁（$FeSO_4$）投加量。催化剂的投加量也有与双氧水投加量相同的情况，一般情况下，增加硫酸亚铁的用量，污酸中化学需氧量的去除率会增大。当硫酸亚铁增加到一定程度后，COD 的去除率开始下降。因为当 Fe^{2+}浓度低时，随着 Fe^{2+}浓度升高，H_2O_2产生的羟基自由基（·OH）增加；当亚铁离子（Fe^{2+}）的浓度过高时，也会导致双氧水 H_2O_2 发生无效分解，释放出氧气（O_2）。污酸中含有一定的亚铁离子，当亚铁离子与双氧水的摩尔比（Fe/H_2O_2）为 1.1 ~ 1.2 时即可满足芬顿反应要求。

299. 污泥浓缩池浓缩效果差是由哪些原因引起的？

（1）斜管沉降器排泥量过大；

（2）污泥浓缩时间短，其中含有一些未浓缩好的污泥；

（3）入流污泥在浓缩池内发生断流。产生断流原因主要有进泥口深度不适合；溢流堰板、入流挡板或导流筒有损坏；进泥量突然增加等。

300. 脱水污泥具有什么特征？

（1）含水率高，一般为70%~80%；

（2）固定碳含量高，多数为活性焦粉。

301. 污酸预处理工序异常现象、原因分析及处理方法？

表4-7　污酸预处理异常现象及处理方法

序号	异常现象	原因分析	处理方法
1	pH值不稳定	（1）pH在线监测仪故障； （2）中和不及时； （3）水量、水质不稳定	（1）通知仪表工处理； （2）根据pH值及时调节氨用量； （3）稳定污酸量
2	预处理后清液SS超标	（1）混凝剂、絮凝剂加药不足； （2）混合反应池搅拌故障； （3）斜管沉降器操作不正常； （4）过滤器滤管破损	（1）及时按照技术规范加药； （2）通知维修工及时处理； （3）加强斜管排泥频次； （4）倒换过滤器
3	预处理后清液中重金属超标	（1）重金属捕捉剂不足； （2）设备故障； （3）水质不稳定	（1）及时调整加药量； （2）通知维修工处理故障； （3）稳定水量
4	污泥含水高	（1）离心机故障； （2）进料速度快； （3）离心机反冲洗水未关	（1）通知维修工处理； （2）适当关小污泥提升泵出口阀或开启污泥回流阀； （3）关闭反冲洗阀门
5	污泥泵不出水	（1）污泥泵入口堵塞； （2）污泥泵出口堵塞； （3）污泥泵进出口阀门未开启或掉砣	（1）开启污泥泵入口冲洗阀门进行冲洗； （2）开启污泥泵出口冲洗阀门进行冲洗； （3）打开出口阀或更换阀门

第二节　蒸发结晶

302. 什么是溶液，溶液是如何分类的？

一种物质（或几种物质）分散到另一种物质里，形成的均匀体系称作溶液。被溶解的物质称作溶质。能溶解其他物质的物质称作溶剂。例如硫酸溶液，硫酸为溶质，水为溶剂。

通常根据溶液的饱和度将溶液分为饱和溶液、不饱和溶液、过饱和溶液。

（1）饱和溶液。饱和溶液是指在一定温度和压力下，溶剂中所溶解的溶质已达最大量（溶解度）的溶液。即溶质与溶液接触时，溶解速度与析出速度相等的溶液。

（2）不饱和溶液。在一定温度和压力下，溶剂中溶解的溶质低于所能溶解的最大量（溶解度）的溶液，称作不饱和溶液。

（3）过饱和溶液。在一定温度和压力下，溶液中溶解的溶质超过所能溶解的最大量（饱和量）的溶液，称作过饱和溶液。通常使用过饱和度来评价过饱和溶液，过饱和度是指在一定温度和压力下，过饱和溶液与饱和溶液间的浓度差称作过饱和度。过饱和度是结晶过程的推动力。

303. 什么是蒸发、结晶？

（1）将含有不挥发溶质的溶液加热沸腾，使其中的挥发性溶剂部分汽化而将溶液浓缩的过程，称为蒸发。

（2）将热的饱和溶液冷却后，溶质以晶体的形式析出，这一过程叫结晶。

304. 蒸发过程有何特点？

（1）蒸发的物料是溶有不挥发性溶质的溶液。依拉乌尔定律 $p_A = p_0 n_A / (n_A + n_B)$ 可知，在相同压力下，溶液的沸点高于纯溶剂的沸点。所以，当加热蒸汽温度一定时，蒸发溶液时的传热温度差要比蒸发纯溶剂时小，溶液的浓度越大，这种影响就越显著。

（2）蒸发时要汽化大量的溶剂，因此需消耗大量的加热蒸汽。

（3）被蒸发的溶液本身，常具有某些特性，例如，有些物料在浓缩时可能结垢或析出结晶，有些热敏性物料在高温下易分解变质，有些溶液则有较大的黏度或较强的腐蚀性等。

305. 真空（减压）蒸发和常压蒸发相比有何优缺点？

真空蒸发时，冷凝器和蒸发器溶液侧的操作压力低于大气压，此时系统中的不凝性气体必须用真空泵连续抽出。

与常压蒸发相比，真空蒸发的优点：

（1）在真空下溶液沸点低，可用温度较低的低压蒸汽或乏汽（废热蒸汽）做加热蒸汽，为二次汽的利用创造了条件。

（2）沸点低，提高了加热蒸汽与物料之间的温差度，从而增大了传热面上单位时间内的传热量，加快了蒸发的速度；沸点低，使传热面上的结焦率现象大大减少，可以提高设备的利用率，减小了所需传热面积。

（3）沸点低，有利于处理高温下易分解或变质的热敏性物质。

（4）蒸发器操作温度低，系统的热损失小。

与常压蒸发相比，真空蒸发的缺点

（1）保持一定的真空度，需增加一系列的设备，增加了设备造价；

（2）真空泵需要消耗大量的冷却水；

（3）溶液温度低，溶液黏度大，传热系数小，蒸发相同重量的溶液需要多消耗能量。

306. 什么是生蒸汽、二次蒸汽?

（1）在蒸发过程中用作加热热源的新鲜饱和水蒸气称为生蒸汽；

（2）在蒸发过程中从溶液中蒸出的溶剂蒸汽称为二次蒸汽。

307. 什么是单效蒸发、多效蒸发?

（1）单效蒸发是指蒸发所产生的二次蒸汽不用来使物料进一步蒸发，只是单台设备的蒸发。

（2）多效蒸发是指将前效蒸发产生的二次蒸汽作为下一效蒸发的热源，是多台设备串联蒸发。在多效蒸发中，各效的操作压力、相应的蒸汽加热温度与溶液沸点依次降低。

多效蒸法可以提高加热蒸汽的利用率，所以多效蒸发的操作费用是随着效数的增加而减少。但从表 4-8 可知，虽然（D/W）是随着效数的增加而不断减小，但所节省的加热蒸汽量也随之减小。例如：由单效改为双效，可节省加热蒸汽量约为 50%，而从四效增为五效，可节省加热蒸汽量就已降为 10%；另一方面，增加效数就需要增加设备费，而当增加一效的设备费用不能与所节省的加热蒸汽的收益相抵时，就没有必要再增加效数，所以多效蒸发的效数是有一定限度的。

表 4-8 不同蒸发系统单位生蒸汽消耗量对比

效数	单效	双效	三效	四效	五效
D/W	1.1	0.57	0.4	0.3	0.27

注：D—生蒸汽消耗量，t/h；W—蒸发原料液量，t/h。

308. 多效蒸发操作流程有哪些，各有何特点?

在多效蒸发器中，溶液的流程有并流、逆流、平流和错流。

（1）并流是溶液与蒸气成并流，又称顺流加料流程。特点：料液可自动流入下一效，不需要泵，运行成本低；但对黏度随浓度迅速增加的溶液不适宜。

（2）逆流是溶液与蒸气成逆流。特点：料液需要用泵送入下一效，传热推动力较为均匀；适用于黏度随浓度变化较大的溶液，但对于热敏性溶液应采取相应措施。

(3) 平流是每效都加入原料液。特点：各效独立进料，传热状况均匀较好。适用于蒸发过程中伴有结晶析出场合。

(4) 错流是溶液与蒸气在有些效为并流，而在有些效间则为逆流。特点：兼有并、逆流的优点，操作复杂。

309. 污酸提盐（蒸发结晶）工艺流程是什么？

为了生产出纯度较高的氯化铵和硫酸铵产品，将污酸蒸发结晶过程分为两段：Ⅰ段蒸发结晶生产氯化铵（NH_4Cl），Ⅱ段蒸发结晶生产硫酸铵[$(NH_4)_2SO_4$] 混盐❶。

蒸发结晶工艺流程见图4-2。

Ⅰ段三效蒸发结晶生产氯化铵（NH_4Cl）的工艺如下。

(1) 三效蒸发流程：

来自预处理后的污酸经污酸预热器与来自一效加热器的生蒸汽凝结水换热后，进入一效循环蒸发系统。在系统内与循环液混合进入一效加热器，在加热器内与壳程的生蒸汽进行换热蒸发，蒸发后形成的汽液混合物进入一效分离器进行汽液分离，分离出的一次浓缩液部分进入二效循环蒸发器；从一效分离器分离的二次蒸汽进入二效加热器的壳程作为二效加热器的热源。

进入二效循环蒸发系统的一效浓缩液在系统内与二效浓缩液混合进入二效加热器，混合液在二效加热器内被一效分离器来的二次蒸汽加热蒸发，蒸发后的汽液混合物进入二效分离器进行汽液分离，分离出的二次浓缩液部分进入三效循环蒸发系统；二效分离器分离出的二次蒸汽进入三效加热器的壳程作为三效加热器的热源。

进入三效强制循环蒸发系统的二效浓缩液在系统内与三效浓缩液混合进入三效加热器，混合液在三效加热器内被二效分离器来的二次蒸汽加热蒸发，蒸发后的汽液混合物进入三效饱和器的分离室进行汽液分离。分离出的二次蒸汽和从二效加热器、三效加热器出来的蒸汽凝水，被冷凝器冷却后进入蒸发凝结水箱，凝结水定期排至烧结混料机。三效蒸发系统真空度由真空泵维持；分离出的三效浓缩液经降液管（三效分离器：分离室与结晶室的液封连通管）进入结晶室内，结晶室底部的一次母液（含固氯化铵浆液）被Ⅰ段结晶泵连续输送入至Ⅰ段结晶釜，从结晶釜溢流出的一次母液清液回流到三效饱和器的结晶室内。

---

❶ 污酸中氯离子浓度高于硫酸根浓度，查附表3可知：Ⅰ段蒸发结晶生产NH_4Cl，Ⅱ段蒸发结晶生产$(NH_4)_2SO_4$为宜。

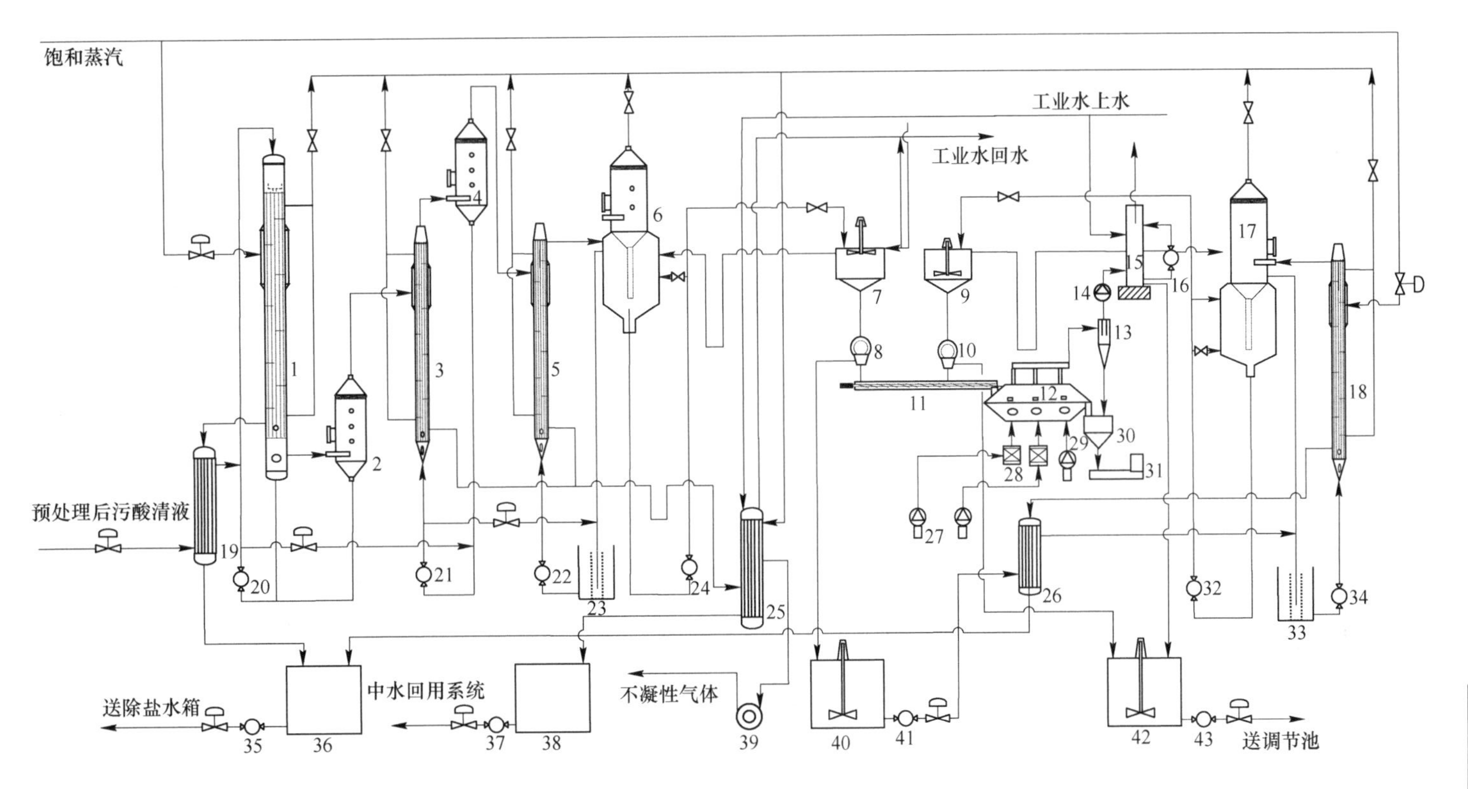

图 4-2　蒸发结晶工艺流程图

1—一效加热器；2—一效分离器；3—二效加热器；4—二效分离器；5—三效加热器；6—（三效）饱和器；7—Ⅰ段结晶釜；8—Ⅰ段离心机；9—Ⅱ段结晶釜；10—Ⅱ段离心机；11—螺旋输送机；12—振动干燥床；13—旋风分离器；14—引风机；15—洗净塔；16—洗涤循环泵；17—（单效）饱和器；18—单效加热器；19—污酸预热器；20—一效循环泵；21—二效循环泵；22—三效循环泵；23—三效满流槽；24—Ⅰ段母液循环泵；25—冷凝器；26—母液预热器；27—1号、2号热风机；28—1号、2号加热器；29—冷却风机；30—储料仓；31—打包机；32—Ⅱ段母液循环泵；33—单效满流槽；34—单效循环泵；35—蒸汽凝结水泵；36—蒸汽凝结水箱；37—蒸发凝结水泵；38—蒸发凝结水箱；39—真空泵机组；40—Ⅰ段母液贮槽；41—Ⅰ段母液泵；42—Ⅱ段母液贮槽；43—Ⅱ段母液泵

（2）氯化铵结晶、干燥流程：

在Ⅰ段结晶釜内一次母液被冷却至40～50℃，当一次母液含固量达到25%时，结晶釜内的浆液排入到Ⅰ段离心机，经离心机分离出的含水氯化铵由螺旋输送机输送至振动流化干燥床。在干燥床内氯化铵结晶被热空气干燥，再经冷空气冷却后进入贮斗，最后称重、包装送入成品库。Ⅰ段离心机滤出的一次母液自流入一次母液贮槽，作为Ⅱ段单效蒸发结晶的原料液。

由振动流化床出来的尾气，首先经旋风除尘器除去尾气中夹带的大部分粉尘后，再由尾气引风机送至尾气洗涤塔，在洗涤塔内对尾气进行连续循环喷洒，进一步除去尾气中夹带的粉尘，最后尾气经捕雾器除去尾气中夹带的液滴后排入大气。尾气洗净塔内循环洗涤液定期更换，更换出的洗涤液排至二次母液贮槽。

Ⅱ段单效蒸发生产硫酸铵［$(NH_4)_2SO_4$］混盐的工艺如下。

（1）单效蒸发流程：

一次母液经一次母液泵加压后与来自单效蒸发加热器的生蒸汽凝结水换热，母液进入单效循环蒸发系统。在系统内一次母液被生蒸汽加热蒸发，蒸发后形成的汽液混合物进入单效饱和器的分离室进行汽液分离。分离出的二次蒸汽，经过冷凝器冷却后进入蒸发凝结水箱；分离出的单效浓缩液经降液管（单效分离器：分离室与结晶室的液封连通管）进入下部的结晶室，结晶室底部的二次母液（含固硫酸铵、氯化铵的浆液）被Ⅱ段结晶泵连续输送入Ⅱ段结晶釜，从Ⅱ段结晶釜满流出二次母液清液回流到单效饱和器的结晶室内。

污酸预热器和母液预热器出来的生蒸汽凝结水进入蒸汽凝结水箱，并定期送往公司中水回用系统。

（2）硫酸铵结晶、干燥流程：

在Ⅱ段结晶釜内当二次母液含固量达到30%时。结晶釜内的浆液排入到Ⅱ段离心机，经离心机分离后的含水硫酸铵、氯化铵混合晶体由螺旋输送机输送至振动流化干燥床，混合晶体在干燥床内被热空气干燥，再经冷空气冷却后进入贮斗，最后称重、包装送入成品库。Ⅱ段离心机滤出的二次母液和Ⅱ段结晶釜满流出来的二次母液自流入二次母液贮槽，定期经二次母液泵回送至污酸预处理调节池。

310. 蒸发结晶主要技术参数有哪些?

表4-9 结晶蒸发技术参数

项 目	三效蒸发			单效蒸发
	一效分离器	二效分离器	三效饱和器（分离结晶器）	单效饱和器（分离结晶器）
生蒸汽流量/$t\cdot h^{-1}$	0.8～1.0			0.3～0.4

续表 4-9

项目		三效蒸发			单效蒸发
		一效分离器	二效分离器	三效饱和器（分离结晶器）	单效饱和器（分离结晶器）
温度/℃		90～95	70～75	55～60	70～75
真空度/Pa		-20～-30	-50～-60	-75～-85	-70～-80
固含量/%，≤		0	10	15	10
液位波动/mm，≤		200	200	Ⅰ段满流槽 1500	Ⅱ段满流槽 1500
结晶釜	温度/℃	Ⅰ段 40～50			Ⅱ段 60～70
	固含量/%	Ⅰ段 25			Ⅱ段 30

311. 污酸蒸发凝结水（排水）指标有哪些?

表 4-10　凝结水指标　(mg/L)

项目	悬浮物	石油类	氨氮	氟化物	砷	COD	铁	铅	汞	pH 值(—)
指标	≤20	≤1	≤8	≤10	0.1	≤30	≤10	≤0.1	≤0.01	6～9

312. 影响蒸发的因素有哪些?

（1）蒸发温度。蒸发温度是影响蒸发速度的重要因素。热流强度大，蒸发温度就高。对于大多数蒸发设备而言，提高加热蒸汽量有利于提高设备蒸发速度，但过大的蒸汽量容易产生过多的不冷凝气体从而影响整个系统的压力。

（2）真空度。系统真空度越大，料液的沸点也就越低，越有利于提高蒸发速度。

313. 影响结晶颗粒大小的因素有哪些?

（1）母液温度。通常在一定范围内晶体的生长速度随母液温度的升高而增大，且由于晶体各棱面的平均生长速度比晶体沿长向生长速度增长较快，故提高温度有助于降低长宽比而形成较好的晶形。同时，由于晶体体积增长速度变快，可将母液黏度降低而增加了硫酸铵分子向晶体表面的扩散速率，有利于晶体长大。

适宜的母液温度是在保证母液不被稀释的条件下，采用较低的操作温度，并使其保持稳定和均匀。一般母液温度控制在 55～60℃。

（2）原料液 pH 值。介质的 pH 值对硫酸铵晶体的品质有重要影响，在强酸溶液中会生成碎小的针状晶体，在中性、碱性的溶液中晶体的直径减小，而在弱酸性的介质环境中会生成比较大的圆形晶体，通过实践，我们在操作中将结晶器的 pH 值控制在 4.5 ~6 的范围内。

（3）母液搅拌。母液搅拌的目的在于使母液酸度、浓度和温度均匀，使细粒结晶在母液中呈悬浮状态，延长其在母液中的停留时间，提高传质速率，这些均有利于结晶长大，另外也起到减轻器内堵塞的作用。母液搅拌是通过母液用泵循环实现的。

（4）各结晶器循环管结晶比。晶比是指悬浮于母液中的硫酸铵结晶体积对母液与结晶总体积的比值。晶比太小不利于晶体长大，而且母液密度降低，酸焦油与乳化油不易与母液分离而污染产品。晶比太大，晶粒间摩擦机会增大，大颗粒结晶易破碎；减少了氨与硫酸反应的空间，不利于氨的吸收；母液搅拌阻力增加，搅拌不良易发生堵塞。因此必须控制晶比。通过生产实践摸索出一效循环管结晶比最佳值为 5%~7%；二效循环管结晶比最佳值为 7%~10%；三效循环管结晶比最佳值为 25%。

（5）三效缩液密度。晶浆经过无数次循环、加热、蒸发，其结果是细晶逐渐生长成为一定大小的晶体，因此晶浆密度越大越有利于细晶的生长。但晶浆密度过大容易造成三效循环管和换热器堵塞，而且增大了三效循环泵的工作负荷。一般控制三效浓缩液相对密度为 1.3，有利于蒸发结晶的操作，且对产品质量不会有不良影响。

（6）杂质。杂质对晶体生长速率有明显影响，在一定的过饱和度下，杂质较多对生长起抑制作用，在极端的情况下，可完全抑制晶面的生长。杂质对晶体生长的影响原因有以下几种情况：晶面吸附了杂质原子或离子后被毒化，不再是生长的活性点，柱形结晶变成针形；吸附了杂质后，晶体生长是需要排除杂质，致使生长率下降，晶粒小；杂质的存在使过饱和度变小，导致生成大量晶核。

314. 真空机组的作用和组成是什么？

真空机组的作用：给系统提供负压环境，降低物料的沸点。

真空机组的组成：真空泵为水环式真空泵，整个真空泵机组由真空泵、联轴器、冷却器、分离器、电动机、减速机、排放阀、管道、仪表等组成。

315. 不凝性气体对多效蒸发有何影响？

不凝性气体是指在蒸发冷凝过程中不随二次蒸汽一起冷凝的气体。不凝性气体的存在对蒸发系统有很大的危害。主要表现为：

（1）会使系统压力升高，冷凝温度升高，降低蒸发效率，增加蒸汽消耗；

（2）会使真空泵排气温度升高，增加电耗；

316. 蒸发过程中的不凝性气体有哪些来源？

在蒸发过程中，不凝性气体会不断地产生，具体情况如下：

（1）加热蒸发时释放出的污酸中溶解的气体，如氮气（N_2）、氧气（O_2）、二氧化碳（CO_2）、一氧化碳（CO）和挥发性有机气体；

（2）蒸发工况为负压，因此一旦有设备密封不好，就会有空气被吸入；

（3）操作失误，如阀门未关闭或液封高度小，造成空气被吸入。

317. 强制循环蒸发装置的组成和作用是什么?

（1）加热器的作用：给料液进行加热，并保持沸腾。

加热器一般为列管换热器，管程内通料液；壳程内通加热蒸汽。管程设料液进口和混合液出口；壳程设蒸汽进口和冷凝液排出口以及不凝气出口。

（2）分离器的作用：对从加热器过来的沸腾物料进行汽液分离。

底部设浓缩液出口，顶部设二次蒸汽出口。分离器上段设有丝网除雾器和压力表接口，下端设有温度计，液位计、比重计接口及窥视镜、人孔等附件。

（3）循环泵的作用：使浓缩物料在加热器和分离器之间进行循环，目的是防止加热器结垢、提高换热效率。

循环泵一般使用离心泵，正常生产时，泵进出口阀门全开，防止设备结垢堵塞。

318. 饱和器（分离结晶器）的作用和结构是什么?

饱和器采用不锈钢制作，饱和器由上部气液分离室和下部结晶室组成，饱和器整体有保温层。分离室由筒体、丝网除雾器组成。气液混合物进入分离室的筒体后，在重力作用下，气体与浓缩液分离，并通过除沫器从分离室顶部排出；分离出的浓缩液则通过降液管进入结晶室。搅拌母液，晶核不断生成和长大，同时颗粒分级，小颗粒结晶上升，大颗粒结晶沉降，并被循环泵从结晶室底部抽至结晶釜。

在气体出入口、结晶室上部设有温水冲洗管，以清洗分离室和结晶室内挂的结晶。

319. 满流槽的作用是什么?

（1）控制饱和器内母液液面稳定，多余的母液从满流口排入满流槽液封槽内，再溢流到满流槽；

（2）不使器外空气被吸入，起到液封的作用。

320. 结晶釜的作用是什么?

控制浆液温度促使晶粒长大；促使生成的大颗粒结晶与母液分离。

321. 离心机的作用是什么?

在离心力作用下，母液经结晶滤料层和转鼓上的孔眼进入离心机的外壳和转鼓间的空间内，再经排出管自流入母液贮槽。在结晶滤料表面用洗涤水冲洗，洗去附着在结晶表面上的母液，使结晶的游离酸降低，以达到产品质量的要求。

322. 振动式流化干燥器的结构和作用是什么?

振动式流化床干燥器是用钢板焊制的近似长方体，由上盖体、床面、振动电机、冷热风腔构成。床面是一张带圆孔的钢板（相当于筛板塔的结构），床面下是两个相隔开的风腔，热风腔大约为床长度的2/3，热（冷）风腔约为床长度的1/3。

振动式流化床干燥器是由振动电动机产生的激振力使干燥床的床面振动，晶体在一定方向的激振力作用下跳跃前进，同时干燥器底部通入的热风使物料形成流化态，结晶与热风充分接触，从而达到理想的干燥效果。

323. 为什么要对蒸发装置的液位有要求，如何控制?

维持分离器液位平衡的目的是不使各效浓缩液被稀释或浓缩，以防晶比过小，甚至无产品，或者发生堵塞现象。控制方式如下：

（1）根据各效分离器液位，控制系统进料量；

（2）稳定生蒸汽压力、流量；

（3）控制各效真空度稳定。

324. 蒸发装置为什么要规定“清洗制度”?

因为蒸发装置运行一段时间后，会在设备内部（加热器、分离器）积存一定数量的结晶，使设备阻力增大，换热效率降低，影响正常循环和结晶，所以要定期清洗，促使存积的结晶溶解。

清洗一般2~3天进行一次，适当加大进料量，关小生蒸汽阀，同时打开水洗阀门，在30min之内将母液稀释至晶比消失。稀释后多余的母液贮存在母液贮槽内，并及时将其送回污酸预处理调节池内。

325. 怎样测定母液晶比?

使用100mL量筒在循环泵出口或满流槽取样，然后静置，读出晶体与液体分界线的刻度，即得晶比数值。

326. 结晶盐中杂质的来源有哪些?

母液中的可溶性杂质主要是铁、铝、铜、铅、汞、氟等盐类；不溶性杂质主要是焦粉和铁氰铬盐泥渣。

母液中含有杂质的种类和数量，取决于烧结烟气、吸附用活性焦、污酸预处理工艺、设备腐蚀等工艺条件和操作条件。

327. 结晶颗粒小有哪些危害?

(1) 比表面积大，吸湿性强，导致产品含水和游离酸多，易结块；

(2) 离心分离时，过滤层阻力大，分离困难；

(3) 干燥时，硫结晶尘粒易飞扬，工作环境差。

328. 影响结晶游离酸和水分的因素有哪些?

(1) 结晶粒度。结晶颗粒度越小，比表面积就越大，对游离酸和水的吸附性就越强，致使游离酸和水分含量越高。

(2) 离心机操作。离心分离和水洗效果对产品的游离酸和水分含量影响较大。为稳定离心机操作，在结晶槽内要有足够的垫层，一般结晶垫层为结晶槽高度的1/3，离心机洗水量一般为结晶产量的10%~12%。结晶的游离酸含量随洗水量的增加而下降，但洗水量增至12%以上时，游离酸含量下降缓慢，而水分含量急剧增加，同时洗水量过多也会破坏蒸发水平衡。另外，用热水洗涤，有利于从结晶表面上洗去油类杂质，并能防止离心机筛网被堵塞。当水温超过60℃时，结晶的游离酸含量急剧下降。因此洗水温度在60℃以上是必要的。

(3) 干燥温度。干燥温度是影响结晶水分的重要因素。一般控制热风进口温度为120~140℃，出口温度为60~70℃，可以保证结晶水分含量合格。

329. Ⅰ段三效蒸发系统的开工步骤是什么?

(1) 通冷却水。按照《操作规程》启动循环水冷却系统，并确认冷凝冷却器和真空机组循环液冷却器的循环冷却水回水正常。

(2) 系统进料：

1) 一效蒸发进料：

① 检查确认：一效进料调节阀→清液预热器→一效加热器→分离器→一效强制循环泵，现场管路阀门打开，放尽阀门关闭；

② 通知预污酸处理工序启动清液提升泵；

③ 缓慢打开一效进料调节阀，当一效分离器液位达到100mm时，按照《操作规程》启动一效强制循环泵；

④ 当分离器液位达到200mm时，二效蒸发装置准备进料。

2) 二效蒸发进料：

① 检查确认：二效流量调节阀→二效强制循环泵→二效加热器→二效分离

器，现场管路阀门打开；

② 缓慢打开二效进料调节阀，当二效分离器液位达到100mm时，按照《操作规程》启动二效强制循环泵；

③ 当二效分离器液位达到200mm时，三效蒸发装置准备进料。

3）三效蒸发进料：

① 检查确认：三效进料调节阀→三效满流槽→三效强制循环泵→三效加热器→(三效）饱和器，现场管路阀门打开；

② 缓慢打开三效进料流量调节阀，当满流槽液位达到时1200mm，按照《操作规程》启动三效强制循环泵；

③ 当满流槽液位达到1500mm时，按照《操作规程》启动Ⅰ段母液循环泵，系统准备抽真空。

（3）系统抽真空：

1）检查确认冷凝凝液水封、满流槽内置水封、Ⅰ段母液回流水封已注满水；

2）按照《操作规程》启动真空机组（变频启动)；

3）打开一效加热器、二效加热器、三效加热器、三效分离器的抽气阀；

4）当三效饱和器压力-85kPa，二效分离器压力-60kPa、三效分离器压力-30kPa时，一效蒸发器准备通生蒸气。

（4）蒸发结晶：

1）检查确认：蒸汽调节阀→一效加热器→清液预热器→蒸汽凝水箱，现场管路阀门已经打开；

2）缓慢打开蒸汽调节阀，当蒸汽流量达到工艺要求时，蒸汽流量调节投入“自控”；

3）检查确认二效、三效蒸发凝结水管路畅通；

4）调节各效温度、压力、液位满足工艺要求，当结晶釜内晶比达到30%时，分离、干燥准备开机。

（5）结晶干燥：

1）按照《操作规程》启动洗涤循环泵；

2）按照《操作规程》启动干燥引风机、冷却风机、热风机；

3）加热器通蒸汽，控制热风温度在120~140℃之间；

4）按照《操作规程》启动振动流化床；

5）按照《操作规程》启动螺旋输送机；

6）按照《操作规程》启动离心机；

7）离心机运行稳定后，打开进离心机的浆液阀，并调节浆液流量满足分离要求；

8）当Ⅰ段母液贮槽液位达到1000mm时启动母液搅拌机，当Ⅰ段母液贮槽液位达到1500mm时，准备启动Ⅰ段母液输送泵将Ⅰ段母液送往Ⅱ段蒸发装置。

330. Ⅱ段单效蒸发系统的开工步骤是什么？

（1）系统进料：

1）检查确认：Ⅰ段母液贮槽→Ⅰ段母液泵→母液预热器→（单效）满流槽→（单效）强制循环泵→（单效）加热器→（单效）饱和器，现场管路阀门已经打开；

2）当满流槽（单效）液位达到1200mm时，按照《操作规程》启动单效循环泵；

3）当满流槽（单效）液位达到1500mm时，按照《操作规程》启动Ⅱ段母液循环泵，系统准备抽真空。

（2）系统抽真空：

1）检查确认冷凝液水封、Ⅱ段母液回流水封已注满水；

2）打开单效加热器、单效饱和器的抽气阀；

3）当单效饱和器压力达－85kPa时，单效蒸发器准备通生蒸气。

（3）蒸发结晶：

1）检查确认：蒸汽调节阀→单效加热器→母液预热器→蒸汽凝水箱，现场管路阀门已经打开；

2）缓慢打开蒸汽调节阀，当蒸汽流量达到工艺要求时，蒸汽流量调节投入“自控”；

3）检查确认单效蒸发凝结水管路畅通；

4）Ⅱ段结晶釜通冷却水，控制结晶釜内母液温度在30～35℃；

5）调节单效温度、压力、液位满足工艺要求，当结晶釜内晶比达到25%时，分离、干燥系统准备开机。

（4）结晶干燥：

1）按照《操作规程》启动洗涤循环泵；

2）按照《操作规程》启动干燥引风机、冷却风机、热风机；

3）加热器通蒸汽，控制热风温度在120～140℃之间；

4）按照《操作规程》启动振动流化床；

5）按照《操作规程》启动螺旋输送机；

6）按照《操作规程》启动离心机；

7）离心机运行稳定后，打开进离心机的浆液阀，并调节浆液流量满足分离要求；

8）当Ⅱ段母液贮槽液位达到1500mm时，按照《操作规程》启动Ⅱ段母液输送泵，将Ⅱ段母液送往污酸预处理工序。

331. 蒸发系统的操作要点包括哪些?

（1）稳定蒸汽压：稳定蒸汽压力、流量；

（2）稳定各效压力、温度：真空度和温度需符合要求，特别是负压运行状况下，发现波动，立马查找原因；

（3）稳定各效液面：调节进料阀门，使液位稳定在视镜中间位置；

（4）稳定各效浓缩液相对密度：调节出料阀门，使出料密度符合要求，定时测量，设备不稳定时多测，正常情况下，应该不会有太大变化；

（5）确保真空泵、循环泵、冷凝水泵运行稳定正常。

332. 农业用硫酸铵和氯化铵质量标准有哪些内容?

表4-11　工业硫酸铵《GB/T 535—1995》技术标准

序号	项　目	优等品	一等品	合格品
1	外观	白色结晶、无可见机械杂质	无可见机械杂质	无可见机械杂质
2	氮(N)质量分数(以干基计)/%，　≥	21.0	21.0	20.5
3	水分质量分数/%，　≤	0.2	0.3	1.0
4	游离酸含量/%，　≤	0.03	0.05	0.20
5	铁含量/%，　≤	0.007	—	—
6	砷含量/%，　≤	0.00005	—	—
7	重金属含量/%，　≤	0.005	—	—

表4-12　农业用氯化铵《GB/T 2946—2008》技术标准

序号	项　目	优等品	一等品	合格品
1	氮（N）质量分数（以干基计)/%，　≥	25.4	25.0	24.0
2	水分质量分数/%，　≤	0.5	1.0	7.0
3	钠盐的质量分数（以 Na 计)/%，　≤	0.8	1.0	1.6
4	粒度（2.00 ~4.00mm)/%，　≥	75	70	—

注：1. 水分质量分数指出厂检测结果；

2. 钠盐的质量分数以干基计；

3. 结晶状产品无粒度要求，粒状产品至少要达到一等品的要求。

333. 蒸发结晶工序异常现象、原因分析及处理方法有哪些?

表 4-13　蒸发结晶异常现象及处理方法

序号	异常现象	原因分析	处理方法
1	分离器不“吃水”	(1) 生蒸汽量小，造成加热温度低； (2) 加热器积垢，换热效果降低； (3) 蒸发循环量小； (4) 设备漏气； (5) 真空度低； (6) 设备水洗阀门未关严	(1) 稳定检查蒸汽压力、流量； (2) 定期清洗设备； (3) 检查强制循环泵是否正常； (4) 排查漏气点，并处理； (5) 排查真空减小原因，并及时处理； (6) 关闭所有水洗阀
2	真空度减小	(1) 真空泵机组跳机； (2) 真空泵机组循环液温度高； (3) 汽压力、流量大； (4) 冷凝冷却器温度高； (5) 负压系统设备泄漏	(1) 立即倒换真空机组； (2) 增加冷却水量或更换循环液； (3) 稳定蒸汽压力、流量； (4) 增加冷却水量或降低冷却水温； (5) 排查真空减小原因，并及时处理
3	管路堵塞	(1) 污酸预处理后悬浮物超标，蒸发过程中形成盐泥堵塞管道； (2) 结晶抽取不及时，造成固含量高，堵塞设备； (3) 设备积垢； (4) 设备停工前，未及时稀释	(1) 提高预处理效果，降低污酸悬浮物含量； (2) 固含量达到工艺要求时，及时抽取结晶； (3) 制定清洗制度，定期清洗； (4) 停工前设备排净或用原料液、温水冲洗、稀释
4	加热器产生噪声	(1) 凝结水排出不良，造成“水锤”现象； (2) 料液温度过低	(1) 检查凝结水管路是否畅通； (2) 适当提高料液温度
5	温度上升	(1) 真空泵是否跳闸； (2) 蒸发冷凝水未排出； (3) 蒸汽压力突然上升； (4) 设备漏气	(1) 立即启动备用真空机组； (2) 检查凝结水管路是否畅通； (3) 稳定蒸汽压力； (4) 停真空机组系统保压，处理泄漏点
6	蒸发凝结水氨氮高	(1) 分离器除沫器腐蚀； (2) 加热器窜漏； (3) 浓缩液气泡； (4) 污酸显碱性	(1) 更换除沫器； (2) 更换或检修加热器； (3) 消除泡沫； (4) 控制污酸 pH 值至 4 ~6
7	离心机发生振动	(1) 进入离心机的浆液晶比高，浆液多，离心机负荷大； (2) 结晶釜料层薄，含小颗粒结晶的稀母液进入离心机； (3) 离心机喇叭筒有积硝，运转时负荷不平衡； (4) 箅子塞孔有损坏，孔眼变大，结晶与母液分离不好； (5) 地脚螺丝松动或断裂	(1) 关小进离心机的浆液阀，减小离心机负荷； (2) 离心机停止进料，待晶比提高后再进料； (3) 清洗离心机； (4) 更换离心机转鼓箅子； (5) 重新拧紧地脚螺栓

续表 4-13

序号	异常现象	原因分析	处理方法
8	离心机后结晶含水高	（1）布料斗溢料； （2）密封圈漏母液； （3）洗涤水流量小； （4）洗涤水喷嘴位置不合适	（1）减小离心机进料； （2）检修密封圈； （3）适当开大洗涤水； （4）重新调整洗涤水喷嘴
9	结晶颜色发蓝	（1）母液呈碱性； （2）设备腐蚀严重，铁氰络合物多	（1）调节污酸 pH 值合格； （2）查明原因，减小设备腐蚀
10	结晶颜色发黄或黑	（1）污酸悬浮物高； （2）污酸中含有有机物	（1）提高污酸预处理效果； （2）检查过滤器过滤效果

第五章　防腐技术

第一节　活性焦脱硫脱硝防腐技术

334. 什么是烟气水露点？

烟气水露点是指烟气中的水分含量和气压都不改变的条件下，冷却到饱和时的温度，即烟气中的水蒸气变为冷凝水时候的温度。烧结烟气中的水分在8.0%～11.5%之间，由附表4查得相应的烧结烟气的水露点在42～47℃之间。

335. 什么是烟气酸露点？

在一定压力下烟气中含有的三氧化硫（SO_3）气体和水蒸气，在温度低于某一值时两者会结合生成硫酸蒸汽。硫酸蒸汽开始凝结时的温度称为酸露点。烟气中水分和三氧化硫含量不同露点就不同。因为烧结烟气中的三氧化硫（SO_3）浓度普遍较低，所以烧结烟气的酸露点一般不高于80℃。

336. 烟气腐蚀设备的原理是什么？

烟气中不仅含有水蒸气（H_2O）、氧气（O_2）和二氧化硫（SO_2）气体，还含有少量的三氧化硫（SO_3）气体，三氧化硫气体极易与烟气中的水蒸气结合生成硫酸蒸汽（H_2SO_4），使烟气的露点温度升高。当烟气温度降低时，就会产生大量的腐蚀性冷凝液腐蚀设备。

烟气产生腐蚀性冷凝液的原因分析：

（1）当吸附塔温度较低或烟气温度较低时，烟气通过吸附塔后会在吸附塔内部产生大量的冷凝液；

（2）当吸附塔保温不到位时，由于散热较快会导致局部烟气温低于酸露点温度，产生局部腐蚀；

（3）当通入吸附塔内的氮气、（氨/空）混合气温度低于烟气酸露点温度时，会在吸附塔内造成局部烟气冷凝，产生大量的冷凝液腐蚀设备。

烟气腐蚀设备的化学方程式：

$$2H^+ + Fe = H_2\uparrow + Fe^{2+}$$

$$O_2 + 4Fe^{2+} + 2H_2O = 4OH^- + 4Fe^{3+}$$

337. 为什么要控制进吸附塔的（氨/空）混合气温度大于120℃？

无论采用何种氨气制备工艺，活性焦脱硫脱硝技术生产出的混合气温度均不能低于120℃。这是因为：

（1）尿素或浓氨水制备出混合气温度若低于露点温度，将会造成混合气在管道内冷凝，进而会造成管道腐蚀窜漏或结晶堵塞；

（2）若混合气温度低于烟气的酸露点温度，会在吸附塔内将生成“腐蚀性冷凝液”腐蚀布气格栅、塔壁和支撑部件，影响设备使用寿命；

（3）混合气温度低于120℃时易与烟气中的酸性气体组分（HCl、SO_2、SO_3）生成铵盐，增加氨的消耗，堵塞布气格栅，进而会造成床层压降升高。

以上问题处理均需要停机，且检修时间长，工作量大，危险性高，给企业的正常生产带来极大的困难。若要防止设备“结露腐蚀”，就必须要控制进吸附塔的（氨/空）混合气温度不低于120℃。

338. 为什么要控制吸附塔的保护氮气温度大于80℃？

这是因为烧结烟气的水露点虽然不到50℃，但酸露点温度一般在80℃左右。当入塔的保护氮气温度低于80℃时，容易造成塔内烟气局部冷凝。具体分析如下：

（1）产生的冷凝液会腐蚀吸附塔布气格栅、塔壁，严重时会造成吸附塔漏烟气或“气室集料”；

（2）产生的冷凝液容易与粉尘、腐蚀物形成“结块”，堵塞布气格栅，造成吸附塔阻力升高；

（3）产生的冷凝液容易使塔内的活性焦“篷料”，导致吸附塔局部下料不畅，致使塔后二氧化硫、氮氧化合物超标。

为避免吸附塔内烟气冷凝，确保吸附塔稳定运行，生产中应控制吸附塔安保氮气的温度高于烟气的酸露点温度20℃以上，且密封点的氮气压力要大于吸附塔内烟气压力。

339. 防止吸附塔腐蚀的措施有哪些？

防止吸附塔腐蚀的根本措施是防止吸附塔内有烟气结露冷凝产生，即确保吸附塔内任意一点的温度均高于烟气的酸露点温度。因此，防止吸附塔腐蚀的主要措施可分为降低入塔烟气酸露点温度、控制塔内烟气温度高于烟气酸露点及增加设备防腐等措施。

（1）降低入塔烟气酸露点措施。

1）烟气降温方式采用补空气方式：

采用补空气的方式控制烟气温度可以有效降低烟气的露点温度，这是因为空气中的水分远低于烟气中水分，且空气中几乎不含酸性气体，因此，空气可以有效地稀释烟气中的水分和酸性气体组分，降低烟气露点温度。

2）降低入塔烟气三氧化硫（SO_3）、氯化氢（HCl）气体浓度：

吸附塔前增设布袋除尘器，在烟气进入布袋除尘器前预喷入生石灰（CaO）粉末，可有效去除烟气中的三氧化硫、氯化氢等酸性气体。该措施即可以降低烟气酸露点温度，又可以稳定控制烟气中的粉尘浓度，可以有效改善吸附塔床层的透气性。

（2）控制塔内烟气温度高于露点温度。

1）控制入塔烟气温度在120～135℃之间，使烟气温度远高于露点温度。

2）控制解析塔排出的贫硫焦温度不得低于60℃，防止烟气在布料溜管底部冷凝。

3）控制入吸附塔的（氨/空）混合气温度不低于120℃、入塔保护氮气温度不低于100℃，防止烟气局部冷凝。

4）当入塔烟气温度控制方式采用烟气冷却器降温时，吸附塔停工后床层降温不宜低于80℃；当入塔烟气温度控制方式采用补冷空气降温时，吸附塔停工后床层降温不宜低于50℃，防止烟气通入吸附塔时降温冷凝。

5）吸附塔保温厚度不得低于100mm，底部保温厚度不宜低于120mm。

（3）设备防腐。

1）根据生产实践：吸附塔床层底部、气室底部、下料溜管、溜槽及布料溜管最容易产生腐蚀，因此设计时最好使用不锈钢材质，必要时可增设蒸汽伴热或电伴热。

2）杜绝吸附塔烟气泄漏是防止吸附塔腐蚀的最有效措施。如：顶置料仓通密封氮气、卸料器采用阻气双阀芯卸料器等。

340. 解析塔顶部运载氮气为什么要先预热至100℃以上？

这是因为进入解析塔内的活性焦已吸附了大量的二氧化硫（SO_2）和水，因此在解析塔内解析出的SRG烟气有极强的腐蚀性。为防止加热段上部SRG烟气冷凝、造成设备腐蚀，就需要先将氮气加热到100℃以后再进入运载氮气室。

341. SRG烟气管道为什么会腐蚀，防止SRG烟气管道腐蚀的措施有哪些？

SRG烟气管道被腐蚀的原因：SRG烟气中的水分高达30%以上、二氧化硫（SO_2）浓度也在15%以上，且还含有一定量活性焦粉尘和氨气。当SRG管道温度低于250℃（SRG烟气酸露点温度）时，SRG烟气就容易被冷凝结露并伴随有硫酸铵生成。结露产生的酸液会腐蚀管道，生成的硫酸铵能使活性焦粉尘黏附在管道壁上，管道堵塞。因此当 SRG 烟气管道温度 250℃时，会造成管道腐蚀或堵塞。

预防措施：解析塔正常生产时，一般出解析塔的 SRG 烟气温度均大于 300℃，SRG 烟气不会产生冷凝腐蚀、堵塞管道。造成 SRG 烟气冷凝现象一般均发生在解析塔开工初期，因此防止 SRG 烟气管道腐蚀的关键措施就是在解析前提前预热 SRG 烟气管道。具体措施为：

（1）在 SRG 烟气管道外壁安装 MI 加热电缆，加热炉点火升温前将管道预热至 250℃以上；

（2）增设预热连通管。在解析塔升温过程中，用加热炉出来的高温烟气提前将 SRG 管道预热到 200℃以上。

342. 引起解析塔加热段腐蚀的因素有哪些？

解析塔加热段腐蚀分内腐蚀和外腐蚀两种情况。

（1）加热段内腐蚀分析。造成加热段内腐蚀的根本原因是解析出来的 SRG“滞留”在加热段换热管内遇冷产生冷凝。

1）解析塔中部负压控制较低（低于 -150Pa），造成 SRG 烟气“上浮”窜入进料段顶部（低温处）；

2）顶部运载氮气量不足（小于 0.35/n m^3/h）或氮气温度低（小于 100℃），造成 SRG 烟气在加热段上部结露；

3）解析塔停机操作不正常，造成 SRG 烟气在加热段底部、抽气室内冷凝、腐蚀。如：解析塔长时间停机时未及时降温，且解析出的 SRG 烟气未及时抽走，“滞留”在加热段底部、抽气室内。

加热段换热管内腐蚀见图 5-1。

（2）加热段外腐蚀分析。当企业解析塔热风炉长期使用焦炉煤气时，容易

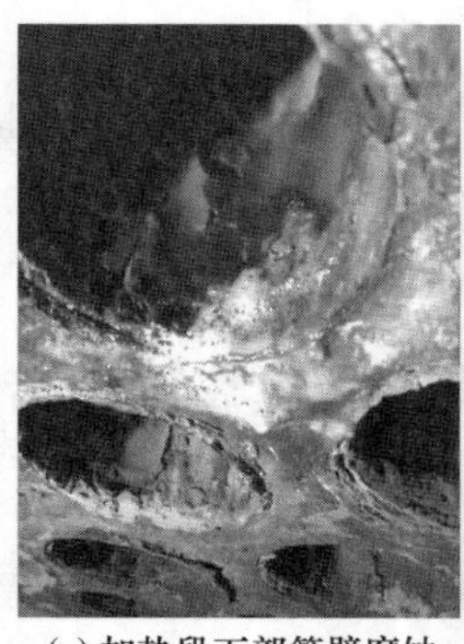

(a) 加热段下部管壁腐蚀

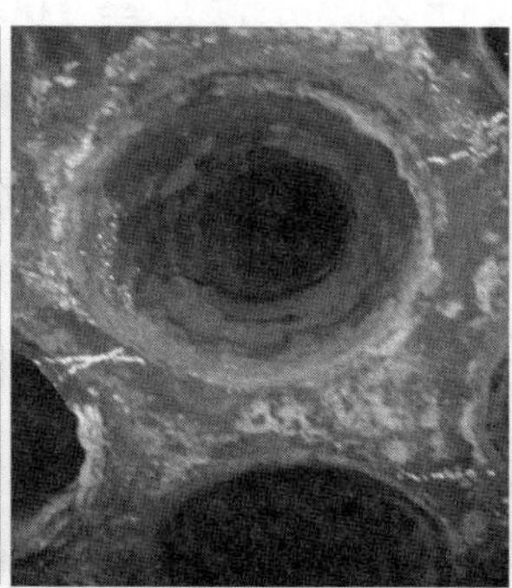

(b) 加热段下部管壁结垢

(c) 加热段下部管壁腐蚀窜漏

图 5-1　加热段下部换热管内壁腐蚀

导致加热段上部换热管产生外腐蚀，这是因为：焦炉煤气中含有约55%～60%的氢气（H_2）、23%～27%的甲烷（CH_4）和2%～4%的碳氢化合物（C_mH_n），燃烧时会产生大量的水分，有时烟气中水分可达20%以上（水露点高于60℃）；焦炉煤气中含有硫化氢（H_2S）和大量的有机硫化物（如噻吩、二硫化碳、硫醇等），燃烧时会产生大量的二氧化硫（SO_2）和三氧化硫（SO_3）气体（烟气中的SO_2浓度可达280mg/m^{3}以上）。因此，当焦炉煤气燃烧产生的烟气温度低于200℃时，很容易产生酸露，腐蚀设备（焦炉煤气燃烧产生的废气酸露点一般大于150℃）。

正常情况下解析塔加热段上部管壁的温度受进料温度的影响容易低于150℃。当解析系统使用焦炉煤气加热时，解析塔加热段上部管壁就容易产生酸露，腐蚀管外壁。尤其是在解析塔升温过程中，加热段上部管壁更容易产生酸露，腐蚀管壁。

为确保设备长久使用，建议企业在项目初设时就考虑使用高炉煤气或转炉煤气做热风炉的原料气。

加热段换热管外壁腐蚀见图5-2。

(a) 使用高炉煤气的加热段上部管壁

(b) 使用焦炉煤气的加热段上部管壁

图5-2　加热段换热管外壁腐蚀

343. 引起解析塔冷却段腐蚀的原因有哪些？

解析塔冷却段腐蚀通常发生在冷却段上部高温部位（冷却段上部1.2m以上）。这是因为冷却段换热管内有SRG烟气冷凝。

（1）冷却段内有SRG烟气：

1）活性焦脱硫脱硝系统初始开工活化时，制酸SO_2风机未开机或解析塔中部负压控制较低，造成SRG烟气不能及时被载运出塔外，部分“滞留”在冷却管内。

2）在活性焦解析过程中，若解析温度低于400℃或解析时间不足2h通常会造成活性焦在解析段内解析不彻底（解析效率低于90%）。当解析不彻底的活性焦进入冷却段后，由于冷却段上部温度较高，活性焦会在冷却段内继续发生解析，生成SRG烟气。

3）当冷却段有空气泄漏时，泄漏的空气会造成活性焦在冷却管高温部位燃烧，燃烧时产生的大量SRG烟气会"滞留"在冷却段内。

4）当解析塔冷却段内运载氮气单管平均流量低于0.35/n m^3/h时，"滞留"在冷却段内的SRG烟气就难以被及时载运出冷却段。

（2）SRG烟气结露：当冷却段出口空气温度低于120℃时，冷却段上部管壁温度一般会低于SRG烟气的露点温度。此时一旦在冷却段上部有SRG烟气"滞留"，就容易产生腐蚀。

冷却段上部管内壁腐蚀见图5-3。

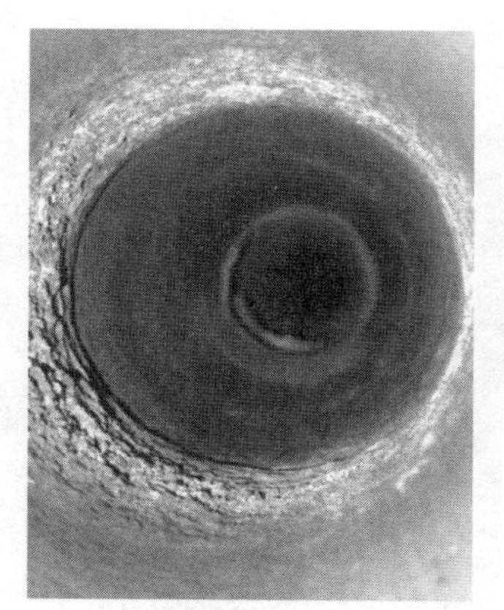
(a) 管内壁腐蚀穿孔

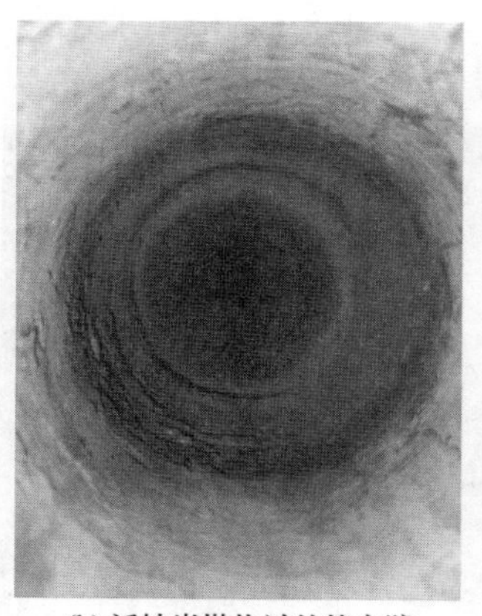
(b) 活性炭燃烧过的管内壁

(c) 燃烧着的活性炭

图5-3　冷却段上部管内壁腐蚀

344. 解析塔冷却段使用循环氮气冷却有何意义?

（1）进冷却段（壳程）的氮气温度可控，可确保冷却段上部管壁温度高于SRG烟气露点温度，防止冷却段腐蚀；

（2）出冷却段的热氮气可以直接代替吸附单元和解析塔的热氮气，也可用于加热氨气或空气，有助于解析塔节能；

（3）当解析塔冷却段使用氮气作为冷却介质时，一旦解析塔冷却段发生了泄漏，泄漏的氮气不会使活性焦燃烧，可有效避免事故扩大化；

（4）采用循环氮气冷却，有助于冷却段温度的控制，使解析塔排焦温度更加均匀。

循环氮气冷却工艺流程见图 5-4。

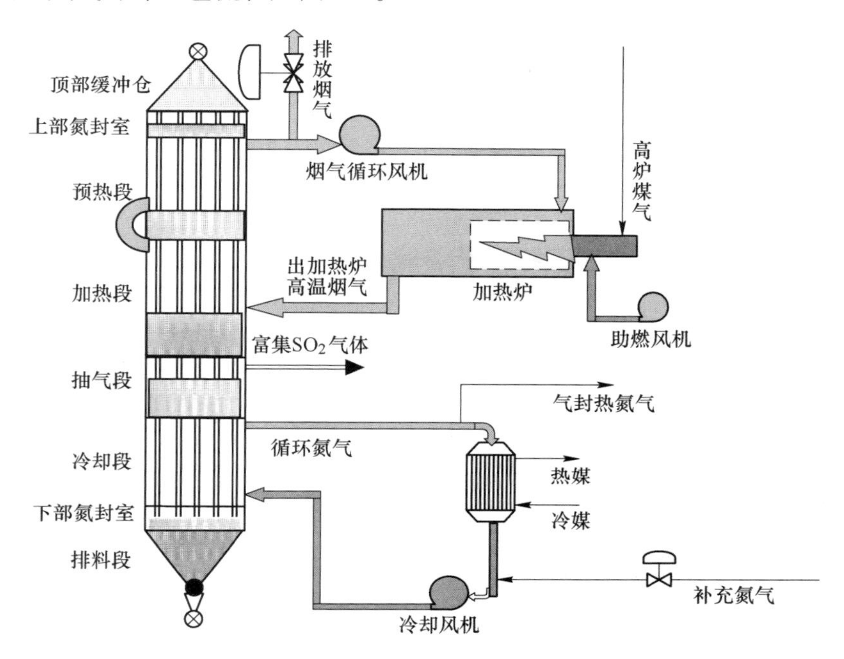

图 5-4　循环氮气冷却工艺流程

345. 解析塔设置预冷段的意义是什么?

（1）有助于提高解析效率，防范冷却段被腐蚀：

一般预冷段进口活性焦温度大于 400℃，出口温度约在 300℃左右，因此预冷段段管壁温度不小于 300℃。即使预冷段内有 SRG 烟气，也不会低于 SRG 烟气露点温度，腐蚀管壁；且由于预冷段温度较高，相当于延长了活性焦的解析时间，提高了活性焦解析效率。

（2）有助于提高解析塔的热效率：

解析段的活性焦经过预冷段后温度降低了约 100℃，同时循环烟气经过预冷段后升温约 50℃，使解析塔的热效率提高了约 15%~20%。

（3）有助于提高冷却段的冷却均匀性：

解析后的活性焦离开预冷段后，平均温度已降低了约 100℃；并且活性焦在进入冷却段前利用相互挤压作用又进行了“冷热均匀混合”，这都有助于提高冷却段排焦温度的均匀性。

346. 引起解析塔塔壁腐蚀的因素有哪些?

（1）解析塔中部负压低或上部运载氮气量不足（顶部运载氮气单管平均流

量低于 0. 35m³/h、中部负压不足 -150Pa)，导致 SRG 烟气“上浮”；

(2) 解析塔上部运载氮气温度低于 100℃，导致“上浮”的 SRG 烟气冷凝；

(3) 解析塔“空腔体”部位保温效果差（厚度不足 200mm)，导致 SRG 烟气沿塔壁冷凝；

(4) 人孔密封效果差或塔壁焊缝质量差，有空气泄漏，导致局部燃烧，加剧了塔壁腐蚀。解析塔塔壁腐蚀见图 5-5。

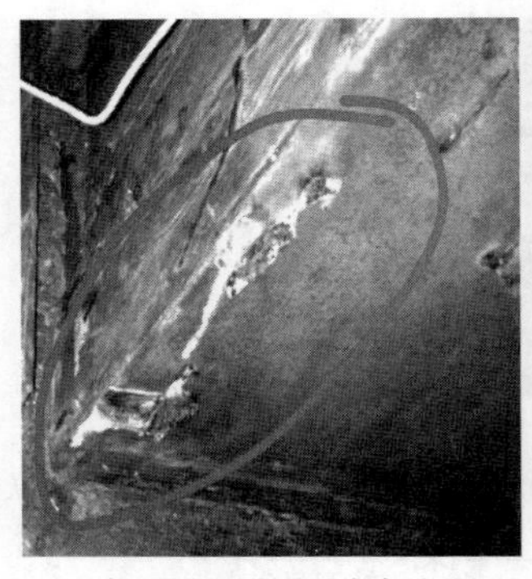

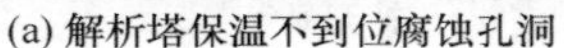
(a) 解析塔保温不到位腐蚀孔洞

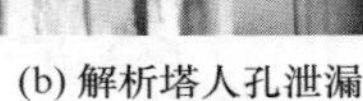
(b) 解析塔人孔泄漏

图 5-5 解析塔塔壁腐蚀

347. 防止解析塔被腐蚀的技术措施有哪些?

解析塔腐蚀主要是因为解析出的 SRG 烟气冷凝造成的。常见腐蚀现象有解析塔塔壁腐蚀、SRG 烟气管道腐蚀、冷却段换热管腐蚀等。

(1) 防止解析塔塔壁腐蚀的措施:

1) 控制上部运载氮气室氮气加热温度不得低于 100℃，防止加热段解析出的 SRG 烟气冷凝；

2) 控制解析塔中部压力在 -150 ~ -300Pa 之间，确保解析出的 SRG 烟气及时导出，防止出现 SRG 烟气“反窜”冷凝；

3) 解析塔保温到位，塔体保温厚度不得低于 200mm。

(2) 防止解析塔加热段腐蚀的措施:

1) 加热炉主燃烧器尽可能不单独使用焦炉煤气（可单独使用高炉煤气、转炉煤气或焦炉煤气和高炉煤气的混合煤气)；

2) 出解析塔的循环烟气温度不低于 280℃；

3) 解析塔顶部运载氮气单管平均流量不低于 0. 35m³/h，温度不低于 100℃。

4) 解析塔长时间停机，必须确认冷却段入口温度降至 150℃以内，再停运载氮气、制酸 SO_2 风机和活性焦输送系统。

（3）解析塔 SRG 烟气管道腐蚀的措施：

1）生产时 SRG 烟气管道温度不得低于 280℃；

2）设备检修后，应及时恢复保温；

3）SRG 烟气管道增设伴热。

（4）防止解析塔冷却段换热管腐蚀的措施：

1）加强解析塔操作，解析温度 420～450℃，解析时间不得低于 2h（活性焦在解析段的滞留时间），确保进入冷却段的活性焦解析效率不小于 90%；

2）控制出解析塔冷却段的冷却介质（空气、氮气）温度不得低于 120℃，防止冷却段上部解析出的 SRG 烟气冷凝，腐蚀管壁；

3）开工活化时，应临时增设开工活化风机或启动制酸 SO_2 风机，控制解析塔中部压力 -150～-300Pa；

4）解析塔底部运载氮气单管平均流量不得低于 0.35m^3/h；

5）控制解析塔底部微正压或负压不得超过 -200Pa，控制出料旋转阀密封氮气流量 50～80m^3/h；

6）冷却段内冷却介质使用循环氮气；

7）解析塔增设预冷段。

348. 在吸附塔内焊接构件时，有何特殊要求？

因吸附塔内腐蚀，钢材表面会渗透一层硫化物。当用焊条直接焊接吸附塔内部钢构时，硫化物会导致钢材焊接性能变差，严重时焊缝开裂、强度降低。因此，在吸附塔内焊接构件时，必须先彻底清理干净钢材表面的硫化物。否则，一旦焊接不牢会造成严重的损失，尤其是加固、更换格栅、多孔板的焊接，更要引起重视。

第二节　制酸、污酸处理防腐技术

349. 稀酸腐蚀原理（析氢腐蚀）是什么？

不同浓度的硫酸对碳钢的腐蚀机理不同，当硫酸浓度低于 70% 时，碳钢会受到强烈的腐蚀，同时析出氢气。稀硫酸腐蚀碳钢的反应机理如下：

$$H_2SO_4 + Fe = H_2\uparrow + FeSO_4$$

碳钢表面状态、金属阴极相杂质、硫酸浓度（pH 值）、温度都会影响到碳钢的氢去极化腐蚀。此外，一些物理因素如介质流速、固相颗粒、结垢等也会影响稀硫酸的腐蚀性。

350. 浓硫酸腐蚀原理（氧化性腐蚀）是什么？

当硫酸浓度大于 85%、温度较低时，会在碳钢表面生成一层致密的保护膜

（钝化膜）使碳钢的腐蚀速率降低。但当硫酸温度升高后，碳钢表面的保护膜将会被损坏，碳钢腐蚀迅速增强。浓硫酸腐蚀碳钢的反应机理如下：

$$2Fe + 6H_2SO_4(浓) \xlongequal{\triangle} Fe_2(SO_4)_3 + 3SO_2\uparrow + 6H_2O$$

因 Fe^{3+} 有极强的氧化性，容易被硫酸中溶解的 SO_2 气体或设备内壁的金属铁还原，生成硫酸亚铁，使硫酸呈“乳白色”，过量的硫酸亚铁会沉淀在设备、管道底部，形成“酸泥”。反应如下：

$$2Fe^{3+} + SO_3^{2-} + H_2O = 2H^+ + 2Fe^{2+} + SO_4^{2-}$$

$$2Fe^{3+} + Fe = 3Fe^{2+}$$

351. 硫酸腐蚀的特点是什么？

（1）稀硫酸溶液是强电介质，会产生强烈的电化学腐蚀，析出氢气，同时生成可溶性的硫酸亚铁，从而使金属铁不断地受到腐蚀。

（2）浓硫酸能在铁表面容易形成坚固的硫酸盐和氧化铁保护膜，使金属表面“钝化”，从而阻止了金属继续被酸腐蚀。

不同浓度的硫酸腐蚀特点见表5-1。

表5-1 不同浓度的硫酸腐蚀特点

<table>
<tr><th colspan="2">状 态</th><th>浓 度</th><th>腐蚀性</th><th>腐 蚀 特 点</th></tr>
<tr><td rowspan="2">稀硫酸溶液</td><td>特稀硫酸溶液</td><td><5%</td><td>析氢腐蚀为主，腐蚀性一般</td><td rowspan="2">（1）65%浓度以下的稀硫酸在所有温度都为还原性；
（2）稀硫酸对碳钢的腐蚀速率随浓度的提高而增强；达到一定浓度后（47%~50%是电化学腐蚀速度的峰值点），腐蚀速率随浓度的提高而急剧下降；
（3）同一浓度的稀硫酸随着温度的增加，腐蚀性会加大；
（4）杂质对腐蚀也有很大的影响，如含氟、氯等其他离子；
（5）介质流速越大，固相颗粒多也会加剧稀硫酸溶液的腐蚀性</td></tr>
<tr><td>稀硫酸溶液</td><td>5%~65%</td><td>析氢腐蚀为主，腐蚀性非常强</td></tr>
<tr><td rowspan="2">浓硫酸溶液</td><td>浓硫酸溶液</td><td>65%~85%</td><td>析氢腐蚀为主</td><td>（1）低温下为析氢腐蚀，高温或沸点下为氧化性腐蚀；
（2）一般随温度升高，对钢的腐蚀速率增加</td></tr>
<tr><td>高浓度硫酸</td><td>85%~100%</td><td>氧化性腐蚀为主</td><td>（1）具有吸水性，空气中水分也能使敞开的浓硫酸变稀，对碳钢的腐蚀性增大；
（2）所有温度下都呈氧化性腐蚀，温度越高腐蚀性就越强；
（3）温度低于40℃时，碳钢在硫酸中可形成钝化保护膜</td></tr>
<tr><td colspan="2">发烟硫酸</td><td>>100%</td><td>氧化性腐蚀为主</td><td>（1）102%以上的发烟硫酸，会破坏钝化膜，腐蚀速度上升，碳钢和铸铁也不耐腐蚀；
（2）120%的发烟硫酸是氧化性腐蚀的峰值点</td></tr>
</table>

352. 防止稀酸（污酸）设备腐蚀的技术措施有哪些？

稀酸溶液对钢铁有强烈的腐蚀作用，且稀酸中溶解了大量的卤化物（氯化物、氟化物）因此稀酸对普通不锈钢腐蚀较为严重。为延长设备寿命，提高装置开工率，SRG烟气净化、污酸处理设备多采用塑料、纤维增强材料、复合材料等制作（表5-2、表5-3）。

表5-2 SRG烟气净化设备材料

序号	设 备	介 质	材 料	备 注
1	管道	稀酸	钢衬四氟管道、钢衬PE管道、钢骨架PE管	要求耐温80℃不变形
2	阀门	稀酸	衬塑球阀或蝶阀	—
3	动力波洗涤器	稀酸、SRG烟气	FRP	烟气温度不低于100℃，需增设水膜冷却装置
4	填料洗涤塔	稀酸、SRG烟气	塔体：FRP	
			填料：聚丙烯	
5	稀酸冷却器	稀酸	254SMO、904L	稀酸温度不高于70℃
6	斜管沉降器	稀酸	搪铅或FRP	—
7	电除雾器	SRG烟气、酸雾	电晕线：镍镉钢丝外包铅	PVC软化点不低于60℃
			导电玻璃钢或疏水性PVC	
8	安全水封	稀酸、水	FRP	水封高度8000~10000Pa
9	高位水箱	稀酸、水	FRP	高位水箱容积应满足15min紧急降温供水量
10	稀酸循环泵	稀酸	氟塑料、904L、SAF2205	稀酸温度不高于70℃
11	污酸泵	稀酸	氟塑料、904L、SAF2205	稀酸温度不高于70℃

表5-3 蒸发结晶设备材料

序号	设 备	介 质	材 料	备 注
1	污酸预热器	污酸	管程：SAF2205	与污酸、浓缩液接触的部件宜采用耐高氯腐蚀的材料
			壳程：304	
2	母液预热器		管程：SAF2205	
			壳程：304	
3	加热器	浓缩液	管程：SAF2205	
			壳程：304	
4	分离器、饱和器	浓缩液、二次蒸汽	SAF2205、不透性石墨	
5	满流槽	浓缩液	FRP	
6	冷凝器	二次蒸汽	管程：316L	
			壳程：304	
7	液封槽	浓缩液	FRP	
8	母液贮槽	母液	FRP	
9	结晶釜	母液	SAF2205、玻璃钢衬里	
10	蒸发凝结水箱	二次蒸汽冷凝水	SAF2205	
11	蒸汽冷凝水箱	生蒸汽冷凝水	304	
12	循环泵、提升泵	浓缩液（污酸）	SAF2205、氟塑料	
13	凝结水泵	凝结水	304	

353. 防止浓酸设备腐蚀的技术措施有哪些?

表5-4　浓酸设备材料

<table>
<tr><th>序号</th><th colspan="2">设　备</th><th>介　质</th><th colspan="2">材　料</th><th>备　注</th></tr>
<tr><td rowspan="3">1</td><td colspan="2" rowspan="3">管道</td><td rowspan="3">浓硫酸</td><td colspan="2">钢衬四氟管道</td><td rowspan="3">常温浓硫酸管道使用铸铁管可满足要求；酸温较高的管道使用厚壁316L不锈钢为宜（增设阳极保护），也可使用高硅铸铁管；浓酸阀门宜使用钢衬四氟（F4）球阀</td></tr>
<tr><td colspan="2">316L不锈钢</td></tr>
<tr><td colspan="2">铸铁管</td></tr>
<tr><td>2</td><td colspan="2">阀门</td><td>浓硫酸</td><td colspan="2">衬塑不锈钢球阀</td><td>—</td></tr>
<tr><td rowspan="5">3</td><td rowspan="5">塔</td><td rowspan="2">除雾器</td><td rowspan="5">浓硫酸</td><td colspan="2">筒体304</td><td rowspan="5">316L不锈钢可用于制作丝网除沫器，有条件的企业也可考虑使用20号合金</td></tr>
<tr><td colspan="2">丝网316L、NS-80</td></tr>
<tr><td>分酸器</td><td colspan="2">LSB合金</td></tr>
<tr><td>填料</td><td colspan="2">耐酸瓷砖</td></tr>
<tr><td>塔壁</td><td colspan="2">钢衬耐酸瓷砖</td></tr>
<tr><td rowspan="3">4</td><td colspan="2" rowspan="3">浓酸冷却器</td><td rowspan="3">浓硫酸</td><td>板换</td><td>C-276</td><td rowspan="3">换热器管程材质为316L不锈钢，应增设阳极保护</td></tr>
<tr><td rowspan="2">列管</td><td>管程316L</td></tr>
<tr><td>壳程304</td></tr>
<tr><td>5</td><td colspan="2">酸循环槽</td><td>浓硫酸</td><td colspan="2">筒体碳钢，
内衬耐酸瓷砖</td><td>浓硫酸循环槽、吸收塔等设备因硫酸温度较高，具有较为强烈的腐蚀性。因此，这些设备内壁除了做耐酸保护层外，还要砌耐酸衬砖</td></tr>
<tr><td>6</td><td colspan="2">浓酸泵</td><td>浓硫酸</td><td colspan="2">LSB合金、氟塑料</td><td></td></tr>
<tr><td rowspan="3">7</td><td colspan="2" rowspan="3">转化塔</td><td rowspan="3">SO_3气体</td><td colspan="2">壳体：304或Q235B</td><td rowspan="3">304不锈钢可用于制作转化器壳体，也可使用碳钢，但内壁必须增加衬砖</td></tr>
<tr><td colspan="2">内衬隔热砖或外保温</td></tr>
<tr><td colspan="2">箅子板：铸件</td></tr>
<tr><td rowspan="2">8</td><td colspan="2" rowspan="2">Ⅰ、Ⅲ换热器</td><td rowspan="2">SO_3、SO_2气体</td><td colspan="2">管程：316L</td><td rowspan="2">每次开停工，应定期排放冷凝酸</td></tr>
<tr><td colspan="2">壳程：304或碳钢</td></tr>
<tr><td rowspan="2">9</td><td colspan="2" rowspan="2">Ⅱ、Ⅳ换热器</td><td rowspan="2">SO_3、SO_2气体</td><td colspan="2">管程：316L</td><td rowspan="2">—</td></tr>
<tr><td colspan="2">壳程：碳钢</td></tr>
<tr><td rowspan="2">10</td><td colspan="2" rowspan="2">三氧化硫冷却器</td><td rowspan="2">SO_3、空气</td><td colspan="2">管程：316L</td><td rowspan="2">定期排放冷凝酸</td></tr>
<tr><td colspan="2">壳程：304或碳钢</td></tr>
<tr><td>11</td><td colspan="2">产品槽</td><td>浓硫酸</td><td colspan="2">碳钢</td><td>低温浓硫酸具有钝化作用，因此浓硫酸产品槽一般使用碳钢材料即可。槽顶需设呼吸阀或干燥器</td></tr>
</table>

354. 什么是阳极保护?

阳极保护是指将被保护的金属作为阳极，进行阳极极化而使金属钝化的保护方法。阳极保护的关键是建立和保持钝态。

355. 阳极保护的原理是什么?

阳极保护浓硫酸设备工作原理就是把与浓硫酸接触的设备全部表面作为阳极，另外设置一根或数根阴极，通过浓硫酸形成电流回路。向阳极保护浓硫酸设备施加一定的阳极电流，使其产生阳极极化，迅速通过致钝电位，进入稳定钝化区并维持其电位在这个区域，依靠在钝化区形成的钝化膜减缓浓硫酸设备在浓硫酸中的腐蚀。图 5-6 为典型的钝性金属阳极极化曲线示意图。

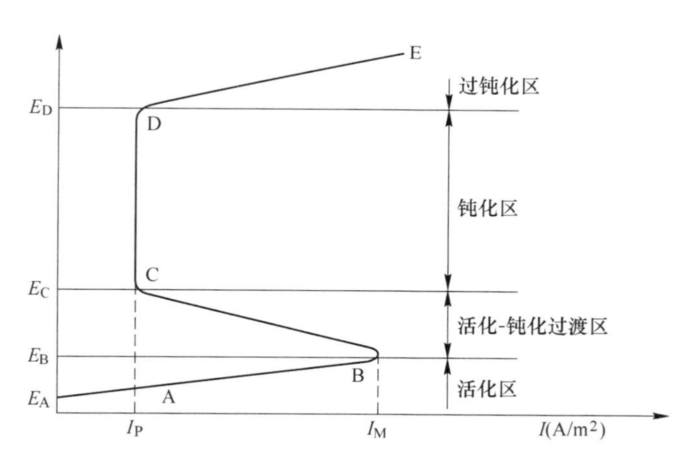

图 5-6　阳极钝化曲线示意图

图 5-6 中表现出四个特性区域:

(1) AB 区——活化区。

在 A 点，外加电流为零，金属处于自然腐蚀状态，自腐蚀电位为 E_A，当通以阳极电流时，其电流密度随电位的升高而增加。当电位升高到 B 点时，电极过程受到阻碍，电流密度不再上升，达到一个极大值 I_M。在此区域内，金属表面处于活性溶解状态，故将此区域叫做活化区，其电极反应如下:

$$\mathrm{Me} \longrightarrow \mathrm{Me}^{n+} + ne$$

(2) BC 区——过渡区。

电位刚过 B 点，外加电流密度迅速下降，到 C 点降到最小值，金属表面进入钝化状态。B 点的电流密度 I_M 和电位 E_B 叫做致钝电流密度和致钝电位。BC 区金属表面处于活化——钝化不稳定状态，故将此区域叫做过渡区。

（3）CD 区——钝化区。

从 C 点开始到 D 点，电位变化时外加阳极电流密度变化很小，金属表面处于稳定的钝化状态，故将此区域叫做钝化区，其电流密度 I_P叫做维钝电流密度。电极反应如下：

$$3H_2O + 2Me \longrightarrow Me_2O_3 + 6H^+ + 6e$$

对应于该区域的电位范围 E_D-E_C称作维钝电位区间，也即阳极保护所要控制的电位区间。

（4）DE 区——过钝化区。

当电位高于稳定钝化区，电流密度又开始增大，金属表面产生了新的电极反应，钝化膜转化成高价化合物而受到破坏。对不锈钢而言，电极反应如下：

$$Me_2O_3 + 4H_2O \longrightarrow Me_2O_7^{2-} + 8H^+ + 6e$$

在此区域内，金属腐蚀重新加剧，故将此区域叫做过钝化区。D 点电位 E_D叫作过钝化电位。

356. 阳极保护控制参数包括哪些？

表 5-5　阳极保护参数

序号	指　标		干燥酸	吸收酸	备　注
1	酸浓度/%		93 ±0.5	98.5 ±0.3	
2	酸温度/℃		<60	<100	设计温度
3	控参电位/mm		-100	-200	
4	监参电位/mm		-0 ~ -200	-100 ~ -300	
5	控参报警电位/mm	高限	-450 ~ -550	-450 ~ -550	
		低限	0	0	

357. 开启阳极保护的操作步骤是什么？

（1）酸循环系统开车，进行正常循环。

（2）冷酸致钝：不论干燥酸冷却器或吸收酸冷却器，均先注满常温 98%~99% 的浓硫酸浸泡进行自钝化处理，同时将冷却水开起来，并把水量开至最大。

（3）确定酸冷器充满酸后，仔细检查酸冷器各部位，确保密封、绝缘及接线等没有问题。

（4）开启恒电位仪，电源开关置“准备”档，测量选择置“保护”档，测出阳极相对控参和监参的电位值从而得出“自然腐蚀电位”，并确定控制指标。

（5）测量选择置“给定”档，调节“控制调节”旋钮，设定“给定”电位，使“给定”电位值高于“自然腐蚀电位”（如“自然腐蚀电位”为 +10，则“给定”电位可以设置成 -10），此时仪器输出电流开始致钝，继续设置“给定”电位，直到“给定”电位设定为 -100 或 -200（见表 5-5 控参电位）。待电流稳定后，冷酸致钝合格，可通气升温，在逐渐升温过程中密切注意电流变化，确保阳极电位始终处于保护区。

（6）在生产运行过程中，必须保证足够大的冷却水量和酸浓的相对稳定。

（7）开循环水时，应先打开水室上的排气阀，缓慢打开循环水进口阀进行排气，当排气阀溢流出水后，打开循环水回水阀，关闭排气阀，根据循环酸温度调节循环水流量。

358. 停止阳极保护的操作方法是什么?

（1）短期停车时，阳极保护系统一般不需作任何操作，酸泵停止时，酸冷却器内仍然充满酸。

（2）长期停车时，当循环酸泵停止运转后，酸冷器排酸前 5min 停止阳极保护系统。或当酸温度低于 35℃时，停止阳极保护系统。

359. 阳极保护酸管道、冷却器操作注意事项包括哪些?

阳极保护的酸管道、冷却器在开车时应使设备迅速达到完全钝化，通常应遵循低酸温、高酸浓的原则。

（1）开启阳极保护前，要冷酸先进行循环。防止突然加热设备而使设备在初始阶段就有一个较大的腐蚀电位。

（2）日常运行严格控制酸浓度，任何时候酸浓度都不得低于 91.5%；稳定酸温和酸量，其中酸浓和酸温更为重要。酸浓降低、酸温升高、酸量增大，会使钝化膜衰减，阳极电流上升，电位有恢复到自腐蚀电位的可能。

（3）循环水回水 pH 值在线监测，并要经常对循环水中氯离子含量进行测定，防止硫酸泄漏和氯离子对设备和管道的腐蚀。

（4）制酸系统短期停车：阳极保护系统仍可开着。但当酸温低于 35℃时，应关闭阳极保护系统电源。

（5）制酸系统长期停车：在停下循环泵后，提前 5～10min 关闭阳极保护系统电源，再决定排尽设备内的酸。

（6）操作过程中，酸浓度的变化不得低于和高于设计浓度的 0.5%。当酸浓度低于设计指标时，必须按图 5-7 给出的酸浓度与极限使用温度关系，降低酸温度，以防止冷却器在低浓度酸中因钝化膜破坏而导致损坏。也不能将吸收酸生产成发烟酸，否则，参比电极电位不稳定，可能导致恒电位仪工作故障。

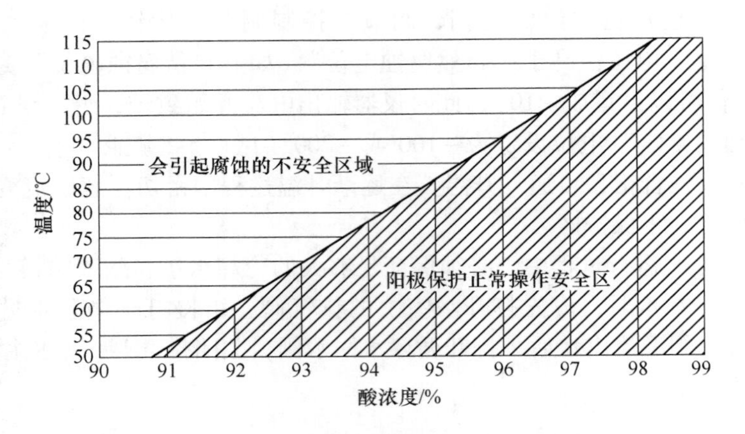

图 5-7　最大允许温度与酸浓度对应关系图

360. 酸冷却器泄漏现象有哪些，处理步骤是什么?

泄漏现象：

（1）漏酸报警器报警（水侧值在线检测仪显示小于或等于6）；

（2）用pH值试纸检查酸冷却器出口水，pH值试纸呈红色；

（3）凉水池内水面有大量泡沫。

处理步骤：

（1）系统立即停车；

（2）关闭恒电位仪；

（3）关闭进出酸阀门，打开酸侧排污阀，放尽冷却器内的硫酸；

（4）关闭进出水阀门，打开水侧排污阀，放尽冷却器内的水；拆开两端封头，平移出主阴极接线端，找出泄漏点：

1）若是换热管开裂或有砂眼等处于不好焊接的地方，则将管子两头用316L合金塞子堵牢焊死；

2）若是花板裂缝或渗漏，刮去表面锈垢，清刷干净，用316L焊条焊死。

（5）将冷却水池内的水排放干净，更换新水，用pH试纸检验，不含酸性时可使用，排放的酸性水用石灰中和后放掉；

（6）检修好的阳极保护浓硫酸冷却器经试压合格后即可投入运行；

（7）开车后要再次检查水的pH值，判断设备是否真正修好。

第六章　安 全 技 术

第一节　活性焦脱硫脱硝安全技术

361. 煤气有哪些危险?

煤气是易燃、易爆、有毒气体（表6-1），因此煤气在使用过程中必须严格遵照《工业煤气安全规程》操作。

表6-1　冶金企业工业煤气性质组成汇总

名称	组成（体积分数）/%								着火点/℃	热值/kJ·m⁻³	爆炸极限/%
	H_2	CH_4	CO	C_mH_n	CO_2	N_2	O_2	其他			
焦炉煤气	55～60	23～27	5～8	2～4	1.5～3	3～7	0.3～0.8	H_2S	600～650	17000～17600	4.72～37.54
高炉煤气	1.5～3.0	0.2～0.5	26～30	—	9～12	55～50	0.2～0.4	灰	>700	3600～4400	40～70
转炉煤气	2～3	<1	60～70	—	14～16	18～20	<1	灰	530	6800～10000	18.2～83.2

362. 煤气中毒机理是什么?

煤气中含有大量的一氧化碳（CO），煤气中毒实际是指一氧化碳中毒。一氧化碳（CO）与血液中输送氧气的血红蛋白分子中的铁离子有很强的结合力，其结合力比氧大210倍。一氧化碳一旦被吸入体内，它和血红蛋白极易结合成碳氧血红蛋白，妨碍氧气的补给，使人体由于缺氧而发生各种病症，甚至死亡。这种现象称为煤气中毒。

车间空气中一氧化碳（CO）的最高允许浓度为30mg/m^3，超标时必须佩戴氧气呼吸器或空气呼吸器。

363. 活性焦有哪些危险?

（1）活性焦属易燃物品，着火点通常不低于400℃，但由于焦粉的着火点仅为165℃，因此活性焦容易着火。

（2）活性焦的水溶液具有腐蚀性，其中富硫焦的水溶液pH值小于2，呈强酸性，贫硫焦的水溶液 pH 值为 5～6，呈弱酸性。

364. 活性焦脱硫脱硝装置危险源有哪些？

活性焦脱硫脱硝生产过程中的有害物质有：活性焦、烧结烟气、SRG 烟气、煤气、氮气、氨气、悬浮颗粒物（TSP）、蒸汽、电等，这些危险物质会对人体产生一定的伤害（表 6-2）。

表 6-2 脱硫脱硝装置危险源汇总表

序号	危险源	可能引起的伤害	序号	危险源	可能引起的伤害
1	活性焦	火灾	6	氨气	中毒、火灾、爆炸、冻伤
2	氮气	窒息	7	水蒸气	烫伤
3	烧结烟气	CO 中毒、窒息	8	悬浮颗粒物（TSP）	尘肺病
4	SRG 烟气	SO_2 中毒	9	热水	烫伤
5	煤气	火灾、爆炸、煤气中毒	10	电	触电

365. 吸附塔排放“事故焦”时有哪些安全技术要求？

吸附塔排放高温事故焦时，会有大量的二氧化硫（SO_2）气体被释放出，因此应提前做好防毒、防烫、防火的准备工作。

（1）四周不得有易燃、易爆等物品及其他可燃物；

（2）附近电缆应有防火隔热措施；

（3）四周有充足的水源，冷却水管已接到位；

（4）划出安全警戒区域，明确事故焦输送出去的路线；

（5）操作人员应佩戴好二氧化硫（SO_2）防毒口罩、防烫手套和胶靴，站在上风向；

（6）工作服衣口、袖口必须系紧，防止烫伤脖子和手腕；

（7）裤腿必须放在胶靴外面，以防高温活性焦掉入胶靴内烫伤；

（8）禁止穿化纤工作服。

366. 吸附塔外壁泄漏检修时需要采取哪些安全措施？

吸附塔外壁泄漏检修时，必须做好防范措施，否则容易酿成吸附塔“着火”事故。

（1）吸附塔内满焦，应尽可能采用粘贴式堵漏器具堵漏；

（2）必须要动火的，应提前开好动火分析会，编制好《检修方案》并办理动火审批手续；

（3）动火措施应明确，间歇点焊并及时用水冷却，禁止满焊或不经冷却连续点焊；

（4）动火结束后监控室人员应严密注意塔内温度曲势的变化，关注时间不得低于24h；现场作业人员应每隔30min对作业点的温度用测温枪测量一次，且连续检测时间不得少于8h。如有异常温度变化，应及时通报相关人员，按操作规程采取消防措施。

367. 活性焦脱硫脱硝装置有限空间作业需要采取哪些安全措施?

活性焦脱硫脱硝有限空间是指封闭或部分封闭，进出口较为狭窄有限，未被设计为固定工作场所，自然通风不良，易造成有毒有害、易燃易爆物质积聚或氧含量不足的空间。

活性焦脱硫脱硝的有限空间场所包括吸附塔、解析塔、烟囱、烟道、管道、料仓、除尘器、灰仓、地坑等。

活性焦脱硫脱硝有限空间作业，必须严格执行“八个必须”。

（1）必须申请，得到批准；

（2）必须按时取样进行安全分析二氧化硫（SO_2）、一氧化碳（CO）、氧气（O_2）的含量；

（3）必须进行通风、置换；

（4）必须进行安全隔离，如停机、插盲板等措施；

（5）必须穿戴符合规定的劳动保护用品；

（6）必须切断动力电源，使用不高于36V的安全照明灯；

（7）有专人在器外监护，监护人必须坚守岗位；

（8）必须有应急救援后备措施。

368. 吸附塔内部故障检修时需要采取哪些安全措施?

（1）关闭吸附塔烟气进出口阀门、氮气阀门、煤气进口阀和氮气阀门插盲板。

（2）相关设备断电挂牌（吸附塔烟气进出口阀、卸料器操作箱），现场选择开关打到“零位”。

（3）塔内温度低于80℃时，打开吸附塔上下人孔自然通风，严禁人孔打开后立即伸头向塔内探望。

（4）根据作业要求办理《有限空间作业许可证》及其他相关证件，如《动火证》《登高证》等。

（5）对进塔检修人员进行安全教育并签字确认。

（6）设备内作业使用照明时，必须用不高于的36V安全照明灯。

（7）塔内降至适宜温度后，使用测氧仪对塔上、中、下部测试氧气浓度不得低于19.5%，并检查确认无其他有害气体（CO、SO_2）后方可允许进入。

（8）进塔作业人员劳保用品穿戴齐全，并佩戴安全绳、便携式测氧仪、便携式测一氧化碳仪等设备。

（9）吸附塔外必须有人监护，进塔作业人员与监护人员在条件允许的情况下应不间断联系确认安全（手机、对讲机通讯或间隔敲击塔壁）。

（10）活性焦易燃，塔内检修有动火作业时，应做好消防措施：放空作业处的活性焦或在作业区域铺设彩钢瓦、石棉布等阻燃物隔绝作业区域；作业人员出塔前，应检查确认无明火、阴燃后才可离开。

（11）遇有塔内有红焦需要用水熄灭时，操作人员应在塔外向内喷水。禁止操作人员站在塔内直接喷水，防止产生的 CO 使作业人员中毒。

（12）动火结束后，设备点检人员（作业负责人）应每隔 30min 用测温枪对作业点四周进行一次温度检测，且连续时间不得少于 2h；监控人员应严密注意塔内温度趋势的变化，关注时间不得低于 24h。如有异常温度变化，应及时通报相关人员，按操作规程采取消防措施。

369. 解析塔内部故障检修时需要采取哪些安全措施？

（1）解析塔内活性焦“走空”，氮气阀门插盲板；

（2）进出解析塔的双阀芯旋转密封阀、长轴现场操作箱选择开关打到“零位”并断电挂牌；

（3）塔内温度低于 100℃时，打开解析塔上下人孔自然通风；

（4）根据作业要求办理《有限空间作业许可证》及其他相关必需的证件（《动火证》等）；

（5）对进塔检修人员进行安全教育并签字确认；

（6）设备内作业使用照明时，必须用不高于 36V 的安全照明灯；

（7）进塔作业人员必须佩戴便携式测氧仪，随时检测塔内氧气浓度不得低于 19.5% 作业人员方可进入；

（8）解析塔内动火时，禁止直接用水降温；

（9）检修结束后，各检查孔、人孔密封垫必须打密封胶。

370. 活性焦输送设备故障检修时需要采取哪些安全措施？

（1）确认物料输送设备内的活性焦“走空”后，停机、停电挂牌；

（2）禁止设备在运转时清理或更换部件；

（3）禁止踩踏设备顶盖或横跨设备；

（4）需要动火时，必须申请办理《动火证》；

（5）设备内有明火或阴燃时，用水降温后禁止直接启动设备，应预先将水、“湿料”清理干净，防止“湿料”进入设备，堵塞溜管、卸料器、解析塔等；

（6）设备检修完毕，地面上遗留的铁制品（螺丝、螺母、焊条头、下脚料等）及其他杂物（油脂、线头、抹布、塑料制品等）必须及时清理干净。防止混入“落料”中，引起其他故障（卡死卸料器、塔内飞温）。

371. 活性焦设备动火作业采取的安全措施通常有哪些?

（1）隔离措施：

设备构件方便拆卸且需要动火处理的，一律拆至区域外动火。

（2）清理措施：

1）设备内的物料方便“走空”的，必须要“走空”；

2）设备内外散落的活性焦和焦粉方便清理的，必须要清理“干净”；

3）设备内外散落的活性焦和焦粉不能及时清理干净的，作业人员须征得同意后，方可用雾化枪头喷淋打湿。

（3）覆盖措施：

1）设备内部动火，动火点和火花落地点应采用石棉布或玻璃纤维布与四周隔开；

2）设备外部动火，电缆桥架、活性焦、焦粉应采用石棉布或玻璃纤维布覆盖。

（4）监火措施：

1）动火前动火作业执行人应对照《方案》逐一检查各项措施是否落实到位；

2）监护人员应随时注意四周是否有明火引燃。一旦发现有明火引燃，立即提醒停工并协助动火人员将火熄灭；

3）当监火人员发现环境条件已改变或措施不当时，应及时喊停。

（5）善后保障措施：

1）作业人员应及时通过目测、触摸等方式，确认作业点及附近无明火、冒烟、发热现象后，方可签字离开；

2）作业负责人或点检人员应每隔 30min 用测温枪对作业点的温度进行一次检测，且连续时间不得少于 2h；

3）监控人员应严密注意塔内温度趋势的变化，关注时间不得低于 24h；

4）如有异常温度变化，应及时通报相关人员，按操作规程采取消防措施。

第二节 氨气制备安全技术

372. 氨气的危险性有哪些?

（1）氨气在空气中可燃，但一般难以着火，连续接触火源、温度在 651℃以上可燃烧，如果有油脂或其他可燃性物质，则更容易着火。氨气在空气中的爆炸极限范围为15.7%~27.4%，依据《建筑设计防火规范》液氨的火灾危险性分类，定性为乙类2项（爆炸下限不低于10%的可燃气体）。

（2）氨气常温下为无色有刺激性恶臭的气体。氨对人体生理组织（眼睛、呼吸系统）具有强烈刺激性、腐蚀性，会灼伤人体皮肤、眼睛、呼吸器官黏膜，人吸入过多，能引起肺肿胀，甚至死亡。如眼睛被溅淋到高浓度的氨，会造成视力障碍、残疾；当人体吸入含氨0.5%（5000ppm）以上的空气时，数分钟内会引起肺水肿，甚至呼吸停止窒息死亡。

（3）根据国家职业卫生标准（GBZ 2—2002），在作业场所，氨气短时间接触容许浓度为30mg/Nm^3，时间加权平均容许浓度为20mg/Nm^3。

（4）根据国家危险化学品重大危险源辨识标准（GB 18218—2009）可知，液氨灌区储存10t包括10t以上的液氨就已构成重大危险源。

373. 进入氨区工作有哪些要求？

（1）进入前要进行登记；
（2）严禁携带手机、铁质工具进入氨区；
（3）进入氨区要释放静电；
（4）要使用防爆工具；
（5）联系管理人员全程监护；
（6）随身携带防毒面具。

374. 氨区应建立哪些安全管理规章制度？

氨区应建立以下安全管理规章制度：
（1）《外来人员登记制度》；
（2）《进出氨区管理制度》；
（3）《氨区日常安全运行规定》；
（4）《液氨储存、卸氨及使用制度》；
（5）《氨区防火防爆管理制度》；
（6）《氨区消防、应急物质管理制度》。

375. 进入氨区必须穿戴哪些安全防护用品？

氨区维护时必须使用以下安全防护设施，杜绝任何潜在的危险因素：

（1）便携式氨气报警器：随时检查有无氨气泄漏。

（2）防护手套：防止在处理、检查和维护氨阀门（稀释风机除外）、氨管道、储罐、蒸发器时氨气与皮肤接触，造成过敏和皮肤损伤。

（3）护目镜：防止在进行上述作业时眼睛与氨气接触，避免眼睛过敏和损伤。

（4）防氨面罩：防止操作人员吸入泄漏出的氨气，造成人员中毒。

（5）防护服：防止在氨区作业时，产生静电火花；防止喷溅出的液氨接触到人体，造成人员损伤。

（6）洗眼器、喷淋装置：紧急情况下冲洗被氨污染的身体部位，防止事故扩大。

（7）风向标：在现场应设置风向标，以便当有氨气泄漏时人员向泄漏点的上风向移动。

376. 氨泄漏预防性措施有哪些?

（1）氨区系统通常设有水喷淋系统、氮气吹扫系统、废氨吸收系统、眼睛冲洗器、淋浴器等作为安全保护措施。常备喷淋水，用于氨罐降温，以防罐内超压。利用氨易溶于水的特点，常备消防水冲洗应急。

（2）加强技术培训，提高现场人员技术素质，了解正常和异常反应的判断和处理，准确找出原因及时进行处理。

（3）加强个人防护。液氨作业工人应着防腐蚀的工作服、手套、2% 硼酸溶液，佩戴便携式氨检漏仪。进入高浓度现场维修时，佩戴好防毒面具。事故处理时配备密闭型全身防护服，由抗渗透材料制作，整体结构密闭。

（4）定期组织厂级领导下的氨区泄漏演习，提高对氨气泄漏处理反应能力。

（5）健全安全生产规章制度。加强区域内设备、设施、工具防静电措施落实，加强密闭化、自动化管理，防止跑、冒、滴、漏现象。

（6）氨区设备要加强定期检修管理，建立氨区定修管理制度和维修标准。

377. 氨系统发生泄漏的处理原则是什么?

（1）立即查找漏点，快速进行隔离；

（2）严禁带压堵漏和紧固法兰；

（3）如氨泄漏处产生明火，未切断氨源前，严禁将明火扑灭；

（4）当不能有效隔离且喷淋系统不能有效控制氨向周边扩散时，应立即启用消防栓、消防水炮加强吸收，并疏散周边人员。

378. 液氨轻微泄漏如何处理?

（1）做好个人防护，立即关闭相关阀门，切断氨气泄漏源，防止氨继续外漏。当氨泄漏量达规定值时启动自动消防喷淋装置，进行水稀释、吸收泄漏的液氨和氨气，防止氨气扩散。

（2）迅速抢救被困和受伤人员。

（3）根据危及范围做好标志，封锁现场，组织检修人员进行抢修，将氨泄漏程度减至最低。

379. 大量液氨泄漏如何处理？

（1）立即启动应急警报，通知危害区域的人群迅速撤离，启动应急救援预案。在泄漏范围不明的情况下，初始隔离距离至少 150m，然后进行气体浓度检测。根据有害气体的实际浓度，调整隔离和疏散距离，严格限制无关人员进入。

（2）应急救援抢险小组投入抢险救援时，必须穿戴合适的防护用品，佩戴防氨面罩或正压式呼吸器，切断可能的泄漏源，开启消防喷淋；消防人员在上风口负责用开花或喷雾水枪进行掩护、协助操作，以控制危险源，抢救受伤人员。

（3）一旦发生火灾、爆炸事故，应立即采取局部或全部断电措施，组织人员进行扑救，防止事故进一步扩大。有人员受伤时，应立即抢救伤员。

（4）做好事故现场保护、警戒和事故处理工作。

380. 人体与氨气或氨水接触后的应急处置方法有哪些？

当人体与氨气或氨水接触后，应立即采取恰当的措施对伤者进行急救，防止伤势加重。

（1）皮肤接触：应立即用清水冲洗，如果冲洗后有过敏或烧伤现象，应立即送医治疗；

（2）眼睛接触：立即用大量的清水反复清洗 15min，冲洗后立即就医；

（3）呼吸道接触：立即将中毒人员送到通风处，如停止呼吸，立即采用人工呼吸急救并尽可能快速送医治疗；

（4）体内接触：立即喝大量的水稀释吸入的氨，不要尝试使患者呕吐，尽可能快速送医治疗。

381. 通常引起氨爆炸有哪些原因？

氨爆炸分为氨物理爆炸和氨化学爆炸，氨气物理爆炸时，常伴随化学爆炸。

氨物理爆炸原因分析：

（1）充装过量引起液氨爆炸。液氨充装过量，遇到高温，会引起液氨容器或管道爆炸。根据《气瓶安全监察规程》规定，氨充装数应不大于 0.53kg/L，即充装量不能超过容器容积的 85%。当液氨充装量超过 85% 时属超量充装。即使充装当时不是满量，也是过量，当温度升到 19℃时，即从过量变为满量，继续升温到 25℃时，瓶内产生的压力超过了破坏应力而使瓶体爆炸。

（2）设备超压（飞温）引起液氨爆炸。违规操作导致压力超高引起爆炸。

如压缩机、液氨储罐安全装置（安全阀、安全连锁）失灵，未及时启动降温喷淋水或降压措施，超压引起爆炸。

氨化学爆炸原因分析：发生氨化学爆炸的根本原因是泄漏的氨与空气混合，当气体中的含氨量达到爆炸极限：15.7%～27.4%后，遇到电焊、气割、气焊、电器线路短路、静电、雷电等产生的明火、高热能，在密闭空间内就会引起化学爆炸。

382. 氨区设备维护时应注意的安全事项有哪些？

（1）维护人员都必须穿上防护服，并配备必要的安全设备；

（2）在系统运行时不要接触高温设备、高温管道或转动的设备；

（3）当发现有液氨或氨气泄漏时，应用警告牌提示有危险或用安全带进行隔离，严禁附近有明火；

（4）氨区现场25m范围内严禁一切火源，如需动火必须办理动火审批手续；

（5）对需要进行维修或维护的设备应提前进行有效隔断、排净；

（6）当不进入设备内部维修时，应用氮气对相关设备和管道进行吹扫；

（7）当进入设备内部进行维修时，除使用氮气对相关设备和管道进行吹扫外，还应在进入设备前进行清洗，清洗结束后设备内的氧浓度不得低于19.3%。

383. 氨泄漏检测仪使用维护注意事项有哪些？

（1）氨泄漏检测仪过滤装置必须完好，当出现损坏或遗失时，严禁使用；

（2）氨泄漏检测仪试验时需使用标准校验用氨气，禁止用纯气或高浓度气体对氨泄漏检测仪进行试验，防止损坏探头；

（3）为确保氨泄漏检测仪处于有效工作状态，每半年进行一次标定；

（4）禁止在氨泄漏检测仪附近使用有刺激性气味的物质，如油漆、黏结剂、稀释剂、大量酒精等，以免误报或使氨泄漏检测仪探头中毒；

（5）氨泄漏检测仪需在断电情况下进行拆、接线工作，在确定现场无氨气泄漏情况下，开盖调试探头。

384. 氨区设备的正常维护、检查内容包括哪些？

（1）每月对水喷淋系统的功能进行一次试喷检查；

（2）定期对各安全阀的氨泄漏情况进行检查；

（3）调节阀和切断阀每班都要检查以下方面：阀门功能是否正常，压力、温度设定是否正确，有无泄漏情况；

（4）管道在运行期间要检查泄漏和振动情况；

（5）卸料压缩机系统应定期检查：曲轴箱油压、曲轴箱油位、压缩机进出口压力、气液分离器排液情况；

（6）液氨蒸发器、氨气缓冲罐、氨气吸收罐完整无泄漏；

（7）蒸发系统每半月切换一次。

第三节　制酸、污酸处理安全技术

385. 二氧化硫（SO_2）气体有哪些危险性？

二氧化硫（SO_2）是无色、有强烈刺激性气味的有毒气体。当人体吸入二氧化硫（SO_2）气体后，二氧化硫会在呼吸系统黏膜表面上与水作用生成亚硫酸（H_2SO_3），亚硫酸再经氧化变成硫酸（H_2SO_4），因此二氧化硫对呼吸道黏膜具有强烈的刺激作用。当人体吸入高浓度的二氧化硫（SO_2）气体后，被吸入的二氧化硫可深入到呼吸道和肺部组织内部，生成的硫酸可使呼吸道和肺部组织受损，严重时可导致人体窒息死亡。车间空气卫生标准规定空气中二氧化硫浓度不应大于 $15mg/m^3$。

386. 制酸、污酸处理发生中毒事故的一般原因有哪些？

制酸和污酸处理现场中毒分为急性中毒和慢性中毒两种。

造成急性中毒的原因：

（1）违反规章制度，如违反操作规程和操作失误，错开、关阀门等，此原因引起的急性中毒据统计约占全部中毒事故的70%；

（2）安全生产制度不健全；

（3）设备事故；

（4）缺乏必要的防护知识；

（5）防护措施不得力，执行制度不严谨；

（6）“三废”和有毒物质处理不当；

（7）意外事故，如断电、断水、雷击和地震等引起的事故。

造成慢性中毒的原因：

（1）生产设备密闭性差，存在跑、冒、滴、漏现象，使作业现场环境的有毒物含量超过国家规定的最高容许浓度；

（2）缺乏防毒知识和个人卫生不良；

（3）安全防护设施差和使用不善。

387. 二氧化硫（SO_2）中毒后的急救措施有哪些？

（1）救护人员在进行抢救中毒人员之前，首先佩戴好个人防护器具，如全面罩防毒面具、空气呼吸器等。切勿不采取任何措施就盲目施救，以防扩大事故的恶果；

（2）立即切断二氧化硫（SO_2）毒气来源，降低二氧化硫毒物在空气中的含量，并加强通风；

（3）迅速将患者移至通风处，并松开衣领、胸部衣扣和腰带，注意为患者保暖、观察患者病情变化；

（4）在搬运患者过程中切勿强拉硬拖和弯曲身体，以防造成患者内、外伤而加重病情；

（5）患者若停止呼吸，要立即进行人工呼吸，人工呼吸要口对口，并进行胸外心脏挤压；人工呼吸时保持患者呼吸道畅通，如有分泌物立即取出；

（6）若患者眼睛有损伤，应用大量生理盐水或温水冲洗，滴入醋酸可的松溶液和抗生素，如有眼角膜损伤者，应及时送往医院处理；

（7）及时通知公司应急救援指挥部并拨打 120 医疗急救电话，迅速组织人力、物力、财力对患者进行救治；

（8）对有缺氧现象的患者，应立即输氧。

388. 浓硫酸的危险性是什么？

浓硫酸俗称“坏水”，具有极强的腐蚀性、吸水性和脱水性。浓硫酸一旦与人的皮肤或肌肉组织接触，将会造成严重的灼伤。

389. 硫酸灼伤现场安全处置要求包括哪些？

硫酸烧伤会使皮肤蛋白变性、凝固。如果现场处理及时，一般不会造成深度烧伤。现场处理要快、要分秒必争，尤其是对面部的烧伤，不仅要注意到皮肤，更重要的是眼部，处理方法需要正确无误。不管被酸烧伤得怎样，急救处理不能延误，否则将扩大伤势。急救处理的首要任务是尽快把粘到的硫酸除去，然后立即把伤员送到医院进行治疗。

现场处理步骤如下：

（1）立即将伤员脱离出事点。

（2）一般烧伤的紧急处理：首先用大量清水连续冲洗，一直冲洗到硫酸的痕迹消失为止。不论哪个部位，只能用大量流水冲洗，决不能用弱碱性溶液中和硫酸，防止进一步烧伤。

（3）硫酸溅到眼睛内处理：不管溅到眼内的硫酸浓度如何和硫酸量多少，必须用大量的流水（没有压力）翻开眼皮连续冲洗 15min，把眼皮和眼球内所有的地方冲洗到，冲洗后立即送到医院治疗。如果距离医院较远，可用少量的水再冲洗 15min，冲洗后可用麻醉止痛剂等滴入眼内。未经眼科医生指示之前，不得使用油类或油脂性外敷药。

（4）吸入硫酸蒸汽的处理：当吸入大量的发烟硫酸或高温硫酸所产生的硫酸蒸汽时可设法使其吐出，吐出后多喝水慢慢缓解。如果已经昏迷或发生呼吸困难时，要立即使其仰卧并迅速送往医院进行治疗。

390. 稀释浓硫酸有哪些安全技术要求?

硫酸浓度越高，硫酸中游离的三氧化硫（SO_3）数量也就越多。当浓硫酸被稀释时，游离的三氧化硫（SO_3）与水反应会释放出大量的热量。因此浓硫酸在稀释过程中极易放热沸腾、喷溅伤人。

为防止浓硫酸在稀释过程中喷溅伤人，应严格控制放热速度和传热速度。

（1）操作人员应提前穿戴好防酸护具；

（2）监护人员未到现场，禁止稀释硫酸；

（3）只允许在水均匀搅拌情况下将硫酸徐徐注入，严禁将水直接倒入硫酸中。

391. 为什么硫酸储罐动火前需进行排气置换?

由于稀硫酸与钢铁等金属反应会产生氢气，即使是浓硫酸容器也因会酸被稀释而使器内积聚氢气。氢是一种易燃易爆气体，其爆炸下限为4.0%（体积分数），上限为74.2%（体积分数）。因此，硫酸设备需要动火前必须先进行充分排气置换并经气体分析合格后方能进行。此外，检修时切勿用金属等工具敲击设备，以免产生火花，引起爆炸。

硫酸储罐动火前气体检测要求：氧气（O_2）含量不高于1%或氢气（H_2）含量不高于0.5%。

392. 制酸、污酸现场操作有哪些安全要求?

（1）劳保防护用品穿戴不全，禁止操作设备；

（2）操作前要先检查酸管线各阀门是否已开关到位（未经检查，严禁启动酸泵）；

（3）取酸样品时，必须佩戴防护眼镜和防酸手套；

（4）对酸管线、酸槽等设备进行检修时，必须将管线、设备中的余酸全部放净才能进行检修。检修人员必须穿戴好劳动防护用品。

393. 转化器更换催化剂有哪些安全技术要求?

（1）提前办理《受限空间作业》审批手续和制定作业方案；

（2）转化器温度降至60℃以内时，才可打开人孔盖；

（3）检测器内二氧化硫（SO_2）浓度不高于5mg/m^3，氧气（O_2）浓度不低于19.3%方可作业；

（4）装填、过筛催化剂时，操作人员必须戴好防护口罩，工作完毕后要进行洗漱；

（5）禁止在阴雨或大雾天气装填、更换催化剂。

394. 硫酸装车作业有哪些安全要求？

（1）作业人员必须持证上岗；

（2）作业人员劳保防护用品穿戴齐全；

（3）装车前务必要先核实硫酸罐车载荷，严禁超载、溢流；

（4）装车过程中，现场作业人员严禁擅自离岗；

（5）装车过程中，禁止车辆“移动”；

（6）使用装车臂装车。

395. 浓硫酸储罐动火有哪些安全技术要求？

浓硫酸储罐因“呼吸”空气的原因，储罐内的硫酸会被稀释，稀释的硫酸与储罐内壁反应释放出的氢气会聚集在储罐顶部。因此，浓硫酸储罐在动火前必须先进行充分地排气置换并进行气体分析，合格后方可动火。

浓硫酸储罐安全动火技术要求：

（1）作业人员必须持证上岗；

（2）办理“一级动火”审批手续；

（3）作业人员安全交底；

（4）需要动火的储罐与其他设备完全隔离；

（5）氮气置换罐内气体，并检测合格。罐内气体氧气（O_2）含量小于1%或氢气（H_2）含量小于0.5%；

（6）动火前禁止使用金属工具敲击硫酸储罐。

396. 清洗硫酸储罐有哪些安全技术要求？

氢气是一种易燃易爆气体，其爆炸下限为4.0%（体积分数），上限为75.6%（体积分数）。在浓硫酸储罐清洗时，储罐内残存的硫酸将会被稀释，稀释的硫酸与储罐内壁反应释放出的氢气会聚集在储罐顶部。因此硫酸储罐清洗必须要做好防爆措施。

浓硫酸在稀释时会释放出大量的稀释热，释放出的热量有可能会使水汽化，造成酸溅出伤人。

硫酸储罐安全清洗技术要求：

（1）操作人员必须经过安全教育，安全交底；

（2）操作人员必须穿戴好防酸服、防酸鞋、防酸手套和防护面罩；

（3）画出安全警戒区域，清洗过程中禁止烟火，禁止用金属工器具敲击设备；

（4）现场必须有充足的洗涤水，应设置冲洗水龙头；

（5）硫酸储罐内的剩余硫酸应尽可能排放干净；

（6）冲洗介质可使用稀碱（3%~5%的碳酸钠或NaOH）溶液；

（7）清洗前最好提前向储罐内通入适量氮气，控制储罐内的气体氧气（O_2）含量不高于1%；

（8）清洗结束后，检测清洗液pH值为7~9才可排放；

（9）若储罐需要动火作业，必须检测储罐内气体氢气（H_2）含量不高于0.5%；

（10）若储罐内需要有人进去作业，必须通风并且检测气体氧气（O_2）含量不小于19.3%。

397. 处置硫酸泄漏有哪些安全要求？

（1）操作和检修人员熟知硫酸特性：强酸，强氧化性、强腐蚀性、会烧伤人，加水时会发生喷溅等现象。

（2）操作和检修人员熟悉装卸硫酸设备、管线和阀门的位置。

（3）操作和检修人员熟知装置区域内洗眼器、应急水池的位置。

（4）当容器发生漏酸时，如果漏洞不大，先用石棉绳或铅条将漏洞堵塞起来，然后把酸转移到其他容器中。酸管漏酸时，要先把进酸阀门立即关死，然后把管线内的余酸全部放掉，最后再进行处理。

（5）漏出来的酸可先用砂土阻挡，防止酸到处溢流。积酸可用砂土等吸附除掉，吸附之后的砂土必须进行中和，并在规定的地方埋掉，或用纯碱、石灰等物质进行中和处理，再用大量的水稀释冲走。

398. 蒸发结晶高温料液泄漏的原因及预防措施有哪些？

高温液料泄漏产生的原因有以下几种：

（1）设备和管道中焊缝、法兰、密封填料处、膨胀节等薄弱环节处，尤其在蒸发工段开、停车时受热胀冷缩的应力影响，造成拉裂、开口，发生料液或蒸汽外泄；

（2）管道内有存水未放清，冬天气温低，结冰将管道胀裂；在开车时蒸汽把冰融化后，蒸汽大量喷出，造成烫伤事故；

（3）设备管道等受到腐蚀，壁厚减薄，强度降低，尤其在开停车时受压力冲击，造成热浓料液从腐蚀处喷出造成灼伤事故。

预防措施如下：

（1）蒸发设备及管道在设计、制造、安装及检修时均需按有关规定标准执行，严格把关，不得临时凑合。设备交付使用前，请专职人员验收。开车前的试漏工作要严格把关。

（2）要充分考虑到蒸发器热胀冷缩的温度补偿、合理配管及膨胀节的设置，对薄弱环节采取补焊加强等安全预防措施。

（3）对长期使用的蒸发设备，每年要进行定期检测壁厚及腐蚀情况。对腐蚀情况要进行测评，有的可降级使用，严重的报废。

（4）当发生高温液碱或蒸汽严重外泄时，应立即停车检修。操作工和检修工要穿戴好必需的劳动防护用品，工作中尽心尽责，严守劳动纪律，按时进行巡回检查。

（5）当人的眼睛或皮肤溅上碱液后，须立即就近用大量清水或稀硼酸进行清洗，清洗后送医务室或医院进行治疗。

399. 涉及制酸、污酸处理装置的受限空间作业有哪些安全要求？

（1）必须申请，得到批准；

（2）必须按时取样进行安全分析二氧化硫（SO_2）、（涉氨设备）氨气（NH_3）、氧气（O_2）的含量；

（3）必须进行通风、清洗，必要时可以采取中和措施；

（4）必须进行安全隔离，如停机、插盲板等措施；

（5）必须穿戴符合规定的劳动保护用品；

（6）必须切断动力电源，使用不高于36V的安全照明灯；

（7）有专人在器外监护，监护人必须坚守岗位；

（8）必须有应急救援后备措施。

400. 制酸、污酸处理装置内部检修有哪些安全要求？

（1）设备内部工作介质彻底排净；

（2）设备补充新水清洗；

（3）清洗检测合格，清洗液排净；

（4）相关设备断电挂牌（吸附塔烟气进出口阀、卸料器操作箱），现场选择开关打到“零位”；

（5）与之相连的其他介质管道、阀门关闭，必要时插盲板；

（6）根据作业要求办理《有限空间作业许可证》及其他相关证件，如《动火证》《登高证》等；

（7）对进塔检修人员进行安全教育并签字确认；

（8）设备内作业使用照明时，必须用不高于36V的安全照明灯；

（9）进装置内部的作业人员劳保用品穿戴齐全，并佩戴安全绳、便携式测氧仪等设备；

（10）吸附塔外必须有人监护，进塔作业人员与监护人员在条件允许的情况下应不间断联系确认安全（手机、对讲机通讯或间隔敲击塔壁）；

（11）部分设备内部衬塑或为玻璃钢材料，内部检修有动火作业时，应做好消防措施。

附　　表

附表 1　活性焦脱硫脱硝生产检测

序号	检测项目	取样点	频次	控制点范围	检测标准或方法
1	脱硫后二氧化硫浓度	脱硫塔（脱硫段）后	1 次/周	≤50mg/m^3（25mg/m^3）	吸收法
2	富硫焦全硫	脱硫塔卸料器	1 次/周	≤4.5%	GB/T 214—2007
3	半富硫焦全硫	脱硝塔卸料器或脱硝段内	1 次/周	≤2.5%	
4	贫硫焦全硫	振动筛后	1 次/周	≤2.1%❶	
5	氨稀释浓度	氨混合器后	1 次/月	<5%（体积比）	吸收法
6	氨水浓度	氨吸收罐	1 次/月	<1%	HG1-88-81
7	循环活性焦粒度分布	振动筛后	1 次/月	≥5.6mm　≥96% 1.4~5.6mm　≤3% ≤1.4mm　≤0.1%	GB/T 30202.2—2013《脱硫脱硝用煤质颗粒活性炭试验方法》2 部分粒度
8	循环活性焦堆密度	振动筛后	1 次/月	600~700kg/m^3	GB/T 30202.1—2013《脱硫脱硝用煤质颗粒活性炭试验方法》1 部分堆积密度
9	富硫焦水分	解析塔前	1 次/季	≤3.0%	GB/T 7702.1—1997《煤质颗粒活性炭试验方法水分的测定》
10	贫硫焦水分	解析塔后	1 次/季	≤0.2%	GB/T 7702.1—1997《煤质颗粒活性炭试验方法水分的测定》
11	活性焦固定硫	解析塔前或振动筛后	1 次/季	实际情况定	水洗合格后的活性炭样品参照 GB/T 214—2007 检测
12	SRG 中 SO_2 浓度	SO_2 风机后	1 次/月	7%~9%	吸收法
13	SRG 中 HF 浓度	三级洗涤塔后	1 次/月	≤0.25mg/m^3	—
14	SRG 中酸雾浓度	电除雾器后	1 次/月	≤5mg/m^3	—
15	干燥后 SRG 烟气水分	SO_2 风机后	1 次/周	≤100mg/m^3	—
16	转化率	转换器前后	1 次/月	≥99%	吸收法
17	吸收率	吸收塔前后	1 次/月	≥98%	

❶ 受活性焦固定硫影响较大。

续附表 1

序号	检测项目		取样点	频次	控制点范围	检测标准或方法
18	干燥酸浓		干燥酸泵后	1 次/班	93%~95%	GB/T 534—2014
19	吸收酸浓		吸收酸泵后		98.2%~98.8%	
20	成品酸	浓度	成品酸罐	1 次/月	98.0%~99.0%	
21		透明度			>80%	
22	预处理后污酸	悬浮物	调节池提升泵后	1 次/周	<5%	GB 11901—1989
23		铅			<0.1%	GB/T 7475—1987
24		汞			<0.01%	GB/T 7468—1987
25		HP		1 次/班	4.0% ~6.0%	GB/T 6920—1986
26	污泥水分		污泥小车	1 次/周	<80%	CJ/T 221—2005
27	三效浓缩液密度		三效分离器	1 次/班	实际情况定	比重计
28	单效浓缩液密度		单效分离器		实际情况定	
29	氯化铵晶比		Ⅰ段结晶釜	1 次/班	20%	试管法
30	硫酸铵晶比		Ⅱ段结晶釜	1 次/班	30%	
31	硫酸铵	氮含量	成品仓库	1 次/周	≥21%	GB/T 535—1995
32		水分			<0.3%	
33	氯化铵	氮含量			≥25%	GB/T 2946—2008
34		水分			<1%	
35	蒸发凝结水氨含量		凝结水槽	1 次/周	<8mg/L	HJ

附表 2　不同温度下液氨蒸汽压力（绝对压力）对照表

序号	温度/℃	压力/kPa	序号	温度/℃	压力/kPa	序号	温度/℃	压力/kPa
1	-22	173.93	13	2	462.45	25	26	1033.90
2	-20	190.23	14	4	497.40	26	28	1098.70
3	-18	207.71	15	6	534.49	27	30	1166.50
4	-16	226.45	16	8	573.60	28	32	1237.40
5	-14	246.50	17	10	614.89	29	34	1311.40
6	-12	267.93	18	12	658.46	30	36	1389.00
7	-10	290.83	19	14	704.41	31	38	1469.90
8	-8	315.24	20	16	752.74	32	40	1554.20
9	-6	341.53	21	18	803.61	33	42	1642.40
10	-4	368.87	22	20	857.06	34	44	1734.00
11	-2	398.24	23	22	913.19	35	46	1829.50
12	0	429.42	24	24	972.11	36	48	1929.50

附表3　不同温度下氯化铵、硫酸铵、氯化钠、硫酸钠溶解度

序号	温度/℃	溶解度/g·(100g)$^{-1}$			
		氯化铵	硫酸铵	氯化钠	硫酸钠
1	0	29.4	70.1	35.7	4.9
2	10	33.3	72.7	35.8	9.1
3	20	37.2	75.4	35.9	19.5
4	25	—	76.9	—	—
5	30	41.4	78.1	36.1	40.8
6	40	45.8	81.2	36.4	48.8
7	50	50.4	84.3	—	45.3
8	60	55.2	87.4	37.1	—
9	70	60.2	—	—	43.7
10	80	65.6	94.77	38	—
11	90	71.3	—	38.5	42.7
12	100	77.3	102	39.2	45.8

附表4　不同温度下饱和水蒸气压力对照表

序号	绝对压力/Pa	水沸点/℃	序号	绝对压力/Pa	水沸点/℃	序号	绝对压力/Pa	水沸点/℃	序号	绝对压力/Pa	水沸点/℃
1	1000	6.9696	16	16000	55.313	31	31000	69.851	46	46000	79.254
2	2000	6.9696	17	17000	56.587	32	32000	70.586	47	47000	79.783
3	3000	24.079	18	18000	57.798	33	33000	71.302	48	48000	80.303
4	4000	28.960	19	19000	58.953	34	34000	72.000	49	49000	80.814
5	5000	32.874	20	20000	60.058	35	35000	72.681	50	50000	81.317
6	6000	36.159	21	21000	61.116	36	36000	73.345	51	51000	81.811
7	7000	39.000	22	22000	62.133	37	37000	73.994	52	52000	82.297
8	8000	41.509	23	23000	63.111	38	38000	74.629	53	53000	82.775
9	9000	43.761	24	24000	64.053	39	39000	75.249	54	54000	83.246
10	10000	45.806	25	25000	64.963	40	40000	75.857	55	55000	83.709
11	11000	47.683	26	26000	65.842	41	41000	76.452	56	56000	84.166
12	12000	49.419	27	27000	66.693	42	42000	77.034	57	57000	84.615
13	13000	51.034	28	28000	67.518	43	43000	77.605	58	58000	85.059
14	14000	52.547	29	29000	68.318	44	44000	78.165	59	59000	85.495
15	15000	53.969	30	30000	69.095	45	45000	78.715	60	60000	85.926

续附表 4

序号	绝对压力/Pa	水沸点/℃	序号	绝对压力/Pa	水沸点/℃	序号	绝对压力/Pa	水沸点/℃	序号	绝对压力/Pa	水沸点/℃
61	61000	86. 351	71	71000	90. 305	81	81000	93. 820	91	91000	96. 991
62	62000	86. 77	72	72000	90. 675	82	82000	94. 151	92	92000	97. 292
63	63000	87. 183	73	73000	91. 040	83	83000	94. 479	93	93000	97. 590
64	64000	87. 591	74	74000	91. 401	84	84000	94. 804	94	94000	97. 885
65	65000	87. 993	75	75000	91. 758	85	85000	95. 125	95	95000	98. 178
66	66000	88. 391	76	76000	92. 111	86	86000	95. 444	96	96000	98. 469
67	67000	88. 783	77	77000	92. 460	87	87000	95. 759	97	97000	98. 757
68	68000	89. 171	78	78000	92. 806	88	88000	96. 071	98	98000	99. 042
69	69000	89. 553	79	79000	93. 147	89	89000	96. 381	99	99000	99. 325
70	70000	89. 932	80	80000	93. 486	90	90000	96. 687	100	100000	99. 606

参 考 文 献

[1] 龙红明．铁矿粉烧结原理与工艺［M］．北京：冶金工业出版社，2010.
[2] 蒋文举．烟气脱硫脱硝技术手册［M］．2 版．北京：化学工业出版社，2012.
[3] 周晓猛．烟气脱硫脱硝工艺手册［M］．北京：化学工业出版社，2015.
[4] 孙仲超，王鹏．活性焦［M］．北京：中国石化出版社，2016.
[5] 张香兰，徐德平．活性半焦的制备——性能与烟气脱硫机理［M］．北京：冶金工业出版社，2012.
[6] 冯治宇．活性焦制备与应用技术［M］．北京：化学工业出版社，2007.
[7] 国家能源局．活性焦干法脱硫技术规范［M］．大连：大连理工大学出版社，2017.
[8] 叶树滋．硫酸生产工艺［M］．北京：化学工业出版社，2011.
[9] 叶树滋．硫酸生产操作问答［M］．北京：化学工业出版社，2012.
[10] 周玉琴．硫酸生产技术［M］．北京：冶金工业出版社，2013.
[11] 住房和城乡建设部，国家质量监督检验检疫总局．GB 50880—2013 冶炼烟气制酸工艺设计规范［M］．北京：中国标准出版社，2011.
[12] 叶恒棣．钢铁烧结烟气全流程减排技术［M］．北京：冶金工业出版社，2019.
[13] 朱国宇．脱硝运行技术 1000 问［M］．北京：电力出版社，2019.
[14] 张汉泉．烧结球团理论与工艺［M］．北京：化学工业出版社，2020.